収穫と蒔いた種と★★

―数学者のある過去についての省察と証言―

アレクサンドル・グロタンディーク著

辻雄一訳

数学と裸の王様

―ある夢と数学の埋葬―

現代数学社

私の友人であった人たちへ

友人でありつづけている数少ない人たちに
そして私の葬儀に唱和するためにやってきた
数多くの人たちに

忘れがたいシンポジウムを記念して…
そして会衆全体に対して…

目次

B　ピエールとモチーフ

IV　モチーフ(ある誕生の埋葬)

V　わが友ピエール

D　埋葬された人びと

X　霊きゅう車

（注）ページ番号の上にある番号は、ノート番号です。44′（50）は、ノート44′がノート50に関連していること、!44″の！は書かれた時間の順序が逆転していること、*47の＊はその直前のノート46の直接のつづきであること、60の下線は省察の「新しい出発」であることを示しています［訳者］。

（なおタイトルのないノートのページを以下に記しておきます）

第2部　埋葬(1)——裸の王様

A 遺産と遺産相続者たち

I 私の死後の学生

1 教育の失敗（2）―創造とうぬぼれ 44′(50)

この最後の節「ある過去の重荷」［『数学者の孤独な冒険』、P339］をある友人に読んでもらいましたが、彼にはこの一節は「ひらめくもの」がありました[1]［P4］。彼はつぎのように書いてきました：「あなたの元学生たちの多くにとって、あなたの言うように、大手を広げた、そして極端に言えば破壊的な「ボス」というあなたのもつ側面はいまも強く残っています。このためあなたはそうした印象を持つのでしょう」。（つまり、この節のいくつかのくだりで、またこれを補足するノートNo.46、47、50の中に表れている「印象」のことだと思います）。その前の方で彼はつぎのように書いています：「まずあなたがしばらくのあいだ数学を去ったのは良いことだったと思っています［！］、あなたとあなたの学生たち（もちろんドゥリーニュを別にして）との間にはある種の無理解があったからです。彼らは少しばかり茫然としていたのです…」。

一九七〇年以前の「ボス」としての私の役割について、通常のお世辞を超えた、このような見解を私が聞くのは、これがはじめてです！同じ手紙のさらに前の方にはつぎように書かれています：「…あなたの元学生たち［つまり、「一九七〇年以前の」］は、数学上の**創造**とは何であるのかあまり良くわかっていないこと、そしておそらくあなたはこれに対する責任の一端を担っていることが私にわかりました…。たしかに彼らの時代には、問題はすべて提出されていました…」[2]。［P4］

私のこの文通相手はおそらく、「問題」を提出し、これと共に発展させねばならない概念を提出した――私の学生たちにこれら双方を見つけるという仕事を残す代わりに――のは私であり、こうすることで、私はおそらく数学上の創造の仕事の基本的部分をなしている事柄についての知識をこれらの学生たちの中で覆い隠してしまったと言いたいのでしょう。このことは、前の注（注（23[4]））［『数学者の孤独な冒険』、p 367、「教育の失敗（1）」］の中で問題にしました、一九七〇年以**後の**私の元学生の二人との会話から出てきた印象と通じるものです。たしかに私は、なによりも、私のところにやってきた学生たちの中に、私の中ですでに形成されていた直観やアイデアを発展させるための、結局、すでにそこにあった荷車を「押す」ための**協力者**を求めていました。これらは、彼らが（私の文通相手がそうしたにちがいないように）一種の無からひき出さねばならないものではありませんでした。だがそこには——触知できないもやの中から、しなやかで、濃密な触知できるものに具体化させることがあり——これは、ずっと以前から、私にとって数学上の仕事のもっとも魅惑的な側面であり、またとくに私が単なる「結果」というよりももっと微妙で、もっと基本的ななにかの「創造」、「誕生」がなされていると感じていた部分なのでした。

もし、もと私の学生であった人たちの中のだれかが、大きな価値をもつこうした事柄を軽蔑をもって取り扱うのを、つまりこの人の中にJ・H・C・ホワイトヘッドが語った「気どり」（これは人が「証明できそうな」事柄を軽蔑することから成っています）(3)［P 4］が大きく現われているのを、私が時折見ることがあるとすれば、私はおそらくなんらかの仕方でこれに無縁ではないでしょう。一九七〇年以後の時期に対しては明らかな、私の教育の失敗は、最初の時期においては、通常の意味では完全な成功と言えるでしょうが、異なった、より隠された形において失敗であったように今私には思えます！これは私がすでにここ数年の間に時折かいま見ていた事柄であり、私の元学生たちの多数にあてた手紙の中で述べたことです。これに対しては、現在まで、彼らのだれからも反響を受け取っていません。

しかしながら、私が学生たちに提案した仕事、彼らが私と一緒におこなった事柄は、彼らの創造的能力を投入するのにふさわしくない、純粋に技術的な、純粋に型どおりの仕事だったと言うのは正確ではないように思えます。私は触知できる、確かな、いくつかの出発点を彼らに提案しました。そして、その中のどれを選ぶかは彼らの全くの自由でした。そして、これらから出発して、彼らより前に私自身がそれをおこなったように、飛躍することもできたでしょう。私がある学生に、私自身が取り扱うのを好まないようなテーマを提案したことがあるとは思いません。私の数学者としての人生の中で、私自身ひとりで味気ない仕事をおこなったことはなかったと同様、彼らのだれかが私と共におこなった旅において味気ない行程があったとも思いません。また、その仕事はなさねばならず、別の道がないことが実にはっきりとしていたとき、私はそれに挫かれもしなかったし、いやにもなりませんでした。

したがって私が今日確認できる失敗は、私の提案したテーマの種類よりももっと微妙ないくつかの原因に関連しているようです。またこれらのテーマがどれほど不明確であったか、あるいは逆に非常に明確なものであったかということよりも、もっと微妙な原因に関連しているようです。この失敗の中で私の負うべき部分はむしろ私の中にある数学に対する私の関係の中でのうぬぼれ、この省察の中で検討する機会があったうぬぼれの態度に帰するもののようです。この態度は、あれこれの学生に同伴しておこなった仕事そのものと言わないまでも、少なくとも私という人間をとりまいていた状況や空気に多少とも強くしみ込んでいたにちがいありません。うぬぼれは、たとえそれが実に「ひそやかな」形で表現されようとも、事柄の微妙な本質とその美しさ――それが「数学についての事柄」であろうと、私たちが迎え入れ、勇気づけることができる人たちであろうと――に対してつねに目を閉じることと、無感覚になる方向へ行ったり、あるいはまた、見下してながめることで、私たちにやってくる息づかいや、私たち自身に対しても他の人に対してもそれが及ぼす破壊的な効果について無感覚になる方向へと行きます。

注

(1)　（一九八四年五月十日）この友人とはゾグマン・メブクのことです。このノートに引用した手紙（一九八四年四月二日付の）の出所について私が維持しておかねばならないと考えていた匿名性を取り払うことを彼は許可してくれました。

(2)　（五月十日）ここの引用は、私の文通相手の匿名性を尊重することに気づかって非常に大きく削除されています。この引用を取ってきたくだり全体の引用、およびはじめはもっと具体的な情報がなかったので、私には気づかなかったその真の意味についての解説については、つぎのノートを見られたい。

(3)　「若者たちの気どり―あるいは純粋性の擁護者たち」、№27［『数学者の孤独な冒険』、p 370］を見られたい。

2　（一九八四年五月十日）不公正と無力の感情　!44″

私が有益だと判断した手紙のくだりを自由に引用してもよいという私の友人の許可を得ましたので、ここでさきの削除のある引用を真の文脈の中に置く、より完全な引用をします(1)［Ｐ６］。

「たしかに私は一九七五―一九八〇年には、いくつかの数少ない質問をヴェルディエにしたことを除くと非常に孤立していました。しかし私はこの時期のことであなたの元学生たちを悪く思ってはいません。だれもこの関連［離散係数と連続係数の間の］の重要性を本当に理解していなかったからです。一九八〇年十月、半単純群に対してこの関連のきわめて重要な最初の応用が見つかった時すべてが変わりました。つまり、問題のカテゴリーの同値が本質的な仕方で用いられている、カジダン―リュスティグの重複度の公式の証明のことです。この同値はなんの解説もなしに「リーマン―ヒルベルト対応」という名を持ちました。結局は、実に自然にみえます！あなたの元学生たちは、数学上の**創造**とは何であるかあまりよくわかっていないこと、そしておそらくあなたはこれに対する責任の一端を担っているだろうことがわかったのはこの時です。私はさらに不公正と無力さの感情を味わいました。たしかに彼らの時代には、問題はすべて提出されていました。この定理の応用の数は、エタール・トポロジーの枠組みの中でも、超越的な枠組みにおいても、著しいものですが、つねにリーマン―ヒルベルト対応という名のもとにおいてです！私は、多くの人びとにとって、とくにあなたの元学生たちにとって、私の名はこの結果にふさわしくないのだという印象を持ちました。しかしあなたが私の仕事の序文においてはっきりと見ることができるように、この結果へ自然に導いていったのは、あなたの「双対性」に関する定式なのです。だがあなたと同じように、私は「構成可能な離散係数」とクリスタル係数（あるいはホロノームな$\mathcal{D}$-加群）との間のこの関連の将来については心配していません。それは、さまざまな空間のコホモロジーにおいても、解析学においても、多くの部門で応用されてゆくことは明らかです。」

（このノートに加えて）そのあとのノート「無名の奉仕者と神さまの定理」に着想を与えたのは、私の友人の手紙のこのくだりです。この手紙の表現からして、私の友人におけるこの「不公正と無力さの感情」は、単に系統的に彼の貢献を**過小に評価しようとする**目のくらんだ軽蔑の態度（私の学生であった人たちのいく人かのもとで、よくお目にかかるようになった態度）に対する反応であるだけではなく、ひとつの鍵となる定理の作者の資格をはっきりと**くすね取る**ことからなる、真のだまし取り作戦に対する反応でもあることに、私は全く疑いの余地をはさめませんでした（このことについてはこれにふさわしい場所で説明しますが）。この状況は私にほんの八日前に明らかにされました——このテーマについては、「シンポジウム——メブク層とよこしまさ」という名のもとに集められているノート「不公正——ある回帰の意味」およびこれにつづくノート（No.75からNo.80まで）を見られたい［P139—177］。

注 (1) 前のノート「教育の失敗(2)——創造とうぬぼれ」、No.44′の注(2)を見られたい［P4］。

(45) 私の環境と生活様式の変化によって、私の昔の友人たちとの出会いの機会、あるいは他の接触の機会はまれになりました。それでも、「距離をおく」という徴候は、人によって多少の強弱はありますが、さまざまな仕方で現われました。これに対して、デュドネ、カルタン、シュヴァルツといった他の人たち、実際上、私のかけ出しのときに心よく迎えてくれたすべての「年長者」たちのもとで、私はこのような種類の事柄を感じたことは全くありませんでした。しかしながら、これらの年長者を別にすると、数学の世界の中で私の昔の友人あるいは学生であった人たちで、私がひとつの共通の環境、共通の世界を退いたあと、私との関係（それが表わされる機会が見い出されると否とにかかわらず）が分裂したものにならなかった人はまれだという印象を持っています。

II 私の孤児たち

1 私の孤児たち　46(50)

この機会をとらえて(1)［P13］、ここで、私が引き出した数学上の概念やアイデアの中で、（とくに）大きな重要性があると思えるものについていくらか述べたいと思います（46_1）［P19］(2)［注(2)はP14］。とりわけ、緊密に関連した五つの鍵となる概念についてです。これらを、その特性および豊かさ（そして深み）が増してゆく順に手ばやく述べることにします。

まず最初に、ホモロジー代数における**導来カテゴリー**(48)［P30］と、今日までに幾何学に導入された最も重要な、さまざまなタイプの「空間」のコホモロジーに対する「**六つの演算の定式**」（つまり$\overset{L}{\otimes}$、Lf^*、$Rf_!$、$RHom$、Rf_*、$Lf^!$という演算についてです）と言われる、「用途の広い」定式を用いるというアイデアに関するものです(46$_2$)［P19］。ここでさまざまなタイプの「空間」とは、(スキーム、スキーム的多重体などの…)「代数的」空間、(複素解析的、また剛解析的およびこれに類似した)解析空間、トポロジー空間(もちろん、将来は、あらゆる種類の「穏和空間」が、またホモトピー・モデルとして役立つ、小カテゴリーのカテゴリー（Ｃａｔ）のような、さらに他の多くのものが考えられます）のことです。この定式は、また、離散的性質の係数も「連続な」係数も含むものです。

　双対性についてのこの定式およびそれが至る所で通用することを徐々に発見することになったのは、一九五六年と一九六三年の間におこなわれた、ねばり強く、きびしい、孤独な考察によってでした。導来カテゴリーの概念が徐々にひき出され、ホモロジー代数の中でそれが持っている役割を理解するようになっていったのは、この考察の過程においてです。

　さまざまな「空間」のコホモロジー的定式に関する私のビジョンの中でなお欠けていたものは、局所系と、可積な接続をもつ加群、あるいは加群のクリスタルの用語を用いてのそれらの解釈というなれ親しんだ場合を超えて、離散係数と連続係数との間にあると推測されるつながりの理解でした。最初、複素解析空間の枠組みの中で定式化されたこの深いつながりは、(二十年近くあとで)「構成可能な」離散係数を用いて、また「$\mathcal{D}$-加群」あるいは「微分作用素の複体」という概念を用いて形成された導来カテゴリーの用語を用いて、**ゾグマン・メブク**によって発見され、確証されました(46$_3$)[3]［P20、14］。

　ゾグマン・メブクは、十年近くの間、わたしの元学生であった人たちによって励まされることなく――彼らは私との接触で得た関心と経験によって励まし、支援するのに一番良い位置にいたのですが――ほとんど完全な孤立の中で彼の注目すべき研究をつづけました。にもかかわらず、二つの鍵となる定理[4]［P14］を明るみに出し、証明することができました。全般的な無関心の中でどうにかこうにか生まれようとしている新しいクリスタル的な理論に関するものです。その上この二つの定理とも（実に間の悪いことに！）導来カテゴリーの用語で表現されているのです。ひとつは、「構成可能な離散」係数と（「ホロノミー」および「正則性」に関するいくつかの条件をみたす）クリスタル係数との間の今述べたカテゴリーの同値性を与えるものであり（48′）［P34］、もうひとつは、一点のまわりでスムーズな複素解析空間（必ずしもコンパクトではない。これによってさらに技術上の困難は著しいものになります）の定数写像に対する大域的なクリスタル双対定理です。これらは深い定理であり[5]［P15］、さまざまな解析的空間およびスキーム的空間（今のところは、標数0の）のコホモロジーに新しい光を投げかけており、またこれらの空間のコホモロジー理論の大規模な革新を約束するものです。これらの定理によって、その著者は、国立科学研究センター（CNRS）に入るための二度の要請を拒否されたあと、やっと研究職の一ポスト（これは大学における助手あるいは講師のポストと同等です）を得ました。

この十年の間に、私の学生たちにはよく知られているが[6]［P15］、どこにも「はっきりとは」書かれていない、「六種類の定式」について、超越的な場合の著しい技術上の困難さと苦闘しているメブクに誰も話そうとは考えませんでした。彼は遂に昨年私の口から（おそらく私だけしか知らない定式の形で）その存在を知りました。それは、彼が、もうあまりコホモロジーに取り組んでいなかった私に、彼がおこなったことを忍耐強く、親切に説明してくれた時のことでした…。また誰も、まず標数0のスキームの場合に取り組んだ方が多分より「有益」だろうこと、この場合には、超越的な場合に固有の困難さが消え、逆に、この理論に基本的な概念的な問題がそれだけ明確に現われることを彼に示唆することを考えなかったようです。また誰もつぎのことを彼に指摘することを考えなかったようです（あるいは、私がクリスタルを導入した時期には、私には知られていたつぎの事柄に気づくことさえなかったようです[7]［P15］）。つまり、スムーズな（解析的、あるいはスキーム的）空間の上の「$\mathcal{D}$-加群」とはまさに（双方に対して「連接性」についてのすべての問題を考慮に入れなければ）「**加群のクリスタル**」にほかならないこと、また後者の概念は、なんらかの特異性をもつ「空間」に対しても、スムーズな空間に対してもうまくゆく、至る所で通用する概念であるということです（46_4）［P21］。

メブクが示した才能（および並みはずれた勇気）を考えるとき、共感をもった環境におかれるとき、彼は、標数0のスキームのクリスタル・コホモロジーに関して、「六つの種類」の完全な定式を仕上げることに、なんの不都合もなく、喜んでおこない得たことは、私にとってはきわめて明白です。このような大きなプログラムのためのすべての基本的なアイデア（彼のアイデアに、さらに佐藤スクールのアイデアおよび私のアイデアを加えて）がすでにそろっていたように思えるからです。彼ほどの強さを持った人物にとっては、それは数年間の仕事だったでしょう。エタール・コホモロジーの至る所で通用する定式を展開することは、六つの演算という導きの糸がすでに知られていた（さらに基底変換についての鍵となる二つの定理も）時点で、数年間（一九六二年―一九六五年）の仕事であったのと同様です。たしかに、これは、協力者や立会人だった人たちの熱と共感の流れによって支えられていた年月のことであって、すべてを手にもっている人たちの尊大なうぬぼれの流れに逆らっておこなった仕事ではありませんでした…。

私が話したかった第二の対をなす概念にきました。**スキーム**という概念とこれに緊密に結びついた**トポス**という概念のことです。後者は、景（シット）という概念をより内在的なものにしたものです。私は、これを、はじめは、「局所化」についてのトポロジー的な直観を定式化するために導入したのでした。（「景（シット）」という用語はのちにジャン・ジローによって導入されました。彼は、景（シット）およびトポスという概念に必要とされる出来るかぎりの柔軟性を持たせるために多くのことを行ないました）。つぎつぎとスキームとトポスを導入することになったのは、代数幾何学において明らかに必要だったからです。この対をなす概念は、潜在的に、代数幾何学、数論、トポロジーというあまりにも長いあいだ分離していた「世界」をある共通の幾何学的直観の中で**綜合する**ことによって、これら三つの世界を大規模に革新することを内在させています。

スキームの観点および景（シット）の言語（あるいは「降下（デサント）」の言語）による、また鍵となる基礎に関する十二年の仕事（私の学生たちの仕事およびこれに加わった他の協力者たちの仕事を別にしても）による代数幾何学および数論の革新は、この二十年来実現された事柄です。スキームという概念、スキームのエタール・コホモロジーという概念（エタール・トポスおよびエタール多重体（ミュルティプリシテ）の概念はそうではないとしても）は最終的に日常の中に、共通の財産の中に入っています。

これに対して、トポロジーをも包括するこの広大な綜合は、ここ二十年来、基本的なアイデアと必要とされる主要な技術上の道具が集められ、準備が整えられているように私には思えるのに(8)[P15]、相変らず時機を待っています。十五年間（私が数学の舞台を去って以来）、肥沃な統一のアイデアおよび発見のための強力な道具であるトポスという概念は、ある種の流行によって(9)[P16]、真面目だとみなされている概念からは追放されたままです。今日でもなお、この概念がもたらす、トポロジーの著しい可能性を秘めた拡大、および新しい諸手段について少しでも推測しているトポロジストはまれにしかいません。

　この革新されたビジョンの中では、トポロジストが日常的に取り扱っているトポロジー空間、微分可能空間など…は、スキーム（聞いたことがあるでしょう）およびトポロジー多重体（ミュルティプリシテ）、微分可能多重体**あるいは**スキーム的多重体（だれも聞いたことがないでしょう）、さらには、同じタイプの注目すべき幾何学的対象を体現しているものである**環つきトポス**（46_5）［P22］——これらは、その中で、トポロジー、代数幾何学、数論に由来する直観が合流する「空間」の役割を演じています——は、共通の幾何学的ビジョンの中に入ります。(目を開いて見さえすれば）一歩ごとに出会う、あらゆる種類の「モジュラー」多重体は、これらの概念の際立った実例を与えています（46_6）［P23］。これらの深い研究は、幾何学的対象（あるいは、他のもの、たとえそれが幾何学的対象でないとしても）の基本的な諸性質の中にさらに進んで入ってゆくための第一級の導きの糸となっています。こうした性質については、これらのモジュラー多重体が、その変化、退化、一般化の様相を描いています。しかしながらこの豊かさはまだ知られずにいます。それを細かく描くことを可能にするこの概念が一般に認められている概念の中に入っていないからです。

　否認されているこの綜合[10]［P16］によってもたらされる、思いがけないもうひとつの側面は、最もありふれた空間の中のいくつか（46_7）［P23］の（あるいは、もっと正確には、それらの空間の副有限のコンパクト化）のなじみ深いホモトピー不変量が思いがけない数論的構造、とくにある種の副有限ガロア群の演算を有していることです…。

　しかしながら、やがて十五年になりますが、「トポス」という語をあえて口に出す人を、その人が冗談を云っているとか、論理の専門家であるという言い訳をしないかぎりは、見下すことが、「高貴な社会」の中で上品さとなっているのです。(これをおこなっているのは、並みの人たちとはちがう知られた人たちなのです。並みの人たちに対しては、いくらかの気まぐれがあっても許されねばならないでしょうが…)。トポロジー空間のホモロジーとコホモロジーを表現するための、導来カテゴリーの哲学（ヨガ）もまたトポロジストたちの中に浸透していません。トポロジストたちにとって、（体ではない係数環に対しての）キュネトの公式は相変らず二つのスペクトル系列のシステム（あるいは、やむをえないときには、一連の短い完全系列）でありつづけていて、適切なカテゴリーの中の唯一の標準的同型とはなっていません。また彼らは（例えば、固有射に対する、あるいはスムーズ射による）基底変換についての諸定理を知らないままの状態です。これらの諸定理は（エタール・コホモロジーに類似した枠組みの中では）このコホモロジーの力強い「発進」のための決定的な転換をなしたものです（46₈）［P23］。この哲学を発展させるのに寄与してきた人たち自身がずい分以前からこれを忘れており、これを使いたいという様子をする不運な人に冷たくあたっていることを考えるとき、私はこうした状況に驚くべきではないでしょう！[11]［P16］。

おそらく他のなによりも、私の心にある、第五番目の概念は、「**モチーフ**」です。これは、これまでの四つの概念とつぎの点で異なっています：モチーフという適切な概念は（任意の基礎のスキーム上と言わないまでも、基礎の体上だけについても）現在まで満足すべき定義の対象になっていないことです。たとえ、このために、必要とされる、あらゆる「道理にかなった」予想を認めたとしてもです。あるいは、むしろ、明らかに、第一段階において、なすべき「道理にかなった予想」は、かくかくの条件、かくかくの性質をみたす、ひとつの理論の**存在**を予想することです。これを完全に叙述することは、事情に通じている人にとって[12]［P17］、難しいものでは全くなく、（実に魅力あるものでしょう！）。また私は、「数学を去る」少し前に、これをおこなおうと考えていたのでした。

いくつかの側面で、状況は、微分・積分の英雄時代における「無限小」をめぐる状況と似ています。しかしながら二つの相違があります。まず今日では、私たちは、精巧な数学理論をつくることにおいて経験を積んでおり、また有効な概念の蓄積を持っています。これらは私たちの先人に欠けていたものです。そして、もうひとつの相違は、私たちはこれらの手段を持っているにもかかわらず、また二十年以上も前から、このモチーフに関する理論の大略をひき出すことをだれもしない（あるいは、しない人たちに逆らって思い切っておこなおうとしない）ことです。しかしながら今や、むしろ見るからに基本的な概念が出現しているにもかかわらず、私たちの先人が目的に直進して、微分計算に対してそれを行なったように、自ら進んでおこなわない、モチーフにとって明らかなことは、この生きものは存在しており、代数多様体およびこれらの多様体の族のコホモロジーに、またとくにこれら多様体やその族の「数論的」性質に興味を持ちさえすれば、それは、代数幾何学において一歩ごとに現われているのです。なかでも一番特殊で、とくに豊かなモチーフの概念は、私がすでに話した他の四つの概念に対してよりも、おそらく一層あらゆる種類のさまざまな直観と結びついています。それらはばくぜんとしたものでは全くなく、しばしば完全な明確さをもって定式化できるものです（時折、必要なら、いくらかのモチーフ的前提を認めた上で）。私にとって、これらの「モチーフ的」直観の中で最も魅力的なものは、「モチーフ的ガロア群」に関するものでした。これは、ある意味で、体および（絶対的な意味で）有限型のスキームの副有限ガロア群の上に「あるモチーフ的構造を付与する」ことを可能にするものです。（モチーフの概念の当座の基礎を与える「前提」の用語を用いて、この概念に正確な意味を与えるために必要な技術上の仕事は、「タンナカ・カテゴリー」に関するネアントロ・サーヴェドラの学位論文においておこなわれました）。

現在のコンセンサスでは、モチーフの概念に対しては、その不運な三兄弟（あるいは姉妹）（導来カテゴリー、「六つの演算」という双対性の定式、トポス）に対してよりもほんの少しだけニュアンスがあるようです。これははっきりと「内容のないたわ言」としては扱われていないと言う意味でです[13]［P17］。しかしながら、実際上は同じようなものです。モチーフを「定義」し、なにかを「証明」することが出来ない時点では、真面目な人たちはこれについて話すのを控えることが出来るのみです（大変残念ですが、人は真面目であるか、真面目でないかどちらかなのです、と言った具合です…）。たしかに、これについて語ることさえ真面目でないと言われているかぎりは、モチーフの理論を構成したり、これに関して何かを「証明」したりすることを思い切ってやることはないでしょう！

だが事情に通じており（そして流行をつくっている）いく人かの人たちは、自分では、秘密のままになっている前提の用語を用いて、多くの事柄が証明できることをよく知っています。つまり、今日では、実際には、この概念がヴェイユ予想の航跡の中に現われて以来（この予想はドゥリーニュによって証明されました。これはとにかく良いことです！）、**モチーフの哲学（ヨガ）**ははっきりと存在しているのです。だがそれは、ほんの少しの伝授された者[14]［P17］がいる、**秘密の科学**の身分にあります。それはたとえ「真面目でないもの」だとしても、これらの数少ない伝授を受けた人たちに、コホモロジーについての数多くの状況の中で、「これから当然期待される事柄」を述べることを可能にしているのです。こうして、これは、数多くの部分的な直観や予想を生みだします。これらの直観や予想は、時折、この「哲学（ヨガ）」が提供する理解の光のもとで、あとになって、手近な手段で接近することができます。ドゥリーニュの数多くの研究は、この哲学（ヨガ）から着想を得ています[15]［P18］。とくに、代数多様体（証明の必要性から、標数０の）の射影的でスムーズな射に対するルレーのスペクトル系列の退化を証明した、彼のはじめて発表された（私の記憶ちがいでなければ）論文がそうです。この結果は、「重さ」、つまり数論的性質についての考察によって着想されたものです。そこには典型的な「モチーフ」的考察、つまりモチーフの「幾何学」の用語で定式化できるものがあるのです。ドゥリーニュは、この命題をレフシェッツ―ホッジの理論を用いて証明しましたが、（私がよく覚えているとして）その動機については一言も述べていません[49]［P36］。しかしながら、その動機なしでは、これほどありそうもない事柄を推測することはたしかに誰にもできないことだったでしょう！

モチーフの哲学（ヨガ）は、またまさに、最初は、私がセールから受けついだこの「重さの哲学」から生まれたのです[16]［P18］。「ヴェイユ予想」（「ドゥリーニュの定理」となった）のあらゆる魅力を私に理解させたのはセールです。彼は私に（考察される標数において特異点の解消の仮定をした上で）、重さの哲学によって、どのように任意の体上のおのおのの代数多様体（必ずしもスムーズでも固有的でもない）に「仮想ベッチ数」を結びつけることが出来るかを説明してくれました――この時私はこれから強い印象を受けました（46_9）［P24］。重さについての私の考察の出発点になったのは、このアイデアだと思います。この考察は、これにつづく年月を通じて、（基礎を執筆するという私の仕事の傍ら）追求されました。（この考察はさらに、少なくとも仮想モチーフに対する「六つの演算」の定式を確立することをめざして、任意の基礎のスキーム上の「仮想モチーフ」の概念を用いて、一九六〇年代に再びつづけられました）。これらの年月を通じて、私が（特別な話し相手となっていた）ドゥリーニュにおよびこれを聞きたがった他の人にモチーフについてのこの哲学を話したのは[17]［p18］、彼および他の人たちが、それを彼らだけのものにしておかれる秘密の科学の状態にしておくためでは、もちろんありませんでした。

（→47［P25］）

注

(1)（一九八六年二月二十日）

このノートおよびそれにつづくノート（n° 47）［P25］の文章は、私の人生において、私の数学上の作品についておこなう、はじめての回顧です。したがって、これらのノートはまた、ここ十四年間私の視界の外にあった、この作品と再び接触する第一歩でもあります。それ以後経過した二年近くにわたる、『収穫と蒔いた種と』の執筆によって、この接触は少しずつ深まってゆきました。「木々に執着するよりも、森を一望におさめる」ことに重きをおいた、より広く、かつより深い、全体としての回顧については、『収穫と蒔いた種と』の導入部分にある「**ひとつの作品を巡るプロムナード**」を見られたい［『数学者の孤独な冒険』、p10—96］。

(2)　このノートにおいて検討する概念についてのさらに技術的ないくらかの解説が、ノート n° 46_1 から 46_9 の中にあります［P19—24］。他方では、私が導入した特別な**概念**とは独立に、（「完全に仕上がっている」私の作品の部分の中で）、私の作品の「主要部分」と考えられるものについての考察が、ノート n° 88「遺体…」［P253］にあります。

(3)　（一九八六年二月二十日）現在では、鍵となる定理のひとつの（二つの類似したもののひとつ）（つまり$\mathcal{D}$-加群に対する、いわゆる「リーマン―ヒルベルト」の対応）のアイデアは、実際にはM・カシワラによるものと思われます（$\mathcal{D}^\infty$-加群の場合は、メブクによるものでしょう）。詳しくは、『収穫と蒔いた種と』の第Ⅳ部、とくにノート「作品…」および「あるビジョンの開花――侵入者」（n° 171(ii)、171_1）で与えたメブクの仕事についての要約を見られたい、またクリスタルの観点については、「五つの写真（クリスタルと$\mathcal{D}$-加群）」（No.171(ix)）をみられたい。さらに「メブク―カシワラの確執」については、「ひとつの手紙」の（「四つの運動のプレリュード」の中の）、16節（あるいは「謝罪」を見られたい［『数学者の孤独な冒険』、p148］。メブクのアイデアと結果（さらに、もっと一般に、係数に関する新しい理論）の全体的な概要については、レ・ドゥン・トラン、ゾグマン・メブク：「線形微分系への入門」（Proc. of Symposia in Pure Mathematics, vol.40(1983), Part2, p31—63）を見られたい。

(4)　（六月七日）メブクは、私に、これら二つの定理に、これも導来カテゴリーの用語で表現されている第三の定理を加えた方がよいと指摘しました。つまり、$\mathcal{D}$-加群に対する「**二重双対性の定理**」と彼が呼んでいるものです（おそらくこれはあまり適切な呼び名ではないでしょう）。これは三つのうちで最も難しいものです。メブクのアイデアと結果およびそれらの応用についての全体としての素描に関しては、レ・ドゥン・トラン、ゾグマン・メブク：「線形微分系への入門」を見られたい。

(5) （五月三十日）第二の定理の証明は、「位相ベクトル空間」の技術に訴える必要があり、超越的な場合にいつも現われる技術上の困難に出会います。この証明は、「むずかしい」証明の中に入るだろうと推測します。第一の定理の証明は、ヒロナカの特異点の解消の効力に訴えることで、「明らか」で——かつ深いものです。ノート「連帯」（n。85）［P 209］の最後から二番目の段落で指摘したように、ひとたびこの定理がひき出されたあとは、よく事情に通じた人はだれでもこれを証明することができます。「若者たちの気どり——あるいは純粋性の擁護者たち」（注27）［『数学者の孤独な冒険』、p 370］で引用されているJ・H・C・ホワイトヘッドの観察とも比較されたい。私が、ひそかな予感によって無言のうちに書きしるすかのようにこの注（n。27）を書いたときには、現実の方が、私のおずおずとした、手探りの暗示をどれほど超えてしまっているか考えてもみませんでした！

(6) 彼らはこれを直接にセミナーSGA 4およびSGA 5において、またR・ハーツホーンの『留数と双対性』の中の、その中間の時期に書かれた文章によって学びました。

(7) （五月三十日）だが私もそれを忘れていました——昨年、メブクとの第二回目の出会いによって再び思い出しました。（ノート「あの世での出会い」（n。78）［P 158］を見られたい）。

(8) （五月十五日）これらの「基本的なアイデアと主要な技術上の手段」は、一九六三年と一九六五年の間に、セミナーSGA 4およびSGA 5の広大な描写の中に集められました。十一年後に（一九七七年）（破壊されて、すっかり変わった形で）現われた、この描写のSGA 5の部分の編集と刊行をおそった奇妙な有為転変は、「ある流行」の手中での——あるいはむしろこの流行をつくった最初の人たちである私の学生のうちのいく人かの手中でのこの広大なビジョンの運命の驚くべきイメージを与えています（つぎの注(9)を見られたい）。これらの有為転変とその意味は、ここ四週間の省察を通じて、徐々に明らかになってゆきました。それは、ノート「あい棒」、「一掃」、「特別な存在」、「青信号」、「逆転」、「沈黙」、「連帯」、「欺瞞」、「故人」、「虐殺」、「遺体…」（n。63‴、67、67′、68、68′、および84—88）の中で追求されています。

(9)　（五月十三日）これらの行が書かれた時点（三月末）につづく六週間に追求された省察によって、この「流行」はまずはじめに私の学生のいく人か――あるビジョンおよび技術上のアイデアと手段を自分たちのものにする上で最も良い位置におり、さまざまな仕事の道具を自己の所有物にすることを選んだ人たち自身によってつくられたことが明らかになりました――これらのアイデアと道具を生みだしたビジョンと、このビジョンを生みだした人物とを否認しながら。

(10)　（五月十三日）この綜合は、まずなによりも、その綜合の精神においても、これを可能にする鍵となる概念においても、これによって私が発展させることができた技術上の諸手段（それにスキームの言語およびエタール・コホモロジーの構成を含めて）の、彼の全作品を通じての、主要な利用者、受益者である人物そのものによって「否認」されました。それはピエール・ドゥリーニュです。（彼の並みはずれた才能にもとづく）特別な影響力によって、また私の作品の暗黙の受遺者として、私の作品に対して彼が持っていたきわめて特殊な位置によって、私が導入した主要なアイデア（スキームおよびエタール・コホモロジーの概念を除いて）に対置した、ひそやかで、系統的な遮断はきわめて効果的なものであって、これらのアイデアを埋葬した「流行」を作りだす上で第一級の役割をたしかに演じました。これらのアイデアはすでに十五年近くの間、植物的生活に追いやられています。彼の作品はこの両義性（あいまいさ）によって深く刻印されています。私はこのノートにつづく省察においてはじめてこの両義性をかいま見ました。（「遺産の拒否――矛盾の代価」、ノートn°47を見られたい［P25］）。私の別れ以後のドゥリーニュの作品の中に常にあるこの足かせについての、生き生きした、だがまだ漠然とした最初の知覚は、わが友が主要な司祭の役割を演じている、この埋葬についての省察全体を通じて、驚くべき仕方で、明確にされ、確認されました。

(11)　（五月十三日）その後の省察の過程で、状況は一九八一年六月のリュミニーのシンポジウムと共に変わりはじめたことがわかりました。そこでは、これらの概念を「忘れていた」（あるいはむしろ、埋葬していた…）人びとが、それを手に持って気取っているのが見られました。それでも、その人なしではこの輝かしいシンポジウムは決してなかった、この「不幸な人」そのものを冷たく扱うのをやめたわけではありません。(この記念すべきシンポジウムについては、ノートNo.75、81を見られたい［P139、180］。

(12)

(五月十三日)この「多少とも事情に通じている」というかなり特殊な意味に今日までにあてはまる唯一の人物(私を除いて)は、ピエール・ドゥリーニュであることがわかってきました。彼は、四年間にわたって、「代数幾何学において私が知っていた少しばかりのこと」を聞いたと同時に、モチーフについての私の考察の日ごとの打ち明け相手であるという利点を持っていました。たしかに私はここかしこで多くの他の同僚たちにもこれらの事柄について話しました。しかしだれも、みるからに、長年にわたって私の中で発展していった全体的ビジョンを同化したり、あるいは(私自身が、セールのいくつかのアイデアから生まれた二三の「強い印象」から出発しておこなったように)私の指摘を、自分自身でひとつのビジョンとひとつのプログラムを発展させる出発点として受け取るほど十分に「事情に通じて」いませんでした。私は多分思い違いをしていることでしょう。しかしコホモロジーについて権威があり、同時に、これらのモチーフについて何が問題なのかを深く知っているとみなされていたドゥリーニュ自身がこれらについて沈黙したままでいる限りは、代数多様体のコホモロジーに関心を持っている人たちは、「モチーフを真面目に受け取る」ような心理的状況にはなかったと思われます。

(六月八日)確かめてみましたが、モチーフに関する私の最初の考察は、一九六〇年代のはじめにさかのぼります——したがってこの考察は十年近く追求されたことになります。

(13)

前の注で指摘しましたように、導来カテゴリーは、三年前に鳴り物入りで発掘されることになりました(そこで私の名は挙げられることなしに)。トポスと六つの演算は相変らずその時機を待っています。モチーフも同じですが、二年前に、その作者の名を変えて、小さな断片が発掘されました(ノートNo.51、52、59を見られたい［P41、49、58］)(五月十三日)。

(14)

(五月十三日)「ほんの少しの伝授された者」は、一九八二年まではただひとりドゥリーニュだけであったことを今私は理解できます。たしかに彼はこの「秘密の科学」から、この哲学(ヨガ)の中に含まれている、いくつかの重要な結果を透けて見える事柄を明らかにしました。秘密にされたままの彼の着想の源泉になっているものを隠しながら、この哲学の信用を得るために、これらの重要な結果を彼が証明することが出来るにつれて明らかになった事柄を通じてです。しかしながら、十五年の間、大規模なモチーフの理論にだれも遂に取り組みはじめなかったとすれば、明らかに、私たちの時代は、無限小計算の英雄時代のもつ大胆なダイナミズムから遠くへだたったところにあると言えるでしょう！

(15) （五月十三日）いくらか著作目録を知るに及んで、私は今、ドゥリーニュの作品全体がこの哲学（ヨガ）の中に根を持っていることがわかりました。私の手もとにある文献からすると（および他のものと突き合せをして）、ドゥリーニュの全作品の中で、この源泉に対する唯一の言及は、一九七〇年の「ホッジの理論I」の中の簡潔な一行の中に（私とセールを一息に挙げて）見い出されるだけだと推測されます。（ノートNo.78′₁、78′₂を見られたい［P172、173］）。

（一九八六年一月十日）この推測は部分的には正しいものです——その後二つの例外があるのを知りました。ひとつは、論文「K3曲面に対するヴェイユ予想」（Inventiones Math, 15, 206-228 (1972)）です。この208ページには、つぎのように書かれています：「グロタンディークのモチーフについての予想の段階の理論（とくに「モチーフ的ガロア群」の理論）は、この証明を構成する上で非常に有益でした」。モチーフに関するもうひとつの言及（一九七九年の）については、『収穫と蒔いた種と』、第IV部、「前段階の発掘」（ノートNo.168（iv））で述べます。

(16) 私がセールから受けついだ（一九六〇年代のはじめか？）ことは、出発にあたってのあるアイデアあるいは直観です。理解すべき重要な事柄があると私にわからせてくれたのです！それは最初の衝撃として作用し、まずはじめは、重さの「哲学（ヨガ）」について、やがてはモチーフについてのいっそう広大なヨガの考察を、その後の年月にわたってつづけてゆく口火を切ったのでした。

(17) （四月十日）ドゥリーニュが「聞いた」唯一の人であったように思えます——そして彼は聞いたことについて独占的な特権を自分のために取っておくという配慮をしました。他方では、この最後の行を書いているとき、私は出来事に「立ち遅れていた」ことも事実です：二年前、モチーフの哲学（ヨガ）の部分的な発掘がありました。私がそれについて果たした役割についていかなる言及もなしに！このテーマについては、ノートNo.50、51、59を見られたい［P38、41、58］。これらのノートは、十五年の間おこなわれていた埋葬の意味について思いがけない光を投じた（少なくとも私には）予想外の発見によって刺激されて書いたものです。この時までは、ある種の埋葬についてかなり混乱した考えを持っていて、その近くに寄ってながめてみるということはしませんでした…。

（46_1）　リーマン・ロッホの定理に対して私が与えた定式（およびこれについて私が見い出した二つの証明）、さらにこの定理のさまざまな変種に関連して導入したアイデアや観点だけは除外することにします。私の記憶が正しければ、これらの変種は、一九六五／六六年のセミナーSGA5の最後の報告に中にあったはずです。この報告は、同じセミナーの他のさまざまな報告と共になくなってしまいました。そのうちで最も興味深いのは、構成可能な離散係数に対する一変種だと思います。これについて、文献の中でそれ以後はっきりと述べられているのかどうか私は知りません。(1) 記しておきますが、この変種はまたひとつの「モチーフ的」変種を導きます。それは基本的には、（剰余標数に素な）さまざまな素数ℓに対する構成可能なℓ進層に同伴した（正則なスキームYのチャウ環の中での）「特性類」は、これらの層が同一の「モチーフ」から由来するとき（例えば、ある与えられた$f: X \to Y$に対する$R^i f_!(\mathbb{Z}_\ell)$であるとき）、すべて等しいことを主張することになります。

注　(1)　（六月六日）一九七四年に発表されたマクファースンの一論文の中で（近い形で、「ドゥリーニューグロタンディークの予想」という人をあざむく名のもとに）それを見い出しました。詳しくはノートNo.87_1を見られたい［P234］。

（46_2）　この［六つの演算の］定式を、（とくに考察中の「空間」および写像に対してはスムーズ、または射に対しては固有という）あらゆる余分な仮定を取り除いた、最も「有効な」形での、コホモロジーにおける「**大域的双対性**」の定式の一種の精髄とみることができます。**局所的双対性**についての定式によってこれを補足することができます。その中では、認められる「係数」の中に、いわゆる「**双対化**」（演算 $Lf^!$によって不変な概念）対象あるいは「複体」が現われます。つまり、（次数については）適切な有限性の条件、（また、局所コホモロジーの対象については連接性あるいは「構成可能性」という）条件をみたしている係数に対して（演算 $\underline{\mathrm{RHom}}$ の用語での）「**二重双対性の定理**」を生み出すものです。私が「六つの種類の定式」について語るとき、今後は、「局所的」なものでも、「大域的」なものでも、このそろった双対性の定式であると考えています。

コホモロジーにおける双対性の深い理解へ向かっての第一歩は、最初の重要な場合、つまりネーター・スキームと連接的コホモロジーをもつ加群の複体の場合における、六つの種類の定式を徐々に発見していったことです。第二の歩みは、この定式がまた離散係数に対しても適用できることを（スキームのエタール・コホモロジーの場合に）発見したことでした。この二つのかけ離れた場合から、ポアンカレ型の「双対性」をもつあらゆる幾何学的状況においてこの定式が**至る所で成り立つ**という確信を得ることが十分に出来ました——この確信は（なかでも）ヴェルディエ、ラミス、リュゲの仕事によって固められました。このことは、この十五年の間、この定式の発展と大規模な利用に対してなされていた遮断が徐々に衰えてゆくとき、さらに別のタイプの係数に対しても確証されるにちがいありません。

この至る所で成り立つことは、及ぶ範囲のきわめて大きな一事実であると思えました。それは、ポアンカレの双対性とセールの双対性との間に深い統一性があるというこの感情を確かなものにしました。そして遂には、メブクによって必要とされる一般性を伴って、これが確認されました。この遍在性は、「六つの種類の定式」を、「あらゆるところにある」コホモロジー的双対性という現象の理解のための、ホモロジー代数における基本構造のひとつにしています。[(1)] かなり複雑な、この種の構造は、過去にはっきりと述べられたことがなかった（さらに、「三角化カテゴリー」という「適切な」概念についても同様です——これについてのヴェルディエのものはまだ非常に臨時的で、不十分な形です——）という事実によって、事態は変わるものでは全くありません。また、トポロジストたち、それにコホモロジーに関心を持っているような様子をしている代数幾何学者たちも、われ勝ちに、双対性についてのこの定式の存在自体を無視しつづけている——これを基礎づけている導来カテゴリーの言語についても同様ですが——という事実によっても事態は全く変わりません。

注　(1)　関心のある読者は、この巻の付録に、この定式の概要が見られます。［今のところ暫定的な素描があるだけだということです」（訳者）。

(46$_3$)　$\mathcal{D}$-加群および微分作用素の複体の観点は、サトウによって導入され、まず彼と彼のスクールによって発展させられました。これは私のアプローチにより近い、メブクの視角とはかなり違ったものでした（と私には理解されました）。

（複素解析的、実解析的および断片ごとに線形（PL）な枠組みの中での）「離散」係数に対する「**構成可能性**」に関するさまざまな概念は最初私によってひき出されました。これは、一九五〇年代のおわりごろだと思います、（そして、それから数年後に、私は、エタール・コホモロジーの枠組みの中で再びこれに取り組みました）。この時、私は、実解析空間あるいは複素解析空間の固有射に対する高階順像によって、この概念が安定性を持つかどうかという問題を提出しました。この安定性が、複素解析的の場合に確認されたかどうか私は知りません[1]。ところが実解析的な場合、私が予想していた概念はよいものではありませんでした。順像による安定性の最初の基本的な性質を有している、ヒロナカの実の部分解析的集合という概念を持っていなかったからです。$\mathrm{R}\underline{\mathrm{Hom}}$ のような局所的性質の演算に関しては、（ヒロナカの特異点の解消を用いて）標数0の理想的（エクセラン）スキームの枠組みの中で構成可能係数の安定性を確証した議論がそのまま複素解析的な場合にもうまくゆくことは明らかでした。二重双対性の定理についても同じことが言えます（SGA 5、Iを見られたい）。断片ごとに線形な枠組みにおいては、自然な安定性および二重双対性の定理は、「やさしい練習問題」です。私はこれを、エタール・コホモロジーを発進させた時点で、双対性の定式の「遍在性」を調べてみるということで、楽しみながらおこないました（そのときの主な驚きはまさにこの遍在性を発見したことでした）。

部分解析的な場合について再び話せば、（構成可能係数の、六つの演算による）安定性の諸定理のためのこの方向での「良い」枠組みは、明らかに、「穏和空間」の枠組みです（「あるプログラムの概要」、5、6節を見られたい）。

注 (1)（五月二十五日）これは、J・L・ヴェルディエによって確証されました。ノート、No.82、「すばらしい参考文献」を見られたい［P192］。

(46$_4$) もちろん、「$\mathcal{D}$-加群」という観点は、$\mathcal{D}$が環の連接層であるという事実と合わさって、加群のクリスタルに対して、私が研究においてそれを用いていたものよりも、より隠された意味での「連接性」の概念を明らかにしています。これは、必ずしもスムーズではない（解析的あるいはスキーム的）空間の上である意味を保持します。したがって、これを「**M－連接性**」と呼んで当然でしょう（Mはメブクに由来します）。このとき、多少とも事情に通じており、(そして数学者としての健全な直観を十分に持っている)人にとっては、スムーズの場合に「微分作用素」の複体を一般化する「係数の適切なカテゴリー」は、加群のクリスタルのカテゴリーの「M—連接な」導来カテゴリー（クリスタルの複体が**M—連接**と呼ばれるのは、そのコホモロジーの対象がM—連接であるときとして）にちがいないことはかなり明らかであるにちがいありません。この「M—連接な」導来カテゴリーは、スムーズ性という仮定なしでかなりの意味を保持しており、通常の(連接的)[連続]係数の理論と「構成可能な」離散係数の理論（こちらの方には、ホロノミーと正則性に関する適切な仮定を導入して）とを共に包括するにちがいありません。もしこれらの事柄についての私のビジョンが正しければ、その前に知られていたクリスタルの文脈と対比して、サトウ—メブクの理論のもつ二つの新しい概念的要素は、加群のクリスタルに対するこのM—連接性という概念と、クリスタルのM—連接な複体に関する、(より深い性質を持った)ホロノミーと正則性についての条件でしょう。これらの概念が得られたのですから、最初の基本的な仕事は、クリスタルという文脈の中で、六つの種類の定式を、私が二十年以上前に展開した、(私の元学生で、コホモロジーの専門家であるいく人かが、多分より重要な仕事のために、長い間忘れてしまっている…）二つの特別な場合（通常の意味で連接的な、そして離散的な）を包括するような仕方で発展させることでしょう。

またメブクは私の作品にしばしば触れることによって、「クリスタル」という概念があることを学ぶようになっていました。そして彼の観点は（少なくとも標数0では）この概念に対するよいアプローチを与えるにちがいないことを感じていました——しかしこの示唆はだれの耳にも入りませんでした。心理的に、これに必要な基礎に関する広大な仕事に彼が乗り出すことはほとんど考えられなかったのです。コホモロジーについては権威あるものとされており、また勇気づけたり——あるいは勇気を挫いたりするのに最も良い位置にいた人たち自身の側の尊大な無関心の雰囲気の中にあったからです…。

（46_5）（五月十三日）とくに、ここでは**可換局所環**による環付きトポスに関してです。位相空間上のこのような環の層のデータを用いて「多様体」の構造を叙述するというアイデアは、はじめ、H・カルタンによって導入されました。そして、セールにより、彼の古典的な著作「代数的連接層（FAC）」においてつづけられました。「スキーム」という概念へ向けて私を導いた考察のための最初の刺激はこの研究でした。セールによって受けつがれたカルタンのアプローチの中で、今日までに現われている、あらゆるタイプの「空間」あるいは「多様体」を包括する上で、なお欠けていたものは、トポスの概念でした（つまり、まさにその上で「集合の層」という概念がある意味を有し、なじみ深い諸性質を持っているような「なにものか」です）。

（46_6）　通常の空間ではなく、「受け入れられている」概念を用いては満足すべき代替が得られないように思われる、トポスの注目すべき他の例としては、つぎのものが挙げられます。局所的な同値関係による、位相空間の商トポス（例えば、多様体の葉層によるもの、この場合には、商トポスは、「多重体」に、つまり局所的に多様体にさえなります）。また（少なくとも「有限射影的極限および任意の帰納的極限によって表現される）ほとんどすべての種類の数学的構造に対する、「分類」トポス。あるひとつの「多様体」（位相的、微分可能、実解析的あるいは複素解析的、ナッシュ的などの…、あるいはまた与えられた基底の上のスムーズなスキーム）の構造をとるとき、そのおのおのの場合に、（その空間の）「普遍的な多様体」という名がふさわしいような、きわめて興味深いトポスが得られます。そのホモトピー不変量（そしてとくに、そのコホモロジー——これは考えている種類の多様体に対する「分類コホモロジー」という名がふさわしいでしょう——）は研究する必要があり、ずいぶん前から知られているものですが、いまのところ全く動きはじめていません…。

（46_7）　ホモトピー・タイプが、複素代数多様体のもののように「自然な仕方で」叙述される空間Xについてです。この時、この多様体は、Kが素体Qの有限拡大であるような、複素数体の部分体K上で定義することができます。副有限のガロア群Gal（$\overline{K}$／K）はこのとき自然な仕方でXの副有限ホモトピー不変量の上に作用します。多くの場合（例えば、Xが奇数次元のホモトピー球面であるとき）、Kとして素体Qをとることができます。

（48_8）　（五月十三日）セールの論文「代数的連接層（FAC）」（これがスキームの方向へ私を「発進させる」ことになったのですが）の中で代数幾何学の最初の基礎を私が学んだ時点では、基底変換という概念自体が、基礎体の変換というその特殊な場合を除いて、代数幾何学において実質上知られていませんでした。スキームの言語の導入とともに、この操作はおそらく代数幾何学において最も日常的に用いられるものになり、そこでは、いつでもこれが入り込んできます。この操作が、きわめて特殊な場合を除いて、トポロジーではまだ実質上知られていないという事実は、代数幾何学に由来するアイデアや技法に関してトポロジーが孤立していること、また「幾何学的」トポロジーの不適切な基礎の根強い伝統があることの（数多くある中の）典型的な一徴候のように思えます。

（46_9）　（六月五日）セールのアイデアは、体k上の有限型の任意のスキームXに、「仮想ベッチ数」と呼ばれる整数

$$h^i(X) \quad (i \in \mathbb{N})$$

であって、つぎのような性質：

a　部分閉スキームYとその補開集合Uに対して

$$h^i(X)=h^i(Y)+h^i(U)$$

がなりたつ。

b　スムーズな射影的スキームXに対して

$h^i(X)$＝Xの第i次ベッチ数

を持つものを対応させることが出来るにちがいないというものでした（例えば、kの標数と素なℓに対して、ℓ進コホモロジーを用いて定義された）。もし$\bar{k}$上の代数的スキームに対して特異点の解消を認めるならば、これらの$h^i(X)$は、a、bの性質から一意的に決まることが直ちに出てきます。固有な台をもつコホモロジーの定式を用いると、kを固定したとき、このような関数$X \to (h^i(X))_{i \in \mathbb{N}}$の**存在**は、基本的には、基礎体が有限の場合に帰着させることができます。$\mathrm{Gal}(\bar{k}/k)$が連続的に作用する、$\mathbb{Q}_\ell$上の有限次元のベクトル空間の「グロタンディーク群」の中で考え、この群の中でXの（固有台をもつ）ℓ進オイラー・ポアンカレの指標をとると、$h^i(X)$は$EP(X, \mathbb{Q}_\ell)$の「重さ i の成分」の仮想の階数となります。ここで重さという概念は、ヴェイユ予想、それに特異点の解消のより弱い形から得られます。特異点の解消がなくとも、セールのアイデアはヴェイユ予想のもっと強い形（ドゥリーニュによって「ヴェイユ予想II」の中で確証された）によって実現されます。

私はこの道に沿って発見的な考察をつづけ、基礎体kを多少とも任意の基礎のスキームSにとり替えて、「仮想の相対的スキーム」に対する六つの演算の定式に――また、S上の（有限表示をもつ）このような仮想のスキームに対する「特異類」についてのさまざまな概念に導かれました。このようにして、私は（簡単のために、基礎体の場合に戻りますと）、セールのもの

よりもより繊細な整数値不変量――$h^{p,q}$（X）と記す――で、上のa、bに類似した性質をみたし、通常の公式

$$h^i(X)=\Sigma_{p+q=i}h^{p,q}(X)$$

によってセールの仮想ベッチ数を再び与えるようなものを考えるに至りました。

2　遺産の拒否――矛盾の代価　*47

　気づかれたことでしょうが、いま検討した五つの概念（まさに「まじめでないもの」と見られているものです）のうちの四つは、コホモロジー、そしてなによりも**スキームと代数多様体のコホモロジー**に関するものです。いずれにしても、この四つはすべて、代数多様体のコホモロジー理論の必要性――まずはじめに連続係数に対して、ついで離散係数に対する――によって示唆されたものです。つまり、一九五五年から一九七〇年までの十五年の間、私の研究における主な動機およびつねにあったライトモチーフは、代数多様体のコホモロジーだったと言うことです。

　注目すべきことは、昨年の高等科学研究所（IHES）の小冊子において、このテーマについて言われているところを私が信ずるとすれば、ドゥリーニュが今日なお彼の着想の主な源泉とみなしているのもこのテーマなのです[1][P29]。私はこのことをある驚きをもって知りました。たしかに、ドゥリーニュが（ラマヌジャンの予想についての彼のすばらしい仕事のあと）ホッジの理論の注目すべき拡張を発展させたとき、私はまだ「現場に」おり、十分事情に通じていました。これはとくに、私にとってと同じく彼にとっても――まず手はじめに、複素数体上でモチーフの概念を形のあるものに構成することに向かっての第一歩でした！一九七〇年の私の「転換」のあとのはじめの数年のあいだに、もちろん私もドゥリーニュによるヴェイユ予想の証明（これはまたラマヌジャンの予想をも証明することになりました）、それから、この流れの中で、標数が正の場合の「レフシェッツの強定理」の証明について聞きました。当然私はそれを彼から期待していたのです！またこれと同時に、一九六〇年代の末ごろ、（少なくとも）体上の「半単純の」モチーフの概念をつくり、これらのモチーフの予想される性質のいくつかを、ℓ進コホモロジーおよび代数的サイクルの群の諸性質の用語に翻訳するための第一歩として私が提案してい

た「**スタンダード予想**」をも証明したにちがいないと確信してさえいました。その後ドゥリーニュは、ヴェイユ予想の彼の証明は、(より強い)スタンダード予想の証明に導くものではないこと、またこれらの予想にどのように取り組んだらよいのかいかなるアイデアもないと私に言いました。その時から今や十年あまりたちました。その時以来、私は、代数多様体のコホモロジーの「モチーフ的」(あるいは「数論的」)諸側面の理解において生じた他の真に決定的な進歩を知りません。このことから、私は、ドゥリーニュの才能を知っていますので、彼の主要な関心が他の主題に移ったにちがいないと暗黙のうちに結論していたのでした――したがって、そうでは全くなかったことを知って私は驚いたのでした。

私にとって疑いの余地のないと思えることは、ここ二十年以来、代数多様体のコホモロジーについての私たちの理解において大規模な革新をなしとげるには、多かれ少なかれ「グロタンディークの後継者」という形をとることなしでは不可能であることです。ゾグマン・メブクはこのことを苦い経験を通じて学びました。カルロス・コントゥーカレールについても(ある程度まで)このことが言えます。彼はテーマを変えた方がよいことをすみやかに理解しました(47_1)[P29]。ぜひおこなわねばならない第一の事柄の中に、さまざまな係数において例の「六つの種類の定式」を発展させることがあります。これと非常に近いものとしてモチーフの定式があります(モチーフはしばらくの間一種の理想の「地平線」の役割を果たしています)。つまり標数0のクリスタル係数(サトウ・スクールとメブクの線に沿って、グロタンディークのソースで味付けして)、あるいは標数pのとき(とくに、ベルトゥロ、カッツ、メッシング、そして明らかに興味を示しているより若い研究者たちの一グループによって研究された)、ドゥリーニュ流の「階層付きの射影・加群」(これは連接的$\mathcal{D}$-加群、あるいは「$\mathcal{D}$-連接の」クリスタルという「帰納的な」概念の双対化された変種あるいは「射影的な」概念だと思えます)(*)。そして最後に「ホッジ―ドゥリーニュの」係数(これらの定義は、超越的で、複素数体上有限型である基礎のスキームに限られていることを除くと、これはモチーフと同じく適切なもののようです)…。他方の端には、モチーフを(当然のことですが…)取り囲んでいるもやからモチーフの概念そのものを引き出してくるという仕事があります、そしてまた、可能ならば、「スタンダード予想」のようないくつかの具体的な問題に取り組むことです。(スタンダード予想に対しては、私は、なかでも、おそらく跡の正値性の公式を得るための一手段として、体上の射影的で、スムーズな多様体に対する「中間ヤコビアン」の理論を発展させることを考えていました。この公式はスタンダード予想の基本的な要素のひとつでした)。

　これらは、私が「数学を去った」時点まではなお私の手中にあって関心の的であった仕事と問題でした——このどれも、いかなる時点にも、私にとって、ひとつの「壁」であったり、終点(2)[P29]をなすものに思えたことのない強くひきつける実り多い事柄だったのです。それらは、汲みつくせぬ着想の源泉と内容を表現していました——これに取り組み、これを超えたところ(いたる所で「超えられます」!)に、予想されることと、予想もしなかったものが現われてくるものです。私の限られた才能——だが私の仕事の中では分裂していない——でもっても、私は、たった一日でもあるいは一年、あるいは十年、取り組みさえすれば、人は何をなすことができるかをよく知っています。また、ドゥリーニュが彼の仕事の中で分裂していなかった時代の仕事での彼を見ていますので、彼の才能がどれほどのものか、彼がこれに取り組みたいと思えば、一日で、一週間で、あるいは一ヵ月で、彼がおこなうことのできることをも私は知っています。しかし、深く探り入れようとする対象そのもの、それにこの目的のために、ひとりの先任者によって(そして、自ら仕事をおこなった他の多くの人びとの中でも、とくに、ドゥリーニュの援助でもって…)発展させられた言語と道具一式を尊大に見下しながらでは、だれも、ドゥリーニュでさえも、結局のところ肥沃な仕事、深い革新をもたらす仕事をおこなうことはできないでしょう(59[P58])。

　私はまた ν 個の印をつけた点をもつ種数 g の連結で、スムーズな代数曲線に対する、(Spec($\mathbf{Z}$)上の)モジュラス多重体(ミュルティプリシテ) $M_{g,\nu}$ の「ドゥリーニューマンフォードの」コンパクト化についても考えています。これらは、標数0から出発して特殊化の議論によって、すべての標数のモジュラス空間 $M_{g,\nu}$ の連結性を証明するという問題の際に導入されました(3)[P29]。これらの対象 $M_{g,\nu}$ は(群 $S\ell(2)$ と共に)、私が数学において出会った最も美しく、最も魅力的なものに思えます(47_2[P30])。すでにこれらの存在だけでも、あまりにも完璧な諸性質と合わせると、私には、(さらに完全に理解される)一種の奇跡のように見え、証明することだった連結性という事実よりもはるかに大きな意味を持っているように思えます。私にとって、これらは、代数幾何学において最も基本的な事実、つまり（ほんの少しのことを除いて）（想像しうるすべての基礎体上の）代数曲線のすべて――これらの曲線はまさに他のすべての代数多様体の究極の建材です――を精髄として含んでいるのです。だが問題にしている種類の対象、つまり「Spec(**Z**)上の固有でスムーズな多重体」は、「認められている」カテゴリー、言いかえれば、人が「認め」たいという**姿勢にある**カテゴリーの枠の外にあるものなのです（検討しないように細心の気を配っているさまざまな理由によって）。人びとは、これについては多くともせいぜい暗にほのめかすだけであり、しかもまだ「ゼネラル・ナンセンス」をおこなっている様子なのをわびる風をしながらなのです。一方、「トポス」または「多重体（ミュルティプリシテ）」というタブーとなっている語を発言しないように、代わりに「堆（スタック）」あるいは「園（シャン）」と言うように気を配っているのです。これがまさに、これらのまたとない宝石が、（私の知るかぎり）、十年以上前にこれらが導入されて以来、未発表のままになっているセミナーの私自身のノートを別にすれば、研究されたことも利用されたこともない理由なのでしょう。その代わりに、人びとは「粗な」モジュラス多様体で仕事をしたり、あるいは真のスキームであるという幸運をもったモジュラス多重体の有限被覆でもって仕事をしています――しかしながら、これら二つとも、これらが由来しており、実質上禁止されたままになっているこれらの完璧な宝石の比較的薄ぼんやりとした、ちぐはぐな一種の影にすぎません…。

　ラマヌジャンの予想、混合ホッジ構造、モジュラス多重体のコンパクト化（マンフォードと共同での）、そしてヴェイユ予想というドゥリーニュの四つの仕事は、それぞれ、代数多様体について私たちが持っている知識の革新、それによってまた新しい出発点をなしています。これらの基本的な仕事は、数年の間（一九六八年――一九七三年）にひきつづいてなされています。しかしながらそれからやがて十年になりますが、これらの大きな道しるべは、かいま見られているもの、そして未知なるものの中に新しく進んでゆくためのジャンプ台、さらにははるかに大規模な革新のための手段にはなりませんでした。それらは陰鬱な停滞状態にゆきつきました（47_3［P30］）。もちろん、それぞれの人の中に、十年前にはあった「才能」が魔法によるごとく消えてしまったわけではもちろんないし、私たちの手の届くところにある事柄の美しさが突然消えてしまったわけではありません。だが世界が美しいだけでは十分ではありません――さらにそれを楽しむということが必要なのです…。

（＊）これらの定義は、SGA4の中の報告I・8にある意味です（訳者）。

注

(1)　（五月十二日）これに対して、この小冊子を読む人に、私の作品が代数多様体のコホモロジーとなんらかの関係があること、あるいは他のものとなんらかの関係があると推測させるものが何もないことを確認しました！このテーマについては、この日に書いたノート「弔辞（1）――おせじ」（No.104）を見られたい。この小冊子については、注「救いとしての根こぎ」（No.42）の注（★）［『数学者の孤独な冒険』、p381］で触れられ、またいま述べたノート「弔辞」の中で少し詳しく検討されています。

(2)　（五月二十五日）だがこれは匿名の筆者（私は誰であるかを推定できますが）による、例の記念の小冊子の中で親切にも示唆されていることです。このテーマについては、前の注で挙げた「弔辞（1）」につづくノート「弔辞（2）」を見られたい。

(3)　Pub. Math. 36. 1969. p. 75−110. ノートNo.63_1［P78］の中の解説を見られたい。

（47_1）　ここで私は5、6年前のコントゥーカレールの見込みのあるスタートについて考えています。それは、相対的な局所ヤコビアンの理論および、これらと、任意のスキームの上の必ずしも固有的ではないがスムーズな曲線スキームに対する大域的ヤコビアン（いわゆる「拡張されたヤコビアン」）との関係、および可換な形式群および典型曲線についてのカルティエの理論との関係についてのものです。カルティエからの励ましを除くと、コントゥーカレールの最初のノートに対する、これを評価する上で最もよい位置にいる人たちの側からの反応があまりにも冷たかったので、著者は手もとに持っていた第二のノートを発表するのを控え、大急ぎでテーマを変えることになりました（これでも他の災難を避けることは出来ませんでしたが）[1]。

私は彼に局所的および大域的ヤコビアンのテーマを、一九五〇年代の末にさかのぼるあるプログラムへと向かう第一歩として、とくに、ネーター・スキームの剰余複体（そのすべての局所環の双対化加群で形成される）とのアナロジーで、（任意の次元の局所環に対する）局所ヤコビアンから形成される、任意次元の「アデール的」双対化複体の理論へ向かっての第一歩として、提案したのでした。コホモロジー的双対性についての私のプログラムのこの部分は、一九六〇年代を通じて、当時もっと緊急なものに見えた他の仕事が殺到していたことにより、（他のものと共に）少しばかり忘れ去られていたのでした。

注

(1) （六月八日）ノート「ひつぎ3——少しばかり相対的すぎるヤコービ多様体」（No.95）の小ノート（95_1）をみられたい［P 295］。

（47_2） 実際のところ、これは、これらすべての多重体の族が組み込まれる「タイヒミュラー塔」と、基本亜群の用語によるこの塔の離散的または副有限の表現全体のことです。これは私が数学において出会った最も豊かで、最も魅惑的な、比類のない対象をなしています。群Sl(2)は、（その上でのガロア群Gal（$\overline{Q}$／Q）の演算となっている）Sl（2、Z）の副有限なコンパクト化の「数論的」構造と合わせると、この塔の「副有限版」の主要な礎石とみなすことができます。このテーマについては、「あるプログラムの概要」の中の指摘を見られたい（『数学上の省察』の一巻あるいは数巻がこのテーマにあてられる予定ですが）。

（47_3） 「陰欝な停滞状態」というこの確認は、ここ最近十年における、スキームと代数多様体のコホモロジーをめぐる主要なエピソードによく通じている者のよく考え抜かれた意見ではありません。これは、私が、なかでも、一九八二年と一九八三年に、イリュジー、ヴェルディエ、メブクとの会話や文通から得た、ひとりの「アウトサイダー」の単なる全体的な**印象**です。たしかに多くの側面にわたってこの印象にニュアンスをつける必要があるでしょう。例えば、一九八〇年に出た、ドゥリーニュの仕事「ヴェイユ予想II」は、主要な結果のレベルでの驚きとは言わないまでも、本質的な新しい進歩を示しています。交叉コホモロジーの周りの「ラッシュ」に加えて、標数p>0のクリスタル・コホモロジーにおいても進歩があったようです。これらは、いく人かの人に（不承不承に）導来カテゴリーの言語に戻らせ、さらには長い間拒絶していたその作者たちを思い起させることにもなったようです…。

III 流行——有名人たちの生活

1 直観と流行——強者の法則　48(46)

よく知られているように、導来カテゴリーの理論はJ・L・ヴェルディエによるものです。私が提案した基礎の仕事を彼が企てる前には、私は導来カテゴリーを発見のための手段のようにして用いて仕事をすることに限っていました。これらのカテゴリーの暫定的な定義を用いて（その定義はあとで適切なものだとわかりました)、またそれらの本質的な内的構造についての暫定的な直観にもとづいて(この直観は予定の文脈の中では技術的には間違いだとわかりました――「写像錐」は、これを定義するものとされる導来カテゴリーにおいて射に関手的に依存して**おらず**、それを唯一でない同型を除いてのみ定義するからです)。私が一九五〇年代の末ごろ発展させた連接層の双対性の理論(つまり、連接の枠組みの中での「六種類」の定式)[(1)]［P32］は、その後ヴェルディエによってなされた、導来カテゴリーの概念についての基礎の仕事があってはじめて、そのまったき意味を持つことになったのでした。

20ページあまりのヴェルディエの学位論文(一九六七年にやっとパスしました)は、今日までに書かれた、導来カテゴリーの言語への最良の入門だと思われます。これは、この言語をその本質的な利用の中に位置づけています(これらの利用の多くはヴェルディエ自身によるものです)。それはただ執筆中で、あとになって執筆がおわることになった仕事への序文なのでした。序文だけを信用してその著者に理学博士の称号を授与する根拠になるとみなされたこの仕事を手にすることができた、唯ひとりとは言わないまでも、非常にまれな人物のひとりであることに私は得意になったのでした！この仕事は今日まで、導来カテゴリーの観点からホモロジー代数の系統だった基礎を提供している唯一のテキストです(あるいは、でした――どこかにまだ一部残っているかどうか私は知りません…)。

入門の本も、厳密な意味での基礎の書物も発表されていないこと[(2)]［P33］、したがって導来カテゴリーの言語の使用のための基本的な技術上の知識が文献の三つの異なった場所に分散していること[(3)]［P33］を残念に思っているのはおそらく私ひとりだけでしょう。カルタン－アイレンバーグの古典的な著書に匹敵する重みを持った系統だった参考書の不在は、一九七〇年に数学の舞台を私が去って以後、導来カテゴリーの定式を襲った関心の喪失のひとつの原因であり、同時にその典型的な徴候であると思われます。

たしかに、一九六八年になると、すでに(SGA5の中で展開された、跡に関するコホモロジー理論からの必要性により)最初の形での導来カテゴリーの概念、およびこれに対応した三角化カテゴリーの概念は、いくらかの必要性に対しても不十分であり、より深い基礎に関する仕事をまだやらねばならないことが明らかになってきました。この方向での有益な一歩、しかしまださやかな一歩が、(とくに跡の研究の必要性のため)、イリュジーによって、かれの学位論文の中で、「フィルター付き導来カテゴリー」の導入によってなされました。一九七〇年の私の別れが、ホモロジー代数の基礎に関するあらゆる考察、および、これと緊密に結びついたモチーフの理論の基礎に関するあらゆる考察の突然で、決定的な停止のシグナルであったようです（48₁）［P33］。しかしながら、一番はっきりしていることは、大きな基礎づくりのためのすべての基本的なアイデアは私の別れの前の数年間にすでに獲得されていたと思います（48₂）［P34］。（この中には、「導来手（デリヴァター）」または「導来カテゴリーを作りだすマシーン」という鍵となるアイデアも含まれています。これは、今日までに出会った三角化カテゴリーの基礎にある、より豊かな共通の対象のようであり、二十年近く後になって、『園（シャン）の探求』の第二巻の第一章で、非加法的な枠組みの中で、いくらかでも遂に展開されることが予定されているアイデアです）。さらに、おこなうべき基礎の仕事の大きな部分がすでにヴェルディエ、ハーツホーン、ドゥリーニュ、イリュジーによってなされていました。これらの仕事は、導来手というより大きな見通しの中で、得られているアイデアを再び綜合するためにそのまま使用することが出来たものです。

また、ここ十五年間(4)［P33］における、導来カテゴリーそのものに対するこの関心の喪失は、ある人びとのもとでは、ある過去の否認と関連しており、それがどんなに緊急のものであっても、基礎に関するあらゆる考察を軽蔑をもってながめようとする、ある流行のながれの中にあります(5)［P33］。他方では、私にとって明らかなことは、「すべての人」が今日よく考えてみることもなく使用している（これは暗黙のうちに、もとヴェイユ予想を通じてだけでしょうが…）、エタール・コホモロジーの発展は、SGA1とSGA2については言うまでもなく、導来カテゴリー、六つの演算、景（シット）とトポスの言語が表現している概念的な知識（この言語はまずはっきりこの目的のために発展させられたものです）なしではなされなかったということです。また、これも明らかなことですが、もし私の学生であった人たちのいく人かが、ある流行――彼らがこれをつくった最初の人たちの中に入っており、ずいぶん前から、そして彼らの支援で支配力を獲得しています――にしたがうよりも、これらの年月の間、彼らの持つ数学者としての健全な直観に従っていたとしたならば、代数多様体のコホモロジー理論において今日認められる停滞は現われなかったろうし、もちろんそれが定着してしまうこともなかったことでしょう。

注　(1)　なお固有的でない射に対する演算 Rf（固有台をもつコホモロジー）が欠けていました。これは、ドゥリーニュによって6、7年後に導入されました。それは、彼による連接的射影-加群の導入にもとづいています。この連接的射影-加群は私には重要な新しいアイデアだと思われます（これは成功裏に、彼の階層付き射影-加群の理論において再び取り上げられました）。

(2) （五月二十五日）これらの行が書かれたあと、一九六三年（学位論文の審査の4年前）の日付のある、ヴェルディエの学位論文の最初の萌芽が一九六七年に発表されていることがわかりました。このテーマについては、ノート「あい棒」、「信用貸しの学位論文となんでも保険」（№63‴、81［P85、180］）を見られたい。

(3) この三つの場所とは、連接的な双対性についてのハーツホーンのよく知られているセミナー（これには、私が一九五〇年代の後半に発展させた双対性の理論の今日までに発表されている唯一の部分が含まれています）、SGA4の中のドゥリーニュのひとつ、ふたつの報告、そしてイリュジーのぶあつい学位論文のひとつ、ふたつの章です。

(4) （五月二十四日）この「ここ十五年間」にはニュアンスを付す必要があります――このテーマについては、ノート№47_3［P30］およびより詳しく述べているノート「信用貸しの学位論文となんでも保険」（№81［P180］）を見られたい。

(5) （五月二十五日）この流行の出現と存続の中で作動している諸力についての考察に関しては、ノート「墓掘り人――会衆全体」（№97）を見られたい［P303］。

（48_1）また同じことが（いくらかの留保をつけて）代数幾何学の基礎についての私のプログラムの全体についても言うことができます。このプログラムの非常に小さな部分だけが実現されましたが、私の別れと共にぴったりと止まってしまいました。この停止は、きわめて実り豊かだと考えていた双対性についてのプログラムにおいてとくに目立ちます。しかしながら、あらゆる障害にもかかわらずつづけられたゾグマン・メブクの研究は、このプログラムの流れの中にあります（予想外のアイデアが持ち込まれて革新されましたが）。一九七六年のカルロス・コントゥーカレールの研究についても同じことが言えます（これについてはノート（47_1）の中で述べました［P29］）――彼が用心して無期限に中断してしまった研究です。また曲面に関する、fppf（忠実に平坦かつ有限表示をもつ）コホモロジーの双対性に関する研究がありました（ミルン）。これが私がこのことに関して知っていることのすべてです。

たしかに、ここ十二年間のことについて、「あるプログラムの概要」でもっておこなったように、一九五五年から一九七〇年までに私が引き出した長期にわたる研究のプログラムの概要を書くことを考えたことは一度もありませんでした。その理由は単に、（現在、国立科学研究所（CNRS）へ入るという私の申請のような）、説明をおこなう文を書くことを促す特別の機会が一度もなかったことだと思います。（一九七五年の）ラリー・ブリーンへのいくつかの手紙——これは『モデルの話』（「数学上の省察2」）の第一章に付録として再録されます——の中に、一九七〇年以前のメモからのいくつかの理論（とくに双対性に関する）についての指摘があります。これらの理論は、共通の財産に入るために、相変らず、人手を待っているものです。

(48_2)　このことはモチーフの理論についても言えます。ただこの理論はしばらくの間は予想の域にとどまっているでしょうが。

2　無名の奉仕者と神さまの定理　48′(46)

ひとつの理論の鍵となる定理は、それらを引き出し、証明した仕事をおこなった人びとの名で呼ばれるのが普通なのに、ゾグマン・メブクの名は、今日の流行と彼の先輩たちの軽蔑に抗して、孤独で、ねばり強い四年間（一九七五年—一九七九年）の仕事の成果としてのこの基本定理にふさわしくないと考えられたようです。この先輩たちは、この定理の重要性がもはや無視できなくなったとき、それを「リーマン・ヒルベルトの定理」と呼ぶことを好みました。（リーマンもヒルベルトも、もちろんこう呼ぶことを望んだわけではないでしょうから…）こうするにはすばらしい理由があったことと、私は彼らを信頼しています。結局のところ（ひとたび、ある必要性——つまり一般の離散係数と連続係数の間の具体的な関係の理解の必要性の感情が、全般的な無関心に抗して現われ、微妙で忍耐強い仕事によって磨かれ、精密にされ、いくつかの段階を経て、良い命題が遂に引き出され、文章化され、証明されました。そして最後に、孤独の成果であるこの定理が人の思いもよらないところでその真価を示したとき——これらすべてのあとで）この定理は非常に明らかにみえるので（「それを証明することが出来たろう」人びとにとって、「トリビアル（陳腐な）」とは言わないまでも）、この取るに足りない無名の奉仕者の名を記憶に留める必要は本当にないというのです！

これまで述べたことからして、私は、今後は、ある理論の実に自然で基本的な定理をすべて「アダムとイブの定理」と呼ぶこと、あるいはさらにもっとさかのぼって、敬意を払うべきところに敬意を払うことにして、単にそれを「**神さまの定理**」と呼ぶことを提案します[1]。

私の知るかぎり、私を除いて、メブク以前に、任意の「構成可能」係数を「連続」の用語によって解釈できるような仕方で、階層付き加群の枠よりももっと広い枠組みの中で離散係数と連続係数との間の関係を理解することに関心を持っていたのは、ドゥリーニュだけでした。この方向での最初の試みは、一九六八年あるいは六九年の高等科学研究所（IHES）でのドゥリーニュのセミナーでなされています（これは未発表のままです）。そこで彼は「階層付き射影-加群」の観点を導入し、超越的な離散コホモロジーとこれに対応するド・ラーム型のコホモロジーの(複素数体上での)ある比較定理を与えています。この後者のド・ラーム型のコホモロジーは、標数0の任意の基礎体上の有限型のスキームに対して意味を持っています。(もちろん、この時点で、彼はずっと昔の先任者であるリーマンとヒルベルトの注目すべき結果をまだ知りませんでした…)。したがって、ドゥリーニュは、ヴェルディエ[2]あるいはベルトゥロ[3]［P36］以上に、一九七五年にメブクの研究がなされていた方向に、またこれによって、メブクの出した諸結果、とくに「神さまの定理」――これはドゥリーニュ自身が引き出していたものよりも連続係数の用語で離散係数をより微妙に、より深く把握しているものです――に興味を持つ上で特によい位置にいたのでした。にもかかわらず、メブクは苦しい精神的孤立の中で彼の仕事をつづけねばならなかったし、また（それだけにますます）彼の先駆的な仕事に対してなさねばならない評価は、五年後の今日においてもなおごまかされたままなのです[4]［P36］。

注 (1) 私の数学者としての人生において、ある学生に、「神さまの定理」――あるいは少なくともこれに比較できるような深みと重要性を持ったものを含んでいる学位論文を示唆したり、あるいは単に激励することができたという喜びを味わったことはありません。

(2) ヴェルディエは、ゾグマン・メブクの学位論文に対する公式の審査委員長として（そして、この資格において、「いくらか議論をすることに同意」さえしました）、このごまかしにおいて（メブク自身を別にすれば）主要な当事者であると思われます。このごまかしは、この基本定理の作者の資格と、メブクによって発展させられた、$\mathcal{D}$-加群という観点による、代数多様体のコホモロジー理論の中ではじめられた革新において、彼のこの「学生」に帰すべきものをめぐってなされたものです。しかしながら、彼がドゥリーニュ以上にこのことで心を動かされたかどうか私は知りません。

(3) （五月二十五日）これらの行を書きながら、私の友人のリュック・イリュジーを、当然ゾグマン・メブクを励ますのに「最も良い位置にいる」私の学生のリストに含めるのを（いくらかの躊躇もあって）控えました。このとき、私は、私の中のある種の居心地の悪さに注目しませんでした。この居心地の悪さは、私が愛情をいだいている人物を少しばかり後押ししていて、私の他の「コホモロジーの専門家の学生たち」と同じく、彼にもある責任を回避させるような姿勢をとっていたことについて私に教えてくれたことでしょうに。

(4) （五月二十五日）実際のところ、このごまかしは、なによりも、ドゥリーニュとヴェルディエ自身の行為です。このテーマについては、ノート「不公正——ある回帰の意味」（№75）を見られたい［P139］。

3 かん詰にされた重さと十二年にわたる秘密

49(46)

（「数学刊行物」、№35、一九六八年で）調べた結果、［ドゥリーニュの］論文「レフシェッツの定理とスペクトル系列の退化の判定基準」の終わりのところで、この仕事の主要な結果（もう少し一般的ではない形で）を予想することに私を導いた「重さについての考察」について三行で言及しています。このわかりにくい言及が、誰かに有益であるとか、いずれにしてもすでに事情を知っているセールあるいは私以外の誰かに当時理解されたかどうか疑わしいと思います[1]［P37］。

この点については、Rf_*と$Rf_!$のような演算に対する重さの振る舞いをもふくめて、非常に具体的な「重さの哲学（ヨガ）」は、この当時すでに、つまり一九六〇年代の末には、ヴェイユ予想の流れの中で、私には（したがってドゥリーニュにも）よく知られていたことを記しておきます。この哲学（ヨガ）の一部分は、ドゥリーニュの仕事「ヴェイユ予想II」（「数学刊行物」、一九八〇年）の中で、（モチーフというもっと自然な枠組みの中でなされることが予想されながらも、ℓ進係数の層の枠内で）結局は確証されました。誤りがあるかもしれませんが、二つの時点の間で経過したおよそ十二年の間[2]、重さの哲学(なお全く予想の段階ですが)について、たとえどんなに簡潔で、どんなに部分的な報告であっても、文献に現われませんでした。重さの哲学（ヨガ）は、この期間を通じて、いく人かの（二人か三人の？）伝授を受けた者[3]だけの独占的な特権としてあったのです。ところがこの哲学は、代数多様体のコホモロジーの「数論的な」諸性質を理解するための第一級の基本的な鍵をなしており、したがって同時に、与えられた状況の中でこれに見当をつけ、決して見誤ったことのないほどの信頼度のある予想をおこなうための一**手段**をなしており、そして同時に、これ故に代数多様体のコホモロジー理論の中で提起されている最も緊急で、最も魅力のある**課題**を表わしてもいました。この哲学(ヨガ)が、(少なくともいくつかの重要な点において）遂にこれが証明される時点まで、実質上知られずにあったことは、その特権的な地位と役割によって、情報を広く伝えているものと見られている人たち自身がしばしば演じている**情報の遮断**の役割のとくにあざやかな一例であると思われます[4]［P38］。

注　(1)　（四月二十九日）ひとつならずの理由によって教えられるところのある、この論文のさらに注意深い検討については、ノート「追い立て」（№63）を見られたい［P72］。

(2)　（四月十九日）いましがた受け取り、興味深く読んだ、ドゥリーニュの論文のリストにより確認しましたが、一九七四年に、バンクーバーでの会議［国際数学者会議］でのドゥリーニュの報告において「重さ」が問題にされています――したがって「重さをめぐる秘密」は、十二年ではなくて六年です。しかしながらこの秘密は、モチーフをめぐる同様な秘密（一九七〇年――一九八二年の十二年間の）と不可分のようです。この秘密の意味は、今日の省察を通じて、これにつづく長い二つのノート（№51―52）［P41、49］の中で新しい光のもとで明らかになりました。

(3)　（五月二十五日）省察の過程であらわれたすべての要素の情報によると、この「二・三人の伝授を受けた者」は、ドゥリーニュひとりだけに限られているようです。彼は、私にも、セールにも言及することなく、自分で作ったアイデアとして提出することができるほど機が熟した時点である一九七四年まで(前の注をみられたい)、私から受け継いだこの哲学（ヨガ）を所有していることからくる独占的利益を維持するのに大いに気を配っていたようです（ノート№$78'_1$、$78'_2$を見られたい［P

172、173」)。

（一九八五年四月十八日）これらの行が書かれて以来、ニースの国際数学者会議（一九七〇年）でのドゥリーニュの報告「ホッジの理論I」（「報告集」第一分冊、p425—430）をも知りました。私の持っている切れ切れの情報から考えたこととはちがって、この論文は一九七〇年に重さの哲学（ヨガ）の本質的な部分を述べています。これらのアイデアの起源については、セールの一論文（ところがこの問題には関係がないものです）と「グロタンディークのモチーフについての予想の段階の理論」というわかりにくい、全く形式的な指摘に限られています。（ノートNo.$78'_1$、$78'_2$と比較されたい）。$Rf_!$やRf_*のような演算をほどこしたときの重さという概念の振る舞いという決定的な問題は取り上げられてもいませんし、すでに挙げた一九八〇年の論文「ヴェイユ予想II」の前にも指摘されていないでしょう。「ヴェイユ予想II」においては、私の名はこの仕事の主要な定理との関係では言及されていません。さらに、前の注（ちょうど一年前の）の中で挙げた報告「代数多様体のコホモロジーにおける重さ」の中でもセールの名も私の名も挙げられていません。

(4)　このテーマについては、さらに第32、33節「数学者の倫理」、「ノート——新しい倫理(1)」（『数学者の孤独な冒険』、p276、p281）、およびこれに関連した二つの注「職業倫理上のコンセコサス——および情報のコントロール」と「若者たちの気どり——あるいは純粋性の擁護者たち」（No.25、27）（『数学者の孤独な冒険』、p369、p370）を見られたい。

4　進歩は止められない！　50(50)

この方向での私の最初の経験は、曲面上の同位（イソトピー）に関する定理についてのイヴ・ラドガイリーの学位論文を発表させようと試みた私の空しい努力から生まれた思いがけない成果です。この仕事は、私が「ボス」となった十一の［国家］博士論文（これは「一九七〇年以前」のものです！）のいずれとも同じくらいすぐれたものです。私の記憶が正しければ、この努力はまる一年あるいはそれ以上つづけられました。そして、登場人物として、かなりの数の私の昔の友人たちがいました（例によって、私の元学生のひとりがいました）(1)［P40］。主なエピソードは今日に至ってもなお軽喜劇のように見えます！

これはまた、ある種の新しい精神と新しい慣習との私のはじめての出会いでした(これらの精神と慣習は、私の昔の友人たちのサークルで日常的なものになりました)。これらについては、すでに私の省察の過程のあちらこちらで言及する機会がありました。今日、すべての人が用いていて、先任者たちがつねに認めることで満足していた微妙な事柄（いまの場合、曲面のトポロジーにおいて無統制な現象が存在しないこと）をはっきりと証明することは（少なくとも新しくやって来た人の…）真面目さの欠如とみなされることをはじめて――これが最後ではありません――知ったのは、この年(つまり一九七六年)でした[2][P40]。このことは、また、既知の数多くの深い定理を特殊の場合、あるいは系として含む一結果を証明すること（これは明らかに、いわゆる新しい結果が既知の結果の特殊な場合もしくは容易に導かれる結果にしかすぎないことをも示します）に対しても同様であり、さらに、ある結果の叙述、あるいはある状況を別の状況の用語を用いて描くときに、評価を下す高い身分の人物の好みに合う場合だけに限るのではなく、自然な仮定（嘆かわしい内容のないおしゃべりの徴候なのでしょうが）を入念に定式化する労を払うだけのことに対しても同様に真面目さの欠如とみなされるのです。(昨年にも、私はコントゥーカレールが彼の学位論文において、一般のスキームの上ではなく、基礎体の上に置くことに制限しなかったことで非難されるのを見ました――これは、たしかに、選択せねばならなかった、一時的なボスの懇願であったという情状酌量の余地が彼にはあるのですが――。だがこのような非難をした人物は十分に事情に通じていて、複素数体上に限ったとしても、証明の必要性から一般の基礎のスキームを導入せざるを得なくなることを知っていました…)。

今日のある種の流行のもつ錯乱は、入念な証明（さらには証明そのもの）を軽蔑するだけではなく、しばしばはっきりとした形での命題や定義さえも軽蔑するところまで行っています。紙の値段とたらふく知識をつめ込まされた読者の我慢づよさを考えに入れると、やがては、このような高価な贅沢を詰め込むことはもはや問題ではなくなることでしょう！現在の傾向から外挿すれば、論文の中には定義も命題もはっきりと述べられず、今後は、いくつかの暗号のような語によって表現するだけで、あとは疲れを知らぬ、天才的な読者に、自分の知力にしたがって、空白を埋めることをまかせる時点が来ると予言できるにちがいありません。論文審査の仕事はそれだけ容易になるでしょう。

「紳士録（フーズフー）」を見て、著者が信頼できるものとして知られているのか（いずれにしても、すぐれた論文を構成している空白や点線に反論することがだれにも出来ないか）、あるいは逆に、当然のごとく追放さるべき（すでに今日、そしてずいぶん前からそうなっているように）、恥ずべき無名の者であるのかを見れば十分なのです…。

注 (1) このテーマについては、ノート「ひつぎ2——胴切り切断」（No.94）を見られたい［P284］。

(2) このテーマについては、エピソード「ノート——新しい倫理」（第33節）を見られたい［『数学者の孤独な冒険』、p281］。この問題の「ノート」は、それまで漠然としたままでしたが、私の名を持ち、ここ二十五年来すべての人が恥ずかしげもなく使用している結果を確証するために、私によって暗黙のうちに用いられていた（またこの事は、二人の高名な同僚が完全に知っていることでもあるのです）概念や命題をはっきりと述べるという誤まりをまさに犯したのでした。

（六月八日）もっと詳しくは、ノート「ひつぎ4——花も花環もないトポス」（No.96）を見られたい［P297］。この「私の名を持っている結果」とは、いくつかの大域的、局所的な副有限の基本群の生成と有限表示に関する結果です。これらは、理論的で、入念な正当性がないままに発見的な仕方で、降下の技法によって、なかでもSGA1の中で「証明されていた」ものです。この降下の技法の正しさは、トポスの基本群に対するファン・カンペン型の定理についての、オリヴィエ・ルロワの仕事（どうやら「発表不可能な」ものです）によって証明されました。

B　ピエールとモチーフ

IV　モチーフ（ある誕生の埋葬）

1　（四月十九日）ある夢の思い出——モチーフの誕生

51(46)

もうすぐ一ヵ月近くたちますが、これらの行（ノート「私の孤児たち」№46をしめくくる）が書かれて以来、事態に少しばかり立ち遅れていることが確認できました！私は、ピエール・ドゥリーニュ、ジェイムズ・S・ミルン、アーサー・オガス、クワン—イエン・シー著『ホッジ・サイクル、モチーフ、シムラ多様体』（LN［レクチャー・ノート］900）を受け取ったばかりです。ドゥリーニュは、親切に、これと、彼の論文のリストを送ってくれました。一九八二年に出版された、六つの論文からなるこの論文集は、表題の中にモチーフが言及され、とくに「モチーフ的ガロア群」という概念を通じて、たとえまだどんなにささやかなものだとしても、文献の中にこの概念があるということで、一九七〇年以来の新しい興味深い事柄となっています。もちろん、モチーフの理論の全体的な描写にはまだ非常に遠いところにあります。この理論は、その素描を描こうとする大胆な数学者をここ十五年あるいは二十年の間待っているのです。これは、一世代あるいは数世代にわたる幾何学者、数論学者に着想、導きの糸、地平線として役立つほど広大なものであり、これに取り組む幾何学者、数論学者はその正しさを確証する（または、いずれにしても、モチーフという現実の真相を明らかにする…）という特権を持つことになるでしょう（53［P52］）。

また一九八二年以来(1)［P47］、流行の風は導来カテゴリーに対しても多少変わりはじめたようです。ゾグマン・メブクは（おそらくいくぶん幸福感の高揚のもとで）このカテゴリーがすでに「数学のあらゆる分野に入り込んで」きつつあるのを見ています。このカテゴリーの有用性——（良く事情に通じている人にとって）

普通の数学上の直観だけで一九六〇年代のはじめから実に明らかだったのですが——が今ちょうど認められはじめたのは、とくにメブクの孤独な努力によるもの（と私には思われます）。メブクは、七年間にわたって、専制的な流行に逆らって、自分の直観のみを信頼する人のもつ勇気をもって、困難を覚悟で新しいことに挑むために、報いられることの少ない仕事を引き受けたのでした…。

注目すべき事柄は、（数学の舞台を私が去ってから十二年後に）許容される数学の概念の集合の中にモチーフという概念がつつましく復帰することにあてられたこの最初の出版物を読むと、長い間タブーになっていたこの概念の誕生に、そして豊かで、具体的なある「哲学（ヨガ）」の展開に、私という人物がなんらかの関連を持っていることが、よく通暁していない読者には全く考えも及ばないようになっていること、またこの哲学が（きわめて断片的な形態で）作者が誰であるかについてのなんらの言及もなしに、無から出て来たかのようにここで現われているということです（51₁［P48］）。

ほんの三週間前、他のなによりも心にかかっていた、私の「孤児たち」のひとりとして、モチーフの哲学について一・二ページ書いたとき、私はかなり的はずれだったにちがいありません！はじめはごく繊細で、逃れやすいものだったが、何か月にも何年にもわたる、共通する「モチーフ」、共通の精髄を把握するための執拗な努力をおこなう中で、豊かになり、具体化してきた、あるビジョンの懐胎の年月を思い出していると考えていたとき、おそらく私は夢を見ていたのでしょう。当時知られていた数多くのコホモロジー理論[54]［P52］はこのモチーフのさまざまな体現であり、これらのおのおのは、その固有の言語で、「モチーフ」の本質について私たちに語りかけており、またそれらはモチーフの確固とした直接的表現のひとつなのです。セールから得たこのような直観が私に与えた強い印象を思い出しながら、おそらくなお私は夢みているのでしょう。この直観は、副有限のガロア群、つまり本質的に離散な性質を持つと思われる対象（あるいは少なくとも、有限な群の単なる系に還元されるもの）を、**解析的な** ℓ進群の巨大な射影系（適切な代数的包絡を通じて）を生み出すものとして見るように導いたのです。これらの群は簡約可能となる傾向さえ持っていました。この結果、これと共に解析群および代数群の（リー流の）直観と方法のすべての道具一式が入ってきたのです。この構成はすべての素数ℓに対してある意味を持っていました。そし

（さらには、$\mathbf{Q}_\ell$上の**代数**群の射影系）

て私は、異なった素数に対するこれらの代数群の関係について、探索すべき不思議な事柄がある、そして、これらの群は、これらすべての基礎体に自然な共通の唯一の部分体、つまり有理数体 $\boldsymbol{Q}$、標数0の「絶対」体の上の代数群からなる同一の射影系から由来するものにちがいないと感じていました（あるいは、感じたと夢みていました…）。私は夢をみるのが好きなので、何も「証明していなかった」ので、たしかに夢でしかなかった仕事によって、このかいま見られた不思議さに入っていったということを思い出している夢を見つづけているのです。

そして、どのようにモチーフという概念がこの不思議さを理解する鍵を提供するのかを理解するようになりました——そして、体k上の射影代数群の線形表現のカテゴリー（射影代数群という概念の魅力は、これもセールによってそれ以前に私に明らかにされていました）について見い出されるものと類似の内的構造をもつ、あるカテゴリー（ここでは、与えられた基礎のスキーム上の「スムーズ」なモチーフ、例えば、与えられた基礎体上のモチーフのカテゴリー）の存在というただひとつの事実によって、どのように（適切な「ファイバー関手」が得られるや）このような射影群がうまく再構成できるか、そして、この「抽象的な」カテゴリーを、その線形表現のカテゴリーとして解釈することが出来るかを理解するに至りました。

「モチーフ的なガロアの理論」へのこのアプローチは、これに先立つ数年前に、位相空間あるいはスキームの（あるいはまた任意のトポスの——しかしここで私は、（「トポスには面白みを感じない」…）という繊細な耳を傷つけているのを感じていますが…）基本群を、その「空間」の上のエタール被覆のカテゴリーと、このカテゴリー上のファイバー関手の用語で叙述するために私が見い出していたアプローチによって示唆されたものでした。また「**モチーフ的ガロア群**」（私はこれを、「モチーフ的基本群」とも呼ぶことができたでしょう。この二種類の直観は、一九五〇年代の末以来、私にとっては、同一の事柄だったので…）の言語そのもの、および「ファイバー関手」の言語（これは、さきほど問題にした「明らかな体現」、つまり与えられたひとつのモチーフのカテゴリーに対するさまざまな「コホモロジー理論」に実に正確に対応するものです）——この言語は、これらの群の深い性質を表現するために、そして通常のガロア群と基本群とそれらの直接的な関係を明白に示すために作られたものだったのです。

私はさらに、ファイバー関手との、また「ねじれながら」相互に移行させているガロア群のもとでのねじれと戯れながら、きわめて具体的で、魅力的な状況の中に、ジローの本の中で展開された非可換なコホモロジーに関する諸概念、つまりファイバー関手の束（ジェルブ）（ここでは、エタール・トポス、さらには**Q**のfpqc（忠実に平坦かつ準コンパクト）トポス――陳腐でない、きわめて興味深いトポスの上の！）、この束を結びつけている「結び（リアン）」（代数群の、あるいは射影代数群の）、この束のさまざまな「断面」に、つまりさまざまなコホモロジー関手に対応していて、さまざまな代数群あるいは射影代数群によって実現されている、この「結び」の体現といったあらゆる道具一式を見い出して、喜び、感嘆を覚えたのをなお思い出します。標数0のあるスキームの（例えば）さまざまな複素点は（対応するホッジ関手を通じて）同数の束の断面と、一方から他方へ通ずるねじれを与えました。これらのねじれと、これらの上に作用する射影群は、ホッジ・コホモロジーの特殊な構造を表現している、著しい代数的―幾何学的構造を有しているのです――だがここではモチーフの夢のもうひとつの側面を先回りして話してしまいました…。それは今日流行を作っている人たちがまだトポス、束（ジェルブ）、およびそれに類したものは面白みを感ずるものではないと宣言しておらず、これらについて話すというあやまりを犯していた（したがって、トポスや束（ジェルブ）があるところに、それらを認めるのに私は邪魔されることがなかったのですが…）時期のことでした。そしてさらに十二年がたち、同じ人びとが、束（ジェルブ）（トポスの方はまだだとしても）は、代数多様体のコホモロジーと、またアーベル積分の周期とさえたしかに関係のある事柄だということを発見したようなふりをし、教えているのです…。

ここでさらにモチーフの夢をめぐるまたもうひとつの思い出についての夢（あるいはもうひとつの夢の思い出）を挙げることが出来るでしょう。これもヴェイユ予想の背後にある、ある「哲学」に関するセールの解説が私に与えた「強い印象」（もちろんこれは私の全くの主観に属するものです！）から生まれたものです。ℓを変数として、ℓ進係数に対する、コホモロジーの用語で、ヴェイユ予想を翻訳することから、対応するコホモロジーの上の著しい構造――「重さによるフィルター付け」の構造――が推測されました[2]［P47］。たしかにさまざまなℓ進コホモロジーに共通する「モチーフ」は、この基本的な数論的構造の終極の土台であるにちがいありませんでした。そしてその結果この構造は、**幾何学的**な側面、つまり、「モチーフ」という幾何学的対象の上の著しい構造となるのです。(もちろんまだ謎の部分があるので)「ひとつの仕事」としてこれを語ることはたしかにあやまりでしょう。(唯一の案内として、そこここで知られているか、予想されている散らばった要素に助けられて、形成されたひとつのビジョンの内的な一貫性を頼りにして)、あるモチーフのさまざまなコホモロジー的「化身」の特別な構造に関して、ホッジの化身からはじめて、重さのフィルター付け[3]［P48］がこれをどのように翻訳するかを推測することだったのです（この時には、当然ながら、ホッジ-ドゥリーニュの理論はまだ生まれていませんでした…[4]［P48］)。これによって私は（夢として）代数的サイクルについてのテイトの予想（これにもまた、モチーフの夢の中で、心の中の夢みる人に着想を与えた第三の「強い印象」がありました！）とホッジ予想[55]［P53］とを同一の広大な描写の中に包含し、同様な種類の二三の予想を引き出すことができました。この二三の予想を私はいく人かの人に話しました。これらについては、その後、「スタンダード予想」についてと同様、一度も聞いたことがありませんので、彼らは忘れてしまったにちがいありません。いずれにしても、それらは予想にしかすぎない（そして、また、発表もされていない…）と言うのでしょう。これらの予想のひとつは、ある特別なコホモロジー理論に関するものではありませんが、体上の非特異な射影多様体のモチーフ的コホモロジーについての重さによるフィルター付けの直接的な一解釈を、与えられた余次元（ここでは、余次元が「重さ」の役割を演じています）の閉部分集合による、この多様体自身の幾何学的フィルター付けの用語で与えるものでした[5]［P48］。

またさらに、六つの演算（それ以後まったく聞かれなくなりましたが…)のもとでの重さの振る舞いを「推測する」という仕事（仕事にはカッコをつけて「仕事」としなければならないでしょうが、私にはそうすることはできません！）がありました。ここでもまた、私は一度も発明しているという印象を持ったことはなく、つねに発見する——あるいはむしろ手にペンを持って聞くという労をとるとき、事柄が私に告げていることを聞くという感じでした。これらの事柄が告げていることは、実にはっきりとした具体性を持っており、裏切られることのないものでした。

さらに第三の「夢——モチーフ」がありました。それは、さきの二つの夢の結婚のようなものでした——モチーフ的ガロア群上の構造と、他のすべてのファイバー関手を（標準的に）得るためにあるファイバー関手を「ねじる」のに役立つ[6]［P48］、その群のもとでのねじれの上の構造を用いて、モチーフのカテゴリーが有しているさまざまな補足的な構造——その第一のものは、まさに、重さによるフィルター付けの構造です——を解釈するというものです。これはまったく推測ではなく、はっきりと形のととのった数学上の翻訳であったことを思い出します。これはまた代数群の線型表現に関する今までにない「練習問題」でした。これを私は長年にわたって私を魅惑させていたひとつのミステリーを徐々に具体的に浮き彫りにしつつあることをはっきりと感じながら、何日間も何週間も大きな喜びをもっておこなったのでした！表現の用語で把握し、定式化しなければならなかったもので、おそらく最も微妙な概念は、モチーフの「偏極構造」についてのものでした。それは、ホッジの理論から着想を受け、モチーフという文脈の中である意味を保持するものを明確にしようと試みる中で生じたものです。これは、「スタンダード予想」の定式化についての考察の時点ころにおこなったにちがいない考察です。この双方とも、ヴェイユ予想の「ケーラー的な」類似に関するセールのアイデア（ここでも彼です！）から着想を得たものです。

　このような状況においては、事柄そのものがその隠れた性質はどのようなものなのか、どのような手段によって、最も微妙に、最も忠実にそれを表現することができるのかを私たちにささやいてはいますが、多くの基本的な事実が証明できるほど近接した射程に入ってはいないように思われるとき、直観だけが、事柄が執拗にささやくことを単純に書き付けるように告げ、それらの口述を書く労をとるだけで明確なものになってくるのです！完璧な証明や構成について考える必要は全くありません——研究のこの段階において、このような要請を抱え込むことは、大きな発見の仕事の最も微妙で、最も基本的な段階——見かけ上無から形と実質を持つようになる、ひとつのビジョンの誕生の段階へ行くことを禁ずることになるでしょう。**書き、名づけ、描く**というだけの行為——はじめは、逃れやすい直観、または形を取ることをためらっている単純な「推測」を描くだけだとしても——は、**創造的な力**を持っています。それは、とりわけ、知性が把握することのできる事柄の中に、知ろうとする情熱が投入されるとき、この情熱の道具なのです。これらの事柄における発見の歩みの中で、こうした仕事はなによりも創造的な段階をなしており、つねに証明に先行していて、私たちに証明の手段を与えるものです——あるいはもっと適切な言い方をすれば、こうした段階なしでは、基本に触れるものがなにもまだ定式化されず、見えてもいない前には、なにかを「証明する」という問題さえ提出されえません。定式化のための努力を通じてのみ、形のなかったものが形をもち、検討しうるものになり、ありうるものから明らかに間違っているものを浮き立たせ、そして特にこのありうるものは既知の、あるいは推測されている事柄全体と実にぴったりと合致することが分ってゆき、他方、この既知の、あるいは推測されている事柄全体は、このとき、生まれつつあるビジョンの確固とした、信頼できる一要素になってゆくのです。このビジョンは定式化の仕事につれて豊かになり、正確になってゆきます。推測されるだけの十の事柄で、そのいずれもが確信をいだかせるものではない（例えば、ホッジ予想）が、相互に明らかにしあい、相互に補足しあい、さらに不思議なある調和に合流するようにみえるものは、この調和の中でビジョンの力を獲得します。この十の事柄すべてが誤まりだということがわかったとしても、この暫定的なビジョンに至らせた仕事は無駄になされたものにはなりません。そして、この仕事によって、私たちがかいま見ることができ、多少とも中に入ることができたこの調和は、幻想ではなく、ひとつの現実であり、それを知るように私たちをいざなうのです。この仕事があってこそ、私たちは、この現実、この隠された、完全な調和と親しく接することが出来るようになったのです。これらの事柄がそのようにあるという存在理由があること、そして私たちの使命はこれらを支配することではなくて、これらを知ることであることを知るとき、ある誤まりが明らかになる日は歓喜の日なのです（56［P54］）――これは、私たちが想像していたある事柄がたしかに現実そのものの真の、忠実な表現であったことを、ひとつの証明によって私たちが明白に知った日と全く同じです。

この双方の場合において、このような発見はひとつの**仕事**の報いとしてやってくるものであり、仕事なしでは生じえないものです。だが発見が長い年月の努力のあとにしかやって来なくても、あるいは真実を学ぶことが出来なく、それを私たちの後にくる他の人たちにゆだねることになっても、その仕事はそれに固有の報いを持っており、各瞬間に、その時私たちに明らかになる事柄で豊かなのです。

注　(1)　（五月二十五日）私は再び立ち遅れています、今回は一年だけ――転換点は一九八一年六月のリュミニーのシンポジウムと共に生じました。ノート「不公正――ある回帰の意味」（No.75）を見られたい［P139］。

(2)　（一九八五年一月二十四日）この歪んだ記憶の

修正については、ノートNo.164（I 4）、および小ノートNo.164_1を見られたい。そこで「重さの哲学（ヨガ）」の系譜について明確に述べました。

(3)（一九八五年二月二十八日）ここで私は軽い混乱をしています。実際は、「レベル」によって緊密に結ばれたフィルター付けです。

(4) それは、若いドゥリーニュが、多分数学の中で「概型（スキーム）」という語も「コホモロジー」という語もまだ聞いたことがなかった時期のことです。(彼はこれらの概念を、一九六五年からの私との接触で知りました)。

(5)（一九八五年二月二十八日）これは「レベル」によるフィルター付けのことです（注(3)参照）。

(6) ある「空間」Xの二「点」xとyにおける基本群$\Pi_1(x)$、$\Pi_1(y)$は、xからyへの道のクラスのねじれ$\Pi_1(x, y)$によって「ねじる」ことで相互に変わるのと全く同じように。

(51_1)（六月五日）だがゾグマン・メブクは、すでに挙げた著作［ホッジ・サイクル、モチーフ、シムラ多様体］の261ページ、「ラングランズ宛の手紙を手直しし、補足した」ドゥリーニュの論文の中で「グロタンディークのモチーフ」と記されていることに私の注意を向けました。そこにはつぎのように書かれています。

「これは、グロタンディークが代数的サイクルの用語で定義したグロタンディークのモチーフではなく、絶対ホッジ・サイクルの用語で同様に定義された**絶対ホッジ・モチーフ**です」。「グロタンディークのモチーフ」（強調されていません）は、ここでは、着想の源泉としてではなく、これらから一線を画し、（強調することで）**別のもの**であることを力説するために挙げられています。この距離をおく姿勢は、ホッジ予想が正しければ（ドゥリーニュの知っている予想であり、また元の手紙の受取人のラングランズにはじまって、この手紙の形をした論文のすべての読者が知っていると思われる予想ですが）、これらの二つの概念は**同一のもの**であることが導かれるだけに、なおさら注目すべきものです!!

もちろん、モチーフ的ガロア群の概念を発展させていた一九六四年には、「ホッジのモチーフ」という概念は、「モチーフ的ガロアーホッジ群」という対応する概念と共に、同じモデルにしたがって展開することが出来ることを私はよく知っていました。この「モチーフ的ガロアーホッジ群」の概念は、テイトによって独立に導入されました（これが後だったのか前だったのかわかりませんが）、そして当時（ホッジ構造に関する）ホッジーテイト群と名付けられていました。大きな詐欺（だが非常に威信のある人物によるものなので、だれも不快に思わないようです）は、新しく、深い概念である、モチーフの概念と、この概念をめぐって私が発展させた豊かな直観の織り目の発案者の資格を、この概念への技法上のアプローチ（代数的サイクルの代わりに、絶対ホッジ・サイクルによる）が、（多分、もしホッジ予想があやまりならば）、（私がほんの臨時的に）採用していたアプローチとは異なっているという取るに足りない口実によって、はっきりとくすねてしまうというものです。十年近くの期間にわたって私が発展させたこの哲学（ヨガ）は、一九六八年のドゥリーニュのデビュー以来、彼の作品における主要な着想の源泉でした。発見の道具としてのその肥沃さと力強さは、一九七〇年の私の別れの前から実にはっきりしており、その基本は、この哲学（ヨガ）のあれこれの限られた部分が正しいことを確証するためにとられるあらゆる技法上のアプローチとは独立したものです。ドゥリーニュには、あらゆる予測とは独立した、二つのこうしたアプローチを引き出した功績があります。ところが、その着想の源泉を挙げるという正直さがなく、一九六八年から排他的な利益を保持するためにそれをすべての人の目から隠すことに努め、一九八二年になって（ひそかに）自分のものと主張するようになったのです。

2　埋葬——新しい父

*52

モチーフの夢に戻りますが、私はまたこれがはっきりとした夢であったことも思い出します。もちろん夢の仕事はもともと孤独なものです——私の時間の最も大きな部分をさいていた、基礎の執筆という大きな仕事の傍らで、何年にもわたってつづけられたこのねばり強い仕事の有為転変——この有為転変は、セールよりもはるかに近い、日ごとの証人を持っていました。セールの方は、遠くから事態を追うにとどまっていました…(1)[P51]。この日ごとの打ち明け相手については、私の回顧の中で、彼は、一九六〇年代の半ばごろ「少しばかり学生のよう」でしたし、私は彼に「代数幾何学において私が知っていたことを少しばかり語った」と書きました。私は言葉の常識的な意味では私の「知らない」こと——数学上の夢——をも彼に語ったと付け加えることが出来たでしょう——これらの数学上の「夢」(モチーフに関する、また他のものに関する)は、つねに彼のもとで、私と同じく、理解しようとうずうずしている、注意深い耳と、目ざめた精神を見い出したのでした。

ピエール・ドゥリーニュは「少しばかり学生のよう」でしたと私が書いたとき、たしかにこれはまだ全く主観的な印象であって（57［P57］）、ドゥリーニュは私の口から何かを学ぶことが出来たということを誰かに推測させるような書かれたもの、あるいは少なくとも印刷されているものによって裏づけられている（私の知るかぎり）わけでは全くありません――一方、ここで楽しく思い起こしますが、何かを学ぶことなしに彼と数学上の会話をしたことは一度もありませんでした。（そして、彼と数学上の会話をするのをやめてしまった時でさえ、この行を書いている今日においてさえ、おそらくより難しい、より重要な事柄を彼を通じて私は学びつづけています…）。

最近おそらく私が関心をいだくだろうと推測した（どうして推測したのかいぶかることでしょうが！）第三者によって、モチーフ、あるいは少なくとも「タンナカ・カテゴリー」が問題にされているドゥリーニュと他のいく人かの人による著作の存在を知らされましたので、これについてドゥリーニュに簡単に伝えたところ、彼は、私がこの種の事柄に関心を示すことに本当に驚きました。

だが彼が送ってくれたその著作に目を通すと、たしかに彼の驚きは全く根拠のあるものだということがわかります。みるからに、私という人物は、そこで扱われているテーマと完全に無縁になっています。せいぜい、序文の中の、通りすがりの文において、いくつかの「スタンダード予想」（かつて私がおこなったものですが、なぜこのような予想をおこなったのか人はいぶかることでしょう）は、体上のモチーフのカテゴリーの構造に対してある結果をもたらすだろうという言及があるだけです…。さらにこれについて知りたいと関心をもつ読者は困りはてるでしょう。この本全体の中で、これらの予想についての具体的な言及や参考文献がひとつもなく、もはや問題にされていないからです。スタンダート予想の言葉で体上のモチーフのカテゴリーの構成を私が説明している、発表されている唯一の文書についての言及もなく、またいくらか異なった視角において、少し変形して私の構成原理に従っている、ドゥマジュールによる（思い違いがなければ、ブルバキ・セミナーの中の）、モチーフを問題にしている、一九七〇年以前に発表されている他の唯一の文書にも言及されていません…[2]［P52］。

それでもネアントロ・サーヴェドラ――彼は「一九七〇年以前の私の学生たち」に加わるチャンスがありました――はきちんと挙げられています。彼は私と共に私が「剛テンソル・カテゴリー」と呼んでいたと思うものについての学位論文をつくりました。彼はこれを「タンナカ・カテゴリー」と呼びました。サーヴェドラが、十年後に開花することになる、ドゥリーニュのモチーフに関する理論からの要請をどうしてぴったりと予測することができたのか、いかなる奇跡的な偶然によるものかと問うことが出来るでしょう！実際、彼は、学位論文の中で、技術的に、モチーフ的なガロアの理論の鍵を構成する仕事を実にぴったりとおこなっています。それは、J・L・ヴェルディエの学位論文が原則としてコホモロジーにおける六つの演算の定式に対する技術上の鍵となる仕事であったのと全く同じです。サーヴェドラの名誉となるひとつの相違（なかでもとくに）は、彼は自分の仕事を発表する労を払ったことです。たしかに、彼は、形式を整える上で、ハーツホーン、ドゥリーニュ、イリュジーほどの筆力を持っていませんでした。しかし、十年後に、サーヴェドラの学位論文は、注目すべき論文集において、今回は、ドゥリーニュとミルンの筆で、はじめから、実際上そのまますっかり模写されています。もしもサーヴェドラの仕事の特殊な二点を修正するだけなら、こうしたことはおそらく不可欠ではなかったでしょう(58)［P57］。だがすべての事柄にはその存在理由がありま

す。私には、ドゥリーニュ自身がこの労を払った理由がわかるような気がします(3)［P52］。しかし、これは、発表となると極端にきびしい彼自身の基準、他の人に対しては、大変な厳しさでそれを適用することで知られているものとは全く逆になっています…(4)［P52］。

これらの概念やモチーフの哲学（ヨガ）そのものの作者の資格については、事情に通じていない読者にとっては（事情に通じている読者はまれになりはじめ、天寿をまっとうしてゆくことでしょう…）、この資格は全く疑いの余地のないものでしょう――ここでは遠い昔のヒルベルトやリーマンをわずらわせる必要はなく、まして神さまをわずらわせる必要はありません。この威信のある著者――アーベル多様体に関する絶対ホッジ・サイクルについての彼の美しい結果が、モチーフの理論の出発点、要するにその誕生と思われる――がその作者としての資格について一言も言わないとすれば、そこには、彼の栄誉となる謙虚さがあるのであり、この職業のもつ慣習と倫理に完全に合致しているのです。そして、（必要ならば）明らかに名誉が帰せられるべきところ、つまり当然とされる父に名誉を与えることは他の人たちにまかせることになるのです…。

注 (1)　（五月二十五日）しかしながらモチーフに関す

る私の考察のはじめは、ドゥリーニュの出現の前に位置しています。モチーフ的なガロアの理論についての私の手稿には、一九六四年の日付があります。

(2) 調べた結果、スタンダード予想についての数ページ（『代数幾何学』、一九六八年、ボンベイ、オックスフォード大学出版（一九六九年）、pp193—199）を除いて、モチーフに関して私が発表した数学の文書はひとつもないことがわかりました。ロシア語でのマニンの報告にしたがった、ドゥマジュールの報告（ブルバキ・セミナー、No.365、一九六九／七〇）には、一九六七年に高等科学研究所（IHES）で私がおこなった報告のことが触れられています。これは、モチーフに関するビジョンの最初の全体的な素描にちがいない（と思われます）。ボンベイの会議の報告よりもさらに詳しい、スタンダード予想と、それらとヴェイユ予想との関係についての報告はクライマンによってなされています（代数的サイクルとヴェイユ予想、『スキームのコホモロジーについての十の報告』、マッソン－ノース・オランド、一九六八、p359—386）。スタンダード予想についての考察、とくにこれの証明に向かっての考察については、一九七〇年以前の私のものを除いては知りません。これらの鍵となる予想（ボンベイの素描において、私は、これらは、理想的（エクセラン）スキームの特異点の解消と並んで、代数幾何学において最も重要な未解決の問題と考えられると述べました）を無視しようという意図は、私にやってくる反響からして、代数多様体のコホモロジー理論が停滞しているという私の印象と大いに関係がありそうです。

(3) このテーマについては、ノート「一掃」、No.67、を見られたい［P93］。

(4) （六月八日）そして、私の影響の刻印を持っている仕事に関するときは、さらにもっと厳しくなります——このテーマについては、エピソード「ノート——新しい倫理」、第33節を見られたい［『数学者の孤独な冒険』、p281］。

(53) この孤児がたどった有為転変に心を動かされて、また今日においてもなおその必要性と広がりを感じているのは明らかに私ひとりである仕事を、誰か別の人がおこなうことは疑わしいことから、私が『園（シャン）の探求』を終えたあと（これにはさらにあと一年ほどかかると考えています）は、この「大胆な数学者」は私自身以外にはいないだろうと推測しています。

(54) それ以来、代数多様体に対する二つの新しいコホモロジー理論が現われました（「モチーフ的」な精神での、ホッジのコホモロジーの自然な延長である、ホッジ－ドゥリーニュの理論を別にして）。つまり、ドゥリーニュの「階層付きの射影-加群」の理論、それにとくに、すでに問題にした神さま（つまりメブク）の定理が提供する新しい照明を伴った、クリスタルの理論、サトウーメブク流の「$\mathcal{D}$-加群」の理論です。構成可能な離散係数へ向かってのこのアプローチは、おそらく、ドゥリーニュの以前の理論にとって替わることでしょう。これは、多分、ド・ラーム・コホモロジーとの関係を表現するのにより適していると思われるからです。ところがこれらの新しい理論は、与えられたスキーム上のスムーズなモチーフのカテゴリー上の新しいファイバー関手を与えていませんが、（今日までになされたものよりも、もっと深められた基礎の仕事をおこなってのことですが）複素数体上の有限型スキーム上の（必ずしもスムーズではない）モチーフの「ホッジ」表現、あるいは標数0の体上の有限型スキーム上の「ド・ラーム」表現をより具体的に把握する方法を与えています。さらにありそうなことですが、$\boldsymbol{C}$ 上の有限型スキーム上のホッジ－ドゥリーニュの係数の理論（まだ相変らず文章化されていない）は、サトウーメブク流のクリスタル係数の理論（当然、補足的なフィルター付けをして）（これも書かれていません）の中身に入るかもしれません。あるいはもっと具体的に言えば、このクリスタル理論と$\boldsymbol{Q}$-ベクトリアル・構成可能な離散係数の理論との一種の交叉として現われるかもしれません…。メブク流のクリスタル理論とベルトゥロとその他の人たちによって標数が正の場合に発展させられた理論との関係の解明に関しては、一九七八年以前から、全般的な無関心の雰囲気の中で、メブクによって感ぜられていた仕事であり、代数多様体のコホモロジー（唯一で分割できない、つまりモチーフ的な！）の私たちの理解にとって現在提起されている最も魅惑的な仕事のひとつだと私には思われます。

(55) 私は夢をみたのですが、モチーフとホッジ構造との間の関係についての私の夢は、わざわざそうしたわけではありませんが、ホッジがはじめに定式化した通りの「一般化された」ホッジ予想にはつじつまが合わないところがあることを私に指摘してくれて、今度は（断言できますが）代数的サイクルについての「通常の」ホッジ予想はまさに誤まりであるはずはないとするような、修正版にとって代わらせることになりました。

3 虐殺へのプレリュード

56(51)

私はとくに、代数多様体のコホモロジーそのものの文脈の中で、代数的サイクルについて長い間人びとを引きつけていた考えのあやまりがグリフィスによって見い出されたことについて考えています。つまり、ホモロジー的にゼロに同値なサイクルには、代数的にゼロに同値になるような倍数があるという考えでした。この全く新しい現象の発見に当時私はかなり感銘を受け、グリフィスの構成(超越的で、体**C**上でした)を、「出来るかぎり一般的な」構成、とくに任意の標数の体上で成り立つ構成に移すことで、彼の実例をしっかりと把握しようとしてまる一週間の仕事をしました。この拡張は全く明らかなものではありませんでした、(私の記憶ちがいでなければ)ルレーのスペクトル系列とレフシェッツの定理を用いました。

（六月十六日）この考察は、エタールの文脈において、「レフシェッツ線形束」のコホモロジー理論を発展させる機会となりました。このテーマについての私のノートは、セミナーSGA7II（P・ドゥリーニュとN・カッツによる）の中のカッツの報告XVII、XVIII、XXで発展させられました（カッツはこれらのノートを参考にして、これに従っています）。ところが、P・ドゥリーニュによるこの巻の序文において、この巻の鍵となる結果は報告XV（エタール・コホモロジーにおけるピカール・レフシェッツの公式）とXVIII（レフシェッツ線形束の理論）だと言っていますが、この筆者は、レフシェッツ線形束についてのこの「鍵となる理論」において私がなにがしかのことをおこなったことには触れずにいます。この序文を読むとき、この巻で発展させられているテーマにおいて私はなにもおこなっていないという印象を受けるでしょう。

一九六〇年と一九六七年の間に私の推力のもとで展開されたセミナーSGA1からSGA6のつづきとなった長いセミナーSGA7(一九六七年―一九六九年)は、ドゥリーニュと私とによって共同で持たれ、消滅サイクルの群の系統的な理論と共にスタートしたのでした[(1)][P56]。さまざまな有志による執筆は長引き、セミナーの二巻（SGA7IとSGA7II）は、ドゥリーニュの手によって、やっと一九七三年に刊行されました。セミナーをおこなっている時点では、これは通常のひとつのセミナーとして発表することに合意されていたのですが、私の別れのあと、ドゥリーニュは、セミナーを**二つに分割して**、第一部は私によって指導されたもの、他は彼とカッツによって指導されたものとして発表したいという彼の願望を私に知らせてきました（私にはそれは奇妙に思えました）[2]［P56］。今では、この中に、「操作SGA$4\frac{1}{2}$」を予示する「ひとつの操作」があることがわかります。それは（なかでも）、代数幾何学の基礎のシリーズ（EGA）と同じく、その精神と概念が私という人間と切り離せないSGA1からSGA7という基礎のシリーズ全体を、ごたまぜの文書の集まりであって、そこでは、私という人間は付随的な、さらには不必要な役割しか果していないように見せることをめざしたものです。この傾向は、SGA$4\frac{1}{2}$において、またとくに、この巻が分かちがたく結びついているセミナーSGA5の虐殺において、実に明瞭にあらわれています——粗暴なとさえ言えます——。このテーマについては、なかでも、ノート「一掃」と「虐殺」（No.67、No.87）そして、とくに「遺体…」（No.88）を見られたい［P93、225、253］。

（六月十七日）セミナーSGA7（私はこれを第「I」部と第「II」部に全く分けていなかったし、いまも分けていません）の全体の構想は私によるものでした。一方、ドゥリーニュはいくらかの重要な寄与をしました（一九六九年に書かれた、ドゥリーニュの仕事に関する私のレポートの中にこれらは記されています。このレポートのNo.13、14を見られたい）。このセミナーに必要なものとしてのこの寄与の中で最も決定的なものは、ピカール・レフシェッツの公式でした。これは、すでに知られている超越的な場合から特殊化の方法によって証明されました。二つの部分にこのセミナーを分けることは、数学的にみても、またそれぞれの寄与ということでも正当化できないものでした——SGA7の二つの「断片」のおのおのにおいて、ドゥリーニュと私の基本的な寄与があります[3]［P57］。

もちろん、もしドゥリーニュが、私が創始した基礎のシリーズSGAをつづけていたとしたら私は喜んだことでしょう——これは終着点からはほど遠いところにありました！この「操作SGA7」は全くそのつづきではなく、私には、ある種の乱暴に「のこで（あるいは、金切りのこで…）切った」ようなものに感ぜられます。私の作品に結びついており、他のものと同じくその刻印を持っているのに、これ見よがしに私という人間から一線を画する一巻によって、SGAのシリーズに**終止符を打っている**のです。そこでは私という人間は出来るかぎり回避されていますが、私の作品に対する調子は、まだ「操作SGA$4\frac{1}{2}$」のほとんどむきだしの軽蔑の調子にはなっていません。「操作SGA$4\frac{1}{2}$」の方は、セミナーSGA4とSGA5の統一性にさらに乱暴にのこを入れたものです。それはまたSG

A5の発表されていない部分を公然とりゃく奪するための手段であり口実となっています。これからもぎ取られた断片は、ドゥリーニュとヴェルディエとの間で平等に分けられています…。

注　(1)　(一九八六年一月十日) 略号SGAは、「マリーの森代数幾何学セミナー」の略語として私によって導入されました。これは、一九六〇年から一九六九年まで高等科学研究所（IHES）でおこなった——私ひとりでか、協力者と共に（とくに学生たちと）——セミナーの全体を指しています。このテーマについては、二つのノート「排除(2)」と「葬儀——科学のために」(『収穫と蒔いた種と』、第IV部、ノートNo.169_1、175）の中で、具体的に述べてあります。またそこで、数学者としての私の作品の最も大きな部分を発展させたこのセミナーから私という人間を**排除**することに結びついた、この略号の意味の上で生じた**ねじ曲げ**についても述べてあります。

(2)　(一九八六年一月十日) ここでの私の記憶には欠如があり、歪んでいることがわかりました。一九八五年十二月五日付の手紙で、ドゥリーニュはこう書いています。

「SGA7をI、IIと二つに分けることはあなたに帰するものです。あなたの名が、軍のお金を受けているという罪のある高等科学研究所（IHES）に雇われている誰か（今の場合、私）と結びつくことにあなたは反対していました」。

一九七〇年八月はじめのドゥリーニュとの文通を調べた結果、このドゥリーニュの記憶は部分的に正しいようです。私によってか、私と非常に緊密な協力によってなされた報告IからIXまでだけを略号SGA7として、私の署名で刊行することにして、それ以下の報告についてはドゥリーニュの全くの自由にまかせ、彼の好きな形式でよい（もちろん、略号SGAを付けたものではない）と私は主張しました。この時私は、口頭でのセミナーとその当初の目的に関して、またただひとつのセミナーが二つの分離した出版に分かれた理由についての、実際の状況をSGA7への序文で説明するつもりでした。最終的には、SGA7を形づくることになっていた報告の執筆がながびき、そして私は次第に地球上の生存などについての数学外の仕事に没頭してゆきましたので、私は多少ともこの問題を忘れていったにちがいありません（SGA5の刊行の問題についても同じで、この方はのちに大いに問題として取り上げるつもりです）。

したがって、私が一目でも目を通す必要があると判断していることを考えずに、ドゥリーニュは自分の望んだようにおこなったのでした。実際上、あたかも私が故人であるかのようでした。私の側のこの怠慢の故に、ドゥリーニュの責任がなくなるということは全くないと思います。彼は三つの仕方で礼儀に反して振る舞いました。彼が略号SGAをもつ巻の署名者あるいは共同署名者とならないようにという、はっきりと表明した私の意図を無視したこと、また、高等科学研究所（IHES）において、ドゥリーニュとカッツによって共同で指導されたセミナー（しかも、SGAという略号をもった！）は一度も存在したことはなかったのですから、口頭でのセミナーが現実にはどのような状況であったのかを読者のために明確に述べることをしていないこと、そして最後に、SGA7IIと名付けられた本への彼の序文において、その中で発展させられている全体の構想、アイデア、結果の中で私の寄与を隠すことによってです。

この「操作SGA7」（あるいは「虐殺へのプレリュード」）のテーマの別の具体的な描写については、ノート「あるエスカレートのエピソード」（『収穫と蒔いた種と』、第Ⅳ部、169（iii）、つまりエピソード2（pp856―858［暫定版のページ］）を見られたい。

(3)　（一九八六年一月十日）SGA7Iへのドゥリーニュの「実質的な寄与」は実際のところ形式加群上のRimについての報告の中にあるものに限られています。私は一九七〇年八月六日付のドゥリーニュ宛の手紙の中で、（当然のことながら）SGA7のために書く予定にしていた序文の中でこのことを述べるつもりであることを彼に知らせてあります。

(57)　急いで付け加えますが、（No.19の中で［『数学者の孤独な冒険』、P359］）思い切って、彼は、ドゥリーニュの十年後、「少しばかり学生という姿」をとったと思い切って言った、もうひとりの大きな才能をもった数学者に対しても同じ指摘をすることができます。

(58)　このことで思い出しますが、（私と一緒に「一九七〇年より前に」、六つか七つの学位論文を刊行した）「レクチャー・ノート」は、「一九七〇年以後の」イヴ・ラドガイリーの学位論文を決して刊行しようとしませんでした（理由は、彼らは学位論文は刊行しないと言うのです！）。ところが、レクチャー・ノートはサーヴェドラの学位論文を二度出版していると言えます…。さらに私は至る所で拒否されているラドガイリーのイソトピー（同位）についての美しい結果をドゥリーニュに話しました（これを発表することに彼の援助をひそかに期待して）――だが残念ながら彼は関心を示しませんでした（理由は、曲面のトポロジーに彼は通じていないということでした…）。幕…。

4　新しい倫理（2）――つかみどり市　59(47)

（四月二十日）

ある矛盾とその代価を確認した、これらの行が書かれてから数週間に、この当事者はすでにここ二年来この矛盾を「解決する」ための最も単純な一方法を見い出しているのを知って驚きました――考えてみれば実に簡単なことなのですが――！これを「先回りの埋葬の方法」と呼ぶことが出来るでしょう（これについては、読者は、この発見の実に新鮮な感動のもとで、昨日書かれた二つのノート(50)、(51)で知ることができるできます［P38、41］）。残念に思いますが、例の「数学の舞台」（時にはこれは、なりふりかまわぬ奪い合いの世界に似ています…）に予定された**故人**が思いがけなく再び現われることで、このすばらしい方法を完璧に適用するためには複雑なテクニックの導入を余儀なくされるかもしれません！

前のノート（「職業倫理上のコンセンサス――および情報のコントロール」、第一部、注25［『数学者の孤独な冒険』、p369］）で、私は、（まだ少しばかり混乱しながらも）科学上の職業において認められている最も普遍的な倫理上の規則が、科学の情報を管理する権限を握っている人たちによって、すべての科学者がもつ自分のアイデアや結果を知らせる権利の尊重が不在なために「死語になってしまった」と感じていました。省察のその時点のころ、私はまたこの権利を軽蔑していることは私にとって明らかであり、さらに、この軽蔑は、全般的なコンセンサスの対象となっている、「知ることが出来た他の人のアイデアを自分のものとして提出しないという」第一の規則の軽蔑の極限ともなっていることをはっきりと感じていました。（「ノート――新しい倫理」、第33節を見られたい［『数学者の孤独な冒険』、p281］）。

この第一の規則の**精神**が軽蔑されているのを見たとき、この実に特別な居心地の悪さを感じたのはこの時だけではありませんでした。ところが、これをおこなっている人は、その地位（これは疑う余地のないものです！）によっても、その才能によっても、また形式の無造作さによっても、「問題に付されない」のでした。

59

私はいま挙げた節に付した注（「若者たちの気取り――純粋性の擁護者たち」［『数学者の孤独な冒険』、p370］）の中で、この居心地の悪さを浮き立たせようとしました。そこで私が話した「明らかな」事柄を軽蔑することになれば、同じ考え方によって、証明されていず、発表され、すべての人に知られている「予想」としての資格を持っていない事柄（多分深い）をも、（わずかなものですから！）共通の財産（当然陳腐な）(1)［P60］とみなすことが出来るし、したがって必要なときには、全く無造作に、全く良心のとがめなく、「自分のもの」とみなすことができるのです――当然ながら、「証明できなかった」（59′［P60］）一結果を確証した、十ページあるいは百ページ（あるいはただの十行）の難しい証明を私有してしまうことを考えているわけではないのですから（と、今私は付け加えることが出来ます）。私は（「最も普遍的な倫理上の規則が」「死語」になっているということに関して）はっきりと感じたとも、はっきりと述べたとも考えていませんでした。上に挙げたケースではぼんやりした「限界」を無造作は超えるのを見たのですから――**ひとつの夢**、それに証明もされておらず（とくに、**発表もされていない…**）！、**小さなことなので**、たしかに良心のとがめなく超えているのですから(2)［P60］。

幸いにも私は抵抗する手段を持っています――私が感じ、言いたいと思ったことをなんとか表現しなければならないとき、それをおこない、（理由の有無はともかくとして）信頼性を獲得しました。これによって、言うべきことがあるとき、耳を傾けさせるというチャンスがあり、それが必要だと感じたとき、発表するチャンスを持っています。ところが、すべてを手中に持っており――それらを好きなように使用する「人たち」の専断の前で手足をしばられていると感じている、訴える手段もなく侵害されている人のもつ「不公正と無力の感情」は実によくわかります。

たしかに、私の数学者としての人生において、全く良心のとがめなく、許されるべきでない振る舞いをしたことがありました。これについては、省察をおこなうことで、一度も検討したことのなかった忘却と両義性のもやから立ち現われてきたいくつかのケースについて語りました。これらを検討しながら、私は、今日（そしてずっと以前から）学生が軽やかに師を超えているとしても驚くことではなく、また共感あるいは愛情でもって私と結ばれているだれかを非難すべきものでもないことを理解するようになりました。だが私にとっても、すべての人にとっても、猫を猫と呼ぶ「もの事をはっきりと言う」ことは――その猫が私の家のものであっても、他の人の家のものであっても――健全なことです。

注 (1) とくに「神さま（別の名はメブク）の定理」の運命がそうでした。

（六月八日）さらに、モチーフの哲学（ヨガ）に対するごとく、一度もそのことをはっきりとは言わずに、この定理の作者の資格を持っているのという見せかけを巧みに作りだすように配慮しながら！（同様なケースにおける）このテーマについては、ノート「手品師」（No.75″［P146］）を、また、そのすばらしい一般的方法またはスタイルについては、ノート「タイム！」（No.77［P153］）およびつぎのノート「横領と軽蔑」（No.59′）を見られたい。

(2) この出来事がはっきりと示しているように、今日の全般的コンセンサスは――少なくとも非常に高い地位にいる人にとっては――それは全く正常な事柄とみなすことになっているのですから、気づまりに思うことはあやまりなのでしょう！「良心」と呼ばれるものは、人が加わっている集団の中で支配しているコンセンサスと合致しているという感情以上のものでも以下のものでもないのです。

5 横領と軽蔑（六月八日） !59'

私は、わが友ピエール・ドゥリーニュに関して、彼が、ℓ進コホモロジーという道具、つまり私がエタール・コホモロジーという「すぐれた技法」と呼んでいるものに対する「暗黙の作者の資格」をめぐるゲームの中にすべり込んでしまったことを確認しえたとき、これには全く確信がもてませんでした。「操作ＳＧＡ$4\frac{1}{2}$」（ここでは私の名はまだ発せられておりますが、彼の作品がそこから出た、私の作品のこの中心部分に対する無造作な軽蔑が示されています）と、「コホモロジー」という語そのものへのあらゆる言及が私の名との関係においては廃止されている「弔辞」との間には著しい進展がありました。（最初の局面については、ノート「一掃」と「特別な存在」［P93、101］を、最終局面については、ノート「弔辞（1）、（2）」を見られたい［暫定版P447、452］）。このエスカレートの中間的局面として、一九八一年に、いわゆる「よこしまな」層に関する「記念すべき論文」（このテーマについては、ノート「不公正――ある回帰の意味」（No.75）と「タイム！」（No.77）を見られたい［P139、153］）とその翌年の「レクチャー・ノート900」におけるモチーフの発掘（弔辞はさらにその翌年の一九八三年になります）がありま す。これらすべての場合において、またもっと規模の小さな他の場合において、ドゥリーニュが完璧な良心を持ったまま他の人のアイデアのもつ信用を横領することを可能にした心の中の態度と「方法」は、私有してしまおうとしている「わずかなもの」に対する**軽蔑**の態度であることを私は観察することが出来ました（この軽蔑は、巧みににおわせながらも、部分的には隠されたものになっています）——実際のところ、あまりにも「わずかなもの」なので、これについて語るに及ばないとしながらも、一方では、本当に力強い事柄——ヴェイユ予想、いわゆる「よこしまな」層…——に取り組むために実にそっけなくこれを使用しているのです…。ひとたび、操作が実現され、横領が既成事実となって、すべての人に受け入れられると、つぎはつねに状況判断を正しながら、横領したものをもって、控え目に気取って歩くのです。同じ寄与でも、埋葬しようとしている人たちのひとりの名でまだけがされている限り、無造作な軽蔑の対象となりますが、それが彼自身によって（ℓ進コホモロジー、モチーフ、そのあとメブクの哲学（ヨガ））、あるいは良き同僚によって（ドゥリーニュの積極的な励ましを伴って、ヴェルディエによって私有された、導来カテゴリーの哲学（ヨガ）、双対性の哲学）私有されたあとでは、それが極端に誇張されたものになるのです。

V　わが友ピエール

1　子供　（四月二十一日）

ある思い出についての夢を再び取り上げます。これは、あるビジョンの誕生についての思い出だけではないものです…。（多くの事柄を忘れてしまいましたが！）数学に対する私の愛情の中で日ごと私の興味をそそり、または明らかになってゆき、私を魅了していたすべてのことを打ち明けることのできる人以上のものにすみやかになった人と話すことで持った、その度ごとに新たにされた喜びをよく覚えています。そして、彼は決してひとりの「学生」ではありませんでした。いつも目ざめている彼の関心、すべてを調べることができたその自在さ（「あたかも彼はすべてをずっと前から知っていたかのごとく…」）は、私にとって、喜びの絶えざる源泉でした。彼の聞き方は、私と同じく、彼を突き動かしている理解したいという渇望によって動かされ、完璧なものでした——高度に目ざめた聞き方であり、ある共感のしるしでした。彼の論評は、なおそれを取り囲んでいるもやを通して私が浮き彫りにしようとしている現実について思いがけない光を投げかけない場合でも、つねに私自身の直観や留保の前を歩んでいました。どこかで述べましたように、非常にしばしば、私が提起した問いに多くの場合その場で解答しました、あるいは数日後、数週間後に解答を展開するのでした。そして、今度は、彼が見い出した解答、つまり実に単純なものの道理を私に説明するときには、聞くということが分かち合われました。これらの解答はいつも完璧な自然さ、シュヴァルツやセールのような年長者のいく人かのもとで（また同じくカルティエのもとで）、しばしば私が魅了されたのと同じ自在さを伴って現われていました。私が数学上の事柄の理解においてつねに追求してきたのも、この同じ単純さ、この同じ「明白さ」です。そうとは言わずとも、このアプローチ、この厳格さを通じて、彼と私は「同一の家族」に属していたのでした。

私たちの出会いのときから、私は、彼のいわゆる「才能」は、私のもっているささやかな才能をはるかに超える、きわめてまれな質のものであることをはっきりと感じていました。一方では、数学上の事柄を理解しようとする情熱とこれに対する厳格さによって、私たちは同じ音域を持っていました。私はまた漠然と、それを言い表すことが出来ないままに、彼の中に認めたこの「力」（そして私の中にも、しかし低いレベルであった）、だれも見ない明らかな事柄を「見る」力は、子供時代のもつ力、子供の目の**無邪気さ**であることをも感じていました。彼の中には、私の知っている他の数学者たちにおけるよりもずっとはっきりと、子供のもつなにかがありました。これはたしかに偶然ではありませんでした。彼はつぎのようなことを私に語ってくれました。ある日、まだ中高校生の頃だったと思いますが、九九の表（そしてついでに、ものの力で、加法の表も）を定義を用いて試して遊んだということです。もちろん彼は思いがけないことを期待してではありませんでした——もし思いがけないことがあったとすれば（いつものように、心よい…）、その証明は数ページたらずできれいに、完全になされえたということ、たぶん30分でできる話だったということでした。笑いながらこのことを私に語ったとき、30分を上手に使ったものだと感じました——このことはその時よりも今日の方がもっと私にはよく理解できる事柄です。この小さな話に私は心を打たれました、（そのようには全く見えなかったでしょうが）感動さえしました――そこに私は**内的な自律性**、一般に認められている知識に対する自由さを感じました。それはまた私の少年時代における、数学との最初の接触以来、私の数学に対する関係の中にもあったものです[69][1]［P112、65］。

　双方にとって特別な話し相手というこの関係――この当時私たちはほとんど毎日会っていたと思います[2]［P65］――は、一九六五年から（私の記憶が正しければ）一九六九年までの5年間にわたって続けられました。この一九六九年に、彼の研究についての具体的な報告を書きながら持った喜びを今もなお思い出します。そのとき私はその創立（一九五八年）以来働いてき、私の数学上の作品の最も大きな部分を仕上げた研究所の教授として彼を推薦しようとしていたのでした。私はこの報告書を一部も持っていません[64]［P87］。そこで私はたっぷり十二はあるわが友の研究を検討しました。当時ほとんど未発表のもので（その多くは今も未発表のままです）、すべてとは言わないまでもその大多数は、私の意見では、すぐれた［国家］博士論文の主要な内容となりうる重みを持っていました。私自身の研究についての報告（私の人生において二度おこなっただけですが、二度とも余儀なくされてです…）を提出したときよりも、この豊かな報告書を提出したときの方がずっと誇り高く、ずっと幸せでした。これらの研究の多くは、私が提出した問いに対する解答でした（これらの中で発表された唯一のものは、スキームのスムーズで固有な射に対するルレーのスペクトル系列の退化に関する、すでに述べた研究です[63]［P72］）。これに対して、二つのより重要な研究は、ドゥリーニュ自身が提起した問いに対する解答でした。そして、明らかに、これらの研究の重要性は、「すぐれた［国家］博士論文」とは全く異なった次元のものでした。それは、ラマヌジャンの予想についての研究（ブルバキ・セミナーで発表された）と、混合ホッジ構造――「ホッジ－ドゥリーニュの理論」とも呼ばれた――についての研究でした。

　不思議なことに、そしてこの輝くような報告を書いたとき想像だにしなかったことですが、この若い、印象深い友人を推薦しようとしていた、そしてそこで生涯を終えるつもりになっていたこの研究所を一年もたたないうちに私は去ることになったのです。そして（いまこれらの重なったエピソードを近づけてみて）もうひとつの不思議なことですが、たしかに単なる「偶然」なのでしょうが、この友人（今日ではそれほど若くはない！）が一・二か月前にこの研究所から去ることを知らせてきたことです。それはまた私が数学の舞台（その「高貴な社会」へではないとしても…）へのある種の思いがけない「回帰」という意味で、規則正しい数学活動を再開してちょうど一年たったときでした。

『収穫と蒔いた種と』の中で、私の別れ――この「救いとしての根こぎ」について、さらにまたそのあとにすぐつづき、このエピソードを私の人生における決定的な転換点とした「めざめ」について一度ならず語る機会がありました。これにつづいた緊張した年月の間に、数学者たちの世界、そこで私が愛情をいだいていた人びと、そして数学自体の中で私をもっとも魅惑していたものでさえ、非常に遠いものになりました――ずっと前に死んでしまっているように見えたもうひとつの「私自身」の記憶のもやの中に埋もれてしまったかのように…。

しかしこのエピソードのずっと前から、そしてこの最初の大転換につづく年月の間にも、（少しばかり[3]［P66］）私の学生であり、（大いに）打ち明け話の相手かつ友人であったこの人物は、新しい思いがけない世界を発見し、出現させるために、そしてその奥深い性質を探り、知るためには――またこれによって自分自身に対しても、彼の同僚たちに対してもこれらを明らかにするためには、彼の中にあって、戯れ、知ることを求めている子供の自然な情熱のほとばしりに従うだけでよいことを私は知っていました。

そして、私の別れ（戻るという考えをもたずに！）ののち、私がかいま見たが、まだ部分的で、暫定的な一連の素描しか描いていないこの広大な光景を（まずはじめは…）大筋において素描するといったインスピレーションをもった「大胆な数学者」を見たとすれば、たしかにそれは彼でした――この素描をおこなうためのすべてを彼は手に持っていたのです！この最初の広大な光景を素描すること、代数多様体のコホモロジーについて知られていることと推測されたことの基本を共通のビジョンの中に集める「基本構想」を素描することは、このような全体的ビジョンが、まだ書かれていない、もやから出て来る用意がすでになされている人にとっては、数か月の仕事であって、数年の仕事でさえありませんでした。（それを再び取り上げ――モチーフについての現実の真相が完全に理解され、確立されるまで、数年間、必要ならば数世代かかってそれを深めることはありえますが）。そしてかつて「私の手の中で燃えていた」この仕事は、今にもなされること、まだ本当に熱かったので、少なくとも二三年のうちにはなされるものと確信していました。私の別れのあと、理解力の勢いからして、この燃えていて、魅力的な仕事をおこなうことを運命づけられている人はたしかにひとりしかいませんでした。ひとたびこの「基本構想」が書かれ、試練をうけ、多少とも進んだ構築がなされたあとは、たとえどんなにこの構想が魅惑的でも、この道を追求することは他の人にまかせて、私たちが見開いた、新しい目を持ってさえいれば、おのおのの曲り角が新しい、限りのない世界を約束している数学上の事柄の世界の中で、別の冒険に身を投ずることもできるでしょうが…。

　私の人生がなお外界の騒音から隔てられている科学者の人工保温器の中でくり広げられていたとき、そしてドゥリーニュがホッジの理論の拡張を行なっていた時（一九六八年または一九六九年だったと思いますが）、この拡張の仕事は、まだ一度もその全体において書かれたことのないこの「モチーフの光景」のある**部分**を実現し、ためし、具体化するためのほんの第一歩であることは、私たちの間では明らかなことでした[4]［P66］。人工保温器と別れて数年後、私にとって数学が非常に遠くにあった時点で、ヴェイユ予想が最終的に証明されたことを聞いても、確かに驚くことではありませんでした。（もし驚くことがあったとすれば、「スタンダード予想」がこの余勢をかって証明されえなかったことです。この予想はまさにヴェイユ予想へのひとつのアプローチの観点から、また同時に少なくとも体の上の半単純なモチーフの理論を確立するための一手段として引き出されたものだったのです[5]［P66］）。ホッジ流の係数の一般理論へ向けてのこの素描によっても、（多少とも名の知れた他の数多くのものの中の）いくつかの鍵となる予想のこの証明によっても、彼はまだすべての力量を発揮していない――いやそれからほど遠い――ことを私はよく知っていました。私の注意の大部分は他のところに吸収されていたのですが、じりじりしながら私は待っていました。（→61［P66］）

注

(1)　さらに、この自由さは、私の数学者としての人生を通じて全く消えてしまったということはないと思います。そしてそれは私の子供時代にあったような形で、いま新たに存在しているようです。

　二・三年前、九九の表についてのこの小さなエピソードをわが友に話したことがありました。子供時代の思い出を想起させることで彼が気づまりな様子になったと感じました。この思い出は彼が自分自身について持っているイメージと明らかに対応していなかったのです。私はこの気づまりには全く驚きませんでしたが、私がよく知っていること、そしてなお認めがたいと思っていたことが新たに確証されるのを見て心を痛めました…。

(2)　少なくとも私が研究所のあったビュールに住ん

でおり、そこで彼が高等科学研究所（ＩＨＥＳ）の一室に住んでいたときはそうでした。一九六七年(この年私はマッシーに引っ越しました)から、少なくとも私が数学に自己投入しつづけていた間は、週に一・二度はたしかに会っていたと思います。

(3)　（あまりに！）すぐれたドゥリーニュを私の学生のひとりとしてみることに対する私の中にあるこのためらいの意味については、ノート「特別な存在」（No.67'）を見られたい［Ｐ101］。

(4)　その後このホッジ－ドゥリーニュの理論は（私の知るかぎり）この素描の段階を決して超えておらず、また複素数体上の有限型のスキームの上の「ホッジ－ドゥリーニュの係数」の理論（およびこの係数に関する「六つの演算」の理論）に拡大されなかったことは、この広大な「モチーフの光景」が一度も素描されたことがないこと、その存在そのものさえ今日まで入念に沈黙に付されているというもうひとつの奇妙な事実と不可分です…。

(5)　「スタンダード予想」およびこの予想が最初の「建設的な」アプローチを与えていたモチーフという概念そのものが、いまではきわめて明確と思われる理由によって埋葬されてしまったことを漠然と考えるようになったのはほんのここ数年（もっと正確にはここ最近！）のことです。（さらに前の注とも比較されたい）。

2　埋葬　*61(60)

私は、大きな開花の約束を秘めた子供の飛翔の最初の発揮を見るという特権を持ったのでした。それにつづく十五年間を通じて、私はこの約束が絶えずひき延ばされたままであると考えるようになりました。彼の中には微妙ななにかがありました。私はそれを（多くの事柄に鈍感になっていた時点だったのですが！）感じ、認めることができました。それは、頭脳の力とは全く異なった性質のものであり（頭脳の力も、この微妙ななにかが入ってくると圧倒されるものです…）―あらゆる真に創造的な仕事にとってとりわけ基本的な事柄です。この事柄を私は時折他の人たちのもとで感ずることがありましたが、私の知るどの数学者のもとでも、これに匹敵する力を伴って現われていませんでした。そして（当然のことながら）これは彼の中で開花しつづけ、変化してゆき、努力せずとも私がささやかな先駆者である、ひとつのユニークな作品によって表現されることを予期していました。だが奇妙なことに（もちろん多くの「奇妙なこと」の間に深く、単純なつながりがあります）——筋肉の力でも頭脳の力でもないこの「微妙なもの」、この「力」が年を経るにつれて徐々に消えてゆくのを見ました。次第に厚くなってゆく、積み重なった層の下に**埋められ**てしまったかのように、私があまりにも知りすぎている**他の事柄**——最も月並みな事柄からなる層の下に！この月並みな事柄は必ずしも頭脳の力や、ある特別な分野における熟達した経験や鍛えられた臭覚と折り合わないわけではありません。これらは、おそらくすぐれた、たしかにその力と美しさを持った作品の積み重ねによって、だれかの賛美を強いたり、他のだれかに恐れをいだかせたり、あるいは同時にこの双方を強いることはできます。しかし私が「発揮」や「開花」について語ったとき考えていたのは、**このこと**ではありません。私が考えていた開花とは、汲みつくせぬこの世界の、あるいは（数学上の事柄からなる広大な世界のような…）この世界のある部分の大小の事柄を知ることを渇望し、その美しさを喜ぶ用意がいつも出来ているある無邪気さの果実なのです。自己の再生であれ、この世界の事柄についての知識の再生であれ、深い再生の力を持っているのはこの開花だけです。リーマンという人物の中で完璧に実現されたと思われるのはこれです[1]「P70」。この真の開花は軽蔑とは無縁です。他の人たち（自分よりはるかに低いと感ずる人たち）を軽蔑すること、関心をいだくには、あまりにも「小さく」、あまりにも明白な事柄として、これらを軽蔑すること、自分の正当な期待を下回ると考えられる事柄を軽蔑すること、さらにまた、人が愛情をいだいている事柄について執拗に私たちに語りかける**夢**を軽蔑することとは無縁なのです…。この真の開花は、軽蔑とは無縁なのです、この軽蔑を生みだすうぬぼれと無縁であると同じく。

たしかに、この「学生」は、驚くべき「才能」によって、だがそれよりも、誰にも強い印象を与えるものではないが、**創造する**この微妙な事柄によって、「師」をはるかに遠く超えてゆくことを運命づけられていました。私がきわめて大きな飛翔の証人となっていた場所を去ったあと数年のうちに、私が先駆者のひとりであった、大きく、深い作品の開花の中で、ドゥリーニュは十分な才能を発揮することに疑いを持っていませんでした。このような作品についてのこだまは年を経る間に必ずや私のところにやってくるだろうと思っていました。私自身は、数学からは遠いところで別の探求をおこなっており、彼が発見することになる新しい世界の重要性や美しさを不完全にしか評価することが出来ないとしても。

だがしかし学生は、師がもたらしたもの（それが最良のものであっても、あるいは最悪のものであっても…）のすべての跡を消すよう、自分自身の前でも他の人の前でもひそかに努力しながら、心の中で師を**否認しつつ**師を乗り越えることはできません――それは息子が父を否認しながらそれを真に乗り越えることが出来ないのと同じです。これはとくに私の子供たちとの関係を通じて学んだ事柄であり、また（そのあと）私の昔の学生のいく人かとの関係を通じて、そしてとくに、すべての学生の中でも、出会いの時点から、彼が私から学んだと同じく、私が彼から学ばねばならないとはっきりと感じたので、「学生（弟子）」という名で呼ぶことにいつもためらいを覚えていた人との関係を通じて学んだ事柄です[2][P70]。だが私にとって大切でありつづけてきたこの人物の中のこの**足かせ**を感じはじめたのは、この出会いから十年近くたってやっと、一九七五年以後、とくに私が見たこと、私が証人となっていることの意味についてめい想することになって以来です。さらにまた、私という人間と、彼の人生の決定的な年月の中で私が演じた役割のこのひそかな否認は、より深くは、**彼自身**の否認でもあることを漠然と感じました。（たしかに存在し、私たちがその果実を摘む役目を持っているなにかを否認し、消し去ろうとするたびごとに、おそらくこのようになるでしょう…）。

しかし、「数学でおこなわれていること」について、また数学において彼自身がおこなっていること[3]についてそれほど「事情に通じて」いなかったので、数週間前にこれについて熟考してみるまでは、この足かせが、彼が全力を投入していたもの、つまり彼の数学研究そのものの上にもどれほど重くのしかかっているかを測ってみたことは一度もありませんでした[P71]。たしかにここ八・九年来一度ならず数学者としての素朴な良識あるいは健全な直観が、（私に対する）軽蔑の意図あるいは（彼が勇気を挫く権力をもっている他の人たちに対する）軽蔑の意図によって消えているのを見てきました[66][P91]。しかし、私の心にかかっていた人びとに対する（あるいは他の人に対する）このような態度を目撃したのは、私の元学生たち――カッコ付きの人もそうでない人も――の中で彼が唯一というわけではありませんでした。しかし他の人に関しては、これほど心を痛められたことはありませんでした。ここ二か月間の省察の過程で、この経験について一度ならず触れました、「私の数学者としての人生の中で体験した最も苦しいもの」として――またこの省察『収穫と蒔いた種と』の終わりに、私がそれから学ぶことになったことについて述べました。この苦悩は実に激しいものだったので、それから私はつねに親しみを感じていた一人物についてのきわめて重要な事柄を学びました（一方では、私自身について、私の過去についてもそれが私に教えていたことは回避しつづけていましたが…）。そのため、彼において、あるいは勇気を挫かれたり侮辱を受けたりした人において、多少とも大きな数学上の「創造力」に対するこの事柄の及ぼす影響の問題は、取るにたらないものとは言わないまでも、全く付随的なものになっていました。

ノート「遺産の拒否――矛盾の代価」［P25］は、「この科学の状態」について、私がよく知っており、しかもあまりにも知らなすぎた人物の作品について、年月を経るうちに、時々切れ切れにやってきたことの評価をおこなった、はじめての書かれた省察です。おそらく十五年以上にわたって彼の中にあったこの拒否のすべての**「代価」**またはすべての**重み**を、数学者としての彼の作品そのものの中で一瞥することになったのもこれがはじめてです。だがこのノートを書きつつあるとき、私は「事態に遅れをとって」いました。すでにその二年前に、（私にそれを知らせることは有益だと判断する「人」もいないままに）、モチーフが十二年のあいだ保たれていた秘密から出ていたのでした…。モチーフのこのひそかな「帰還」にあてられているこの記念すべき著作を大筋において知った二日後の今日、私の数学者としての過去についての省察のこの最終段階（と思いますが）を書いていますが、この圧倒するような重みについての認識は鮮やかなものになりました。この重みは、来る日も来る日も、あらゆる策略を用いて、彼の喜びのために、そして彼を運んでゆく風の喜びのために、未知のものとの出会いへ向かってのしなやかで、軽快、楽しく、大胆な飛行を行なう定めとなっていた人を引きずってゆこうとしているのです…[4]［P71］。

彼が飛ぼうとせず、他の人に対する自己の優越性の証拠を積み上げながら、称賛され、同時に恐れられる人物であることに満足するのならば、私はこれについて心配することは何もありません。自ら望んでこれらの重みを引きずってゆくのならば、たしかに彼はそこに満足を見い出すことでしょう――私自身重みを引きずってゆくことに喜びを見い出していましたし、今日も、まだ途中で私から切り離してしまうことが出来ない重みを引きずりつづけているのですから。私が彼にもたらしたもの、最良のものと最悪のものから、彼は自分の望むものを取ったのです。彼の選択についてはは私が心配することではありません。それは彼のみに属していることです。またそれらが最良のものか、最悪のものかはここで頭ごなしに決めることでもありません。[62]［P71］ある人にとって「最良のもの」が、他の人にとって「最悪のもの」になりえます。あるいは同一人物にとっても「最悪のもの」になることがあります（人が変わればですが、これはたしかにあまりありふれたことではありません…）。

しかし私たちがおこなう選択、そしてそれらを表現している行為（しばしば私たちの言葉はそれを否定さえしていますが）、それらを私たちは自己の全責任においておこなっているのです。それらが私たちに期待された特別手当（「最良のもの」として受け取る）をしばしばもたらすとしても、ときにはこれらの特別手当そのものが裏面（「最悪のもの」として、またしばしば侮辱として私たちが拒否する）をもつこともあります。裏面が侮辱ではないことを遂に理解したとき、しばしばそれらを支払わねばならない代価とみなし、いやいやながらそれを支払います。だがまた、この裏面が、無慈悲な会計係に対して、自分の持った良き時代の代償として、いやおうなしに支払わねばならないものとは**ちがったもの**であることが分かることもあります。それらは、疲れることなく、私たちにつねに同一のメッセージをもたらすためにやってくる、執拗で、ねばり強い伝達者からのものであることがわかることもあります。たしかに場違いの、つねに拒否されるメッセージです――裏面そのもの以上に、私たちに「最悪のもの」とみえるのは、つねにはねつけられているその目立たないメッセージだからです。千の裏面よりも悪く、しばしば千の死よりも、宇宙全体の破壊よりも悪いもので、私たちには何もなすすべがありません…。

だが遂にこのメッセージを喜んで迎える日がやってきます。目が突然開き、見るのです。「最悪のもの」として恐れられていたことは、ひとつの**解放**、巨大な解放なのです――そしてここで突然軽減されたこの圧倒するような重みは、昨日にはまだ私たちが「最良のもの」としてしがみついていたものなのです。

注 (1) リーマン（一八二六――一八六六）の作品は十ほどの論文からなるささやかな一巻の中に入っています（彼は四十代で亡くなりました）。その論文の大多数は彼の時代の数学を深く革新した、単純で、基本的なアイデアを含んでいます。

(2) （六月十四日）私の中にある、私がもたらしたにちがいないことを過小に見積もり、師と弟子［学生］という関係という現実を否定しようとする根強いこの傾向については、ノート「特別な存在」（№67′）を見られたい［P101］。わが友が私との接触で学んだこと（たしかに「彼はいつもそれを知っていたかのようでしたが」！）と、彼を通じて私が学んだこととの間には共通の尺度がないことは明らかです。もし私が今日まで強力な数学上の自己投入をつづけていたとすれば、また定期的な数学上の接触が私たちの間で保たれていたならば、おそらくちがった風になっていたことでしょう。

(3) 一九七〇年以来ドゥリーニュから四つの抜き刷りを受け取りました。私は（いまも受け取ることがある抜き刷りの大多数と同じく）すぐに大急ぎで目を通しました。大筋においても、あるいは彼の主要なテーマを通じても、ひとつの数学作品についてのイメージを描くには少ないものでした。

(4) 「飛行し」、世界を発見する定めとなっているのは、いく人かの特別な存在の特権であると言おうとしているのでは全くありません。間違いなく、私たちすべては生まれたときから、このような定めを持っているのです！しかしながら、この能力は、（数学の仕事のような）非常に限られた方向においてさえ、いくらかでも開花する機会にはまれにしか出会いません。だがこのような人物において、（「数学」の方面で）奇跡によるかのように、とくに目ざましい才能が保持されてはいたが、年月を経るにつれてそれが後退してゆくのを目にしたことがあります。

3 出来事（四月二十一日）　62(61)

心配していないのなら、なぜ私と当事者とにしか関わらないある個人的関係について何ページも何ページも述べるのかと問われるかもしれません！

ある関係のいくつかの重要な側面についてのこの回顧的な省察の必要性を感じたのは、私に深くかかわる、ある具体的な出来事（二年遅れでこれを知ったのですが）の影響によるものです。他方では、この出来事は私的でない領域の中にあり、また明らかに（ドゥリーニュあるいは私自身のような）名のある数学者の、それほど著名ではない他の人たち、あるいはかけ出しの人たちに対する日常的な振る舞いや行為（他の人の人生に及ぼすその影響は、しばしば、いま問題にしているケースよりもはるかに大きなものです）に関わってもいます。この出来事（つまり、「記念すべき巻」、レクチャー・ノート900、すなわち「埋葬のための巻」の刊行）は、これを取りまいている事柄と同じく、是非はともかくとして、私には**不健全なもの**に見えました。いくらかの有為転変について具体的な証言をおこない、今日私が見ている通りに、事柄の核心にゆくことは、「当事者」自身に対しても、すべての人に対しても、健全であると思えたのです。

この証言とこの省察によって、だれかを何かについて説き伏せようとはせず（あまりにも疲れることで、その上期待がもてないことです！[1]）、ただ私がくみ込まれることになった出来事と状況を理解しようとこころみただけです。もしこれらが他の人たちに月並みな型どおりのものを超えて、真の省察を促すことになれば、この証言は無駄に発表されたことにはならないでしょう。

注　(1)　（五月二十五日）ここで私が説き伏せようとすることは「あまりにも疲れる」ことであり、「期待がもてない」と繰り返す必要を感じたのは、おそらく私の中のどこかに、説き伏せようという意図がたしかにあり、それが感ぜられたからでしょう。四月十九日（この日に私は「記念すべき巻」レクチャー・ノート900を知りました）と四月三十日の間になされたすべての省察は、私がなんとかそのメッセージをとらえようとした、全く予期しなかった「出来事」の衝撃を前にしての心の中の緊張、および分裂の刻印をもっています。この緊張は最終的には四月三十日のノート「事態の回帰」（No.73）とともに解消されました［P126］。このとき、ようやく、省察は、私自身に帰ることになり、直ちにこのメッセージのための明白な鍵を私に与えてくれたのでした。

4　追い立て　（四月二十二日）　63(60)

この論文[1]は、一九六八年、つまり私が数学者たちの世界を去る二年前に『数学刊行物』の中に現われました［P76］。その出発点は、私がドゥリーニュに話した、スペクトル系列の退化に関する一性質についてのある予想でした。この時は、信じられないように見えたのですが、にもかかわらず、ヴェイユ予想の結果として、「数論的な」道によるとありそうなものになったのでした。この動機はそのものとしても大きな興味を呼びおこしました。それは、ヴェイユ予想の中に暗々裏に含まれている「重さの哲学（ヨガ）」（いくらかの重要な側面において、まずセールによってかいま見られた哲学）を活用するすべをあざやかに示していたからでした。この時から、私は、「数論的な」推論から出発して（代数多様体のコホモロジーに対する）「幾何学的な」性質の結論をひき出すために、あらゆる種類の類似の状況にこれをしばしば適用していました。この「数論的な」推論は、ヴェイユ予想が確証されていない間は発見的なものにとどまっていましたが、にもかかわらず実に確かで強力な力を持っており、第一級の**発見手段**となっていました。レフシェッツの定理（当時標数0の場合だけ証明されていました）を用いての、問題にしているこの特殊な予想に対する、ドゥリーニュの「幾何学的な」証明は、全く異なった方向にあって、しかもどんな予想にも基づいていないという第一の長所からしても興味あるものでした。相互に関係がないと思えた二つの事柄、つまりヴェイユ予想（そして私にとっては当時この予想の最も魅惑的な側面となっていた、重さの哲学）とレフシェッツの定理の間の、これら二つのアプローチが示していた関連――この関連はそれ自体として非常に教訓に富んだものでした。

　ここで現在の私自身にとって興味があり、今日はじめてその意味の全体が現われた事柄は、この論文の読者はこの主要な結果の最初の動機において私がなにがしかのことをしたことを考えるチャンスをごくわずかしか持ちえないこと、またこの論文においてはこの動機は**どんなもの**であったのかを知るいかなるチャンスも持ちえないということです。（ノート(49)の冒頭をも見られたい［P36］）。このような結果の叙述にとって**自然な進め方**（もちろん、この著者自身にとっても、と思いますが）は、予想（たしかに際立った）から**出発して**、それを見つけた第一の理由――これもまた際立った――を指摘し、またよい機会なので、この研究の主要な結果よりもそれ自体ではるかに大きな重要性をもつ、例の重さの哲学[2]を「売り込む」ことであり、ついで「レフシェッツの定理」[3]の観点と連絡をつけることでしょう［P76］。この定理は、さらにほんの少し一般的な条件（必ずしも体上スムーズで固有とは限らない、任意の基底をもつスキーム）で、だが標数0の場合にのみ、はじめの予想を証明することを可能にするものでした。ところが実際の叙述は、その反対に、ホモロジー代数の一般論からはじまっています（予想通りすばらしいもので、この著者のもついつもの巧みさをもって叙述されています）。すべての人と同じく、彼はそれ以来忘れてしまったにちがいない一般論、レフシェッツの定理の公理化された型です。主要な結果（すべての人が思い出すのはもちろんこれだけです）は、論文の中ごろに系Xとして現われます。そして、「重さ」という語と私の名があるのは終わり近くのどこかの「注2、9」においてです（読者はなぜなのかよくわからないでしょう）…。

この論文が出たとき、それから受けた印象についてはもう覚えていません――私は事情に通じていたので、少しばかりすばやく一瞥（べつ）しただけだったにちがいありません。たしかに私は「距離をおく」意図を感じたにちがいありませんが、わが友が、ある「師」の弟子（あるいは「秘蔵の弟子」）として見えることのないように心しているということは実に自然なことでもあると感じたにちがいありません[4][P77]。もし彼の中に自分自身の力に対して穏やかな確信があれば、いかなるためらいもなく、彼があるがままのものとして見られないのではないかという恐れをいだかずに、大きな重要性をもち、すべての人に（もちろん、彼自身にとっても）有益な研究論文を書くことが出来たでしょう…[65][P88]。

状況は、翌年、混合ホッジ理論についての彼の最初のさらに大きな仕事を発表したときも少しばかり似ていました。(当時私はこの仕事をホッジの理論そのものに匹敵しうるほどの重要性をもつものと考え、「ホッジードゥリーニュの係数」の理論の出発点とみていましたが、残念ながらこの理論は陽の目をみませんでした…)。さきほど言いましたように、この仕事は、長年かかって私が到達したモチーフの哲学（ヨガ）の中にその「動機」をもっていたことは、彼にとっても私にとっても実に明白な事柄でした――これは、この哲学のしっかりとした実現へ向けての最初のアプローチだったのです。彼の仕事の中でこの関連を強調することは、この仕事そのものがすでにもっている価値以上の、はるかに大きな重要性を一挙に付与することになったと思われます（その時にも私はそう考えたにちがいありません）。同時にそれは、ホッジ構造という現実の背後で一歩ごとに感ぜられるモチーフという現実について読者の注意をひきつける新たな機会でもありました(63_1)[P78]。

時間をおいてみてはじめて、これらの言い落としがそのすべての意味を持つことになります。重さの哲学についての六年の沈黙、モチーフについての十二年の（禁じられていたとは言わないまでも）沈黙[5]、埋葬の巻レクチャー・ノート900の中でのモチーフのあまり普通とは言えない回帰、めざましい出発のあとのホッジードゥリーニュの理論における停滞を背景として…[P77]。だが埋葬をおこなうという姿勢の中では、だれもたいしたことは出来ないものです！

いずれにしても、一九七〇年に高等科学研究所（IHES）を去った時点で、私がもっと成熟していたとしたら、その前の五年間に私に最も近い友人となっていた人の中に私に対する深い両義的な態度があったことは、この時点で私にははっきりとわかったことでしょう。さらに、穏やかな一研究所の中での同僚という友好的な関係の背後で、最終的には、私の別れはすべての人を満足させたのでした。振り返ってみて認めることが出来る、すべての人にとって同じものではなかったさまざまな理由によって。明らかに、この別れは少し前からポストを得ていた私の若い友人を大いに満足させました。彼にとっては（他の三人の専任の同僚のためらいをもった無関心を前にして）あいまいな状況を覆すのに私と連帯するだけで十分だったでしょうに。当時私は起こっていることの意味を理解しなかったのは、かなりはっきりしていて、しかも多くを物語っている事柄を私はどうしても理解したくなかったからでした！私の人生においてしばしばそうであるように、当時私の中に、実に単純で確かな現実と、自分から切り離したくなかった現実についてのイメージとの間にある「ずれ」を私に知らせていた苦悩がありました（一度もこの苦悩という名で呼ばれたことのない！）。そのイメージとは、私が去った研究所における私の役割についてもっていたもの、および、さらにおそらく、わが友との関係についてのものでした。この「救いとしての根こぎ」を当座は実に苦しいものにしたのは、回避できない現実を知ることをこのように拒否していたことと、私がしがみついていた矛盾の兆候であるこの苦悩でした[6]［P77］。

実際のところ、（わが友にあてた、ときたまのいくつかの手紙の中での省察のいくらかの下準備を除くと――これにはどんな反響も受け取りませんでしたが――）この関係について文章にした省察をおこなったことはまだ一度もありませんでしたので、わが友の私に対する関係の中での両義的な態度の最初の兆候（たしかに控え目なものですが、見逃されるものではない）は、少なくとも一九六八年に、つまり「大転換」の二年前にさかのぼるとは以前に考えたことはありませんでした。それは、この関係が、気どらなく、愛情にみちた友情の中で完璧なものであり、数学のレベルではくもりのない一致をみているようにみえた時点でした。したがって、無邪気さ、創造的な子供などについてのすばらしい「おしゃべり」でもって人にひやかされてもいいような時点でした！

しかしながら、この一致はひとつの**現実**であったし、幻想では全くなかったことを私はよく知っています。

その後の作品は精彩のない反映にしかなっていませんが、この創造力――この「微妙な事柄」がひとつの現実であったのと全く同じように。「無邪気さ」と「葛藤」はいくらかでも目ざめた知覚があれば認められる、確かな二つの現実であって、決して単なる概念ではありません。私にはこれら二つはその本性からして一方が他方を排除する、相互に無縁なものに見えます。しかしながら、疑いなく、わが友の私に対する関係の中に、これら二つの現実が、異なったレベルで共存していたのです(7)［P78］。私が語っている時点においては、この「葛藤」が数学上の創造に影響を及ぼしたようには思えません――少なくとも、孤独の中でおこなわれた仕事、あるいは一対一の対話の中でおこなわれた仕事においてはそうでした。それでも、結局のところ、この仕事の最も確かな成果の中に入る、さきほど話した二つの論文の中に、この「葛藤」の刻印がすでにはっきりと現われています。十五年たってみて、そしてこれまでの日を重ね、週を重ねた省察によって、この刻印（たとえどんなに控え目なものでも）は、あざやかな仕方でその特異な形態を予示していることがわかってきました。当初の飛翔から、そのまれなるエッセンス――大きな前途をつくるエッセンスを年を経るにつれて奪いながら、この飛翔に対して徐々に葛藤が支配力を及ぼすようになっていったのです(8)［P78］。

注

(1)　これは、ノート「かん詰にされた重さと十二年にわたる秘密」（No.49）で挙げられている、スペクトル系列の退化とレフシェッツの定理に関するドゥリーニュの論文のことです（『数学刊行物』、35、一九六八年）［P36］。

(2)　これはまさにその後六年間、秘密のままであった（と思われる）哲学（ヨガ）です。

（六月七日）（その後わかったことですが）セールについても私についてもいかなる言及もなく、ドゥリーニュによって（自分に有利なように）展開されていました（ノートNo.78′1、78′2を見られたい［P172、173］）。

(3)　（六月十七日）スペクトル系列の退化を証明するためにレフシェッツの強定理を用いるというアイデアは、ブランシャールによるものです。しかし彼は、ファイバーの有理コホモロジーによって形づくられる局所系がトリビアルであるというきつい仮定（めったに立証されない）の下でしか退化の定理を得ていません。私はブランシャールの仕事を知っていましたし、ドゥリーニュにこのことを話したにちがいありません。したがって彼はその論文を読んでいなかったとしても、彼の証明はブランシャールのアイデアから着想を得たものでした。私よりもブランシャールの証明を覚えていたセールは、ドゥリーニュに彼の証明は実際上ブランシャールの定理の容易な翻案であることを指摘しました。ドゥリーニュが注2、10で指摘しているのはそれです。セールを挙げているこの注は、あとになってからブランシャールのアイデアを知ったという印象を与えるような仕方で書かれています。これは事実と全くちがっています。したがって彼の論文に対する二つの主な**源泉**についてのごまかしがあります。一方では、ブランシャールの結果を大幅に強化することを予想させた、数論的な**動機**について、他方では、ブランシャールの**証明のアイデア**ですが、ドゥリーニュはそれをうまく適応させて、ブランシャールがおそらく期待してもいず、このため彼の方法によって「得ようと」する試みさえしなかった一結果を得たのだと言うことです。

(4)　（五月二十六日）私のもとでのこの態度については、このあとにつづくノート「上昇」（No.63′）を見られたい［P80］。

（六月八日）ここで最初の典型的な例をみている、他の人のアイデアを**横領する**という彼に固有のあるスタイルと近づけてみるとき、さらに、わが友の動機は、威信のある「師」に対して「自律性」を保つという動機では全くなく、自分のアイデアが生まれるにあたっての他の人のアイデアの役割をごまかし、そのあと（第二段階として）他の人のこれらのアイデアをも横領するという動機であると思います。（このテーマについては、二つのノート「手品師」（No.75″）と「横領と軽蔑」（No.59′）を見られたい）［P146、60］。わが友のもつこの傾向が障害なしに発展していったことについての責任の、私が負うべき部分については、二つのノート「上昇」、「あいまいさ」、そして「特別な存在」（No.63′、63″、67′）を見られたい［P80、81、101］。そこには、すぐれた青年ドゥリーニュに対して私がおこなったある種のへつらいがもつ役割が明らかになっています。

(5)　（一九八五年四月十九日）「六年」および「十二年」についての修正に関して、重さについては、ノート(49)の注(3)（一九八五年四月十八日付の部分）［P38］、モチーフについては、小ノート「予備の掘りおこし」（No.168 iv）［暫定版838ページ］を見られたい。

(6)　このエピソードについては、第一部の注No.42をみられたい［『数学者の孤独な冒険』、p380］。

(7) 別の二・三の機会に、私は、ある時点で同一の人物の中に（いくらかの時点で私自身の中においても）このような共存を認めることができました。

(8) あまりに気高い叙情的な高まりによって、私は少しばかり具体的な現実との接触を失ってしまいました。ここで私がこの「刻印」を「控え目な」と形容したのは、私自身がある鈍さの中にとじ込められており、慣れてしまっている偏見と決別するのが難しかったからです！この偏見を棄ててみるとき、私は、問題にしているこの「刻印」は無作法なごまかしだと思います。それを私の中のある種のへつらいによって見たくなかったのでした。これについては、六月一日のノート「あいまいさ」(№63″)［P81］の中ではっきりとみています。私の若く、才能のある友人の「当初の飛翔に対する葛藤の支配」については、ほぼ、気の毒な人が、同時に、残念ながら、「大きな前途」からの利益を失ってしまい、まったく意図せずに犠牲者となった、嘆かわしい宿命のように語っています。しかしながら私の運命については私に責任があるように、彼の運命については彼に責任があります。彼が私の別れ以前から（まずはじめに）その師の墓掘り人の役割を選び、そして状況（時代の精神が生み出す）がこの選択に好都合ならば、あらゆる攻撃が許される大ボスの役割を自分に好んで与え、こうして彼は威信と権力が与える特権――（ひそかに）押しつぶし、だまし取るという特権をも含めて――を余すところなく味わう道を選んだのでした。人はすべてを同時に持つことは出来ません。ものの道理によって、この選択のために（彼はこの選択とはうまくいっていますが）、もっと微妙で、それほど人気のあるものではない事柄からの利益を失うのです…。(これは六月はじめの、日付のついていない注です)。

(63₁) （五月二十六日）私によって導入された、いくつかの基軸をなすアイデア（ここでは、六つの演算――これはモチーフと分かちがたく結びついています）に対する拒絶の態度の結果として、ホッジ－ドゥリーニュの理論の自然な発展が「阻害」されていることを確認している、ノート60の末にある注(4)［P66］とも比較されたい。この態度は、ホッジの理論Ⅰ、Ⅱが発表されたときから明らかな、ここで検討されているものと同じ性質のものです。

さらに、私からの影響のすべての跡を出来るかぎり（さらには、それを超えて！）消し去ろうというこの同一の態度は、モジュラス多重体のマンフォードードゥリーニュのコンパクト化に関する、マンフォードと協力して書かれた仕事（すでにNo.47の中で言及された［P27—28］）に中にも見い出されます。（この仕事も私の別れより前のものです）。この仕事は（超越的な方法によって知られた）複素数体 $\boldsymbol{C}$ 上のトポロジー的な結果を標数 $p>0$ の結果へと移行させる一原理を用いています。これは私が一九五〇年代末に基本群の理論のために導入したものです。六〇年代のはじめから、私は、すべての標数のモジュラス多様体の連結性を証明するためにこの方法を用いることを示唆してきました[1]。しかしながら、このアイデアは技術上の困難につきあたっていました。この困難はマンフォードをはばんでいたのですが、モジュラス**多重体**およびさまざまな申し分のない性質を有しているこれの「コンパクト化」の導入によって、彼らの仕事の中でみごとに克服されました。モジュラス多重体というアイデアそのものは、少なくとも「行間に」、カルタン・セミナーでの私の報告「タイヒミュラー」の中にあります。それは、景（シット）とトポスという言語がまだなかった時点でなされたものです。この種の状況を表現するのに好都合なように作られている景、トポス、多重体という言語一式がある時点で、ドゥリーニュによって用いられている用語自体（〝代数的堆〟）も、（時間をおいて、その後のもっとはるかに大きな「操作」の光の下でみるとき）このすばらしい仕事の中で使用されている主要なアイデアのいくつかの由来を消そうという意図をかなりはっきりと示しています。モジュラス多重体についてのその後の考察を中断させる、「のこで切ったような効果」を持ったのは、たしかにこの姿勢です（私はこれをノート「遺産の拒否——矛盾の代価」（No.47）においてはじめて直観したのですが［P25］）。だがモジュラス多重体は、今日までに引き出されたすべての「具体的な」数学的対象のうちで最も美しく、最も基本的なものの中に入ると思います。

ついでに記しておきますが、一九五〇年代末に私が導入した推論によって（マンフォードードゥリーニュのコンパクト化のおかげで）、すべての標数のモジュラス多重体の連結性を証明することが出来るだけではなく、それらの「pに素な基本群」を、通常のタイヒミュラー群の「pに素な副有限コンパクト化」として決定することも可能になります。

(1)　（一九八四年九月）検証したところ、この状況は、ここに挙げた論文の序文（p75）にはっきりと書かれています。

5　上昇（五月十日）

!63'

　三週間たらずさらに時間をおいて考えると、現在では、距離をおこうとする「実に自然な」この意図に対して「理解を示そう」としたこの態度は、実際には洞察力に欠けており、この若い、才能豊かな友人に対するへつらいであったと思います。もしその時私が「理解を示す」態度、さらには「寛大さ」の中にある漠然とした型どおりの考えによって惑わされ、自分をごまかす(「私の名を大げさに誇張していないのだから、ともかく彼に注意するのはよそう…」)代わりに、健全な知覚力を信用していたならば、十六年後のいま私が見ていることを当時見ることが出来たことでしょう。私はそれを読者に対する、私に対する、そして彼自身に対する誠実さの欠如と呼ぶことが出来たでしょう。私は、素直にもの事をみて、それらの名によって呼ぶのを恐れなければ、いま私がそうしているように、このことについて率直に語ることができたことでしょう。その時わが友はそれを手本にする可能性を持ったことでしょう――あるいは少なくとも彼は、彼のような才能をもったものでも、年長者たちは（あるいは少なくともそのうちのひとりは）仕事において彼ら自身がなしたのと同じ誠実さを彼に期待していることを理解したことでしょう。したがって、私が数学の舞台を去る前であったこの時点、つまり「活動をやめていた」わけでは全くなく、私の若い友人に対しておそらくある道徳上の影響を与えていた時点において、この時私が持っていたこの**ゆるみ**によって、彼に対する私の責任を果たしえなかったことがわかります[1][P81]。この**ゆるみ**は、「ホッジの理論II」の発表の時にもみられます。これは、ドゥリーニュの学位論文ですが、モチーフについても私についても言及されていません。この時点ではすでに、数学もわが友も非常に遠くにあり、もやを通してのごとく見えていたのですが！

　数学において、精神において（この二つの面は緊密に結びあっています）、わが友の進展の中に私が見ることが出来たものに照らしてみるとき、私が彼と出会い、その知的能力、数学におけるそのビジョンの鋭さ、理解の敏捷さに心を打たれた時点で、彼の中に成熟の欠如があるのを全く見ることが出来なかったことがわかります。また（その後）無名の学生の立場から、数学界のスター、すでに威信のある研究所の大きな特権と権力をもった専任教授の地位へと、四年たらずのうちに目もくらむほど社会的に上昇したことが彼に対して与えることになる影響をも、私は全く見ることができませんでした。彼にこの上昇を容易にさせ、それを早めさせたことを私は悔やんでいるのではありません——私自身の中の分別力と成熟の欠如によって、私が彼になしたこの「手助け」は、手助けではなかったということを確認しているのです。少なくとも、私の無頓着な援助を用いながら彼が準備したこの収穫を彼自身最後までおこなってしまわない限りは、これは「手助け」であったとは言えないでしょう。

注 (1) （五月二十八日）「へつらい」という語の方が、少しばかり言い逃れのような「ゆるみ」という語よりも、ここでの私の態度の性質をうまく表現しています。私の若い、才能豊かな友人に対する関係の中でのこのへつらいは、昨日の省察の中でもっとはっきりと現われています。ノート「特別な存在」（No.67′）を見られたい［P101］。

6 あいまいさ （六月一日） !63″

わが友ピエールに対する私の関係の中での「ゆるみ」（あるいは、あとで現われたより適切な表現を用いて「へつらい」）についてのこの確認があらわれてから三週間たって、私は、省察の中で、私の中にある厳格さの欠如、あるいはへつらいをよりはっきりと考慮する機会をもちました。これらはなかでも私が「特別な存在」として扱っていた人に対する関係においてまず現われましたが、私が年長者として姿を現わす他の数学者たちとの関係の中にもありました。この方向において現在まで私が検出しえたことは、私の中に、そしておそらく学生という立場にあった人において、はっきりとその出所を指摘せずに、時にはそれに言及さえせずに、私から得たアイデアや方法を、さらには彼がおこなった仕事全体の詳細な基本構想を自分の仕事において取り上げたという状況の中で、ある種のあいまいさによって表現されていたということです。このような状況は、六十年代においても、私の別れの後も、またここ数年に至るまでかなり頻繁にありました。すべてこうした状況において、私はそれをあるレベルにおいてあいまいさとして感じていましたが、そのあいまいさは居心地の悪さという影によって表現されていました。これについて、ここ数日より前には一度も検討したことがありませんでした。ある種の黙許という遊戯の中に私を入らせ、この居心地の悪さに一度も注意を払わずに素通りさせてしまっていた動機は、私について、そしていわゆる「心の広さ」とはかくあるべきだということについて、私が持っていたあるイメージに**順応させよう**という配慮にありました。真の心の広さは、順応主義、「寛大である」（そして、自己に対しても、他の人にたいしてもそうみえる）という配慮から生まれるものではありません。抑えられている居心地の悪さは、その度ごとに、この「寛大さ」が作為的なものであり、**ひとつの表面的な態度**であって、真の心の広さの自然に現われる、無条件の贈り物ではないことの実にはっきりとした兆候でした。

この居心地の悪さの中に、異なった起源の二つの要素が認められます。ひとつは、欲求不満を抱いている「ボス」、「私」からやってくるものです。ボスは、そこで自分が（多少とも大きな）ある貢献をしていることを知っている仕事に対する功績に加わり、また同時に（他の多くのものと共に）型どおりのレッテルである「心の広さ」も姿をみせている、あるブランド・イメージの高みにあるという、二またをかけて報いを得ることができないからです。もうひとつの要素は、私の中の「子供」、表面的な態度や外見にはだまされず、この状況がいつわりのものであることを感ずる素朴さをもっているものからやってきます[1][P 84]。私自身に対していつわりであるだけでなく、他の人に対してもいつわりなのです。結局のところ、私の「心の広さ」は、他の人が、他人からやってきたアイデアを自分のものとして提出する、したがって、彼も私もそれがいつわりだと確実に知っている、彼自身とある現実についてのイメージを彼が与えているある遊戯の中に入ることになっていました。したがって私たちは、彼と私のおのおのが利益を見い出している「ごまかし」と呼ぶことのできるものの中で連帯しあっているのです。これは少なくともコンセンサスにもとづく「ごまかし」です。このコンセンサスは「私の時代」には支配的でしたが、今日でもなお、口先だけでは説かれつづけているものと思います。たしかに、私とはちがう他の人のアイデアであって、それが私の「お気に入り」[2]「P 85」によって見い出されたかのごとく用いられているような場合、私はこの種の遊戯に入ったことはないと思います。しかしながら、私の中で生まれたアイデアを他の人のアイデアとして提出することに私が暗黙の了解を与えているということでは、事態の性質にとっては基本的には何ら変わるところがないと思います――唯一の相違は、ひとりだけをごまかす代わりに、この場合には、私たち二人がごまかしているということです。また私に関するこの側面（私自身がこのごまかしに、そして私が同意しているとみなしているコンセンサスそのものにさえ反する行為に加わっていること）を別にしても、他の人にごまかしをすすめたり（たとえこのごまかしが私たちだけの犠牲によってなされているようにみえても――だがそれは決してそうはなりませんが)、あるいは少なくとも、彼もまた背きながらも同意している様子をしているあるコンセンサスに対するあいまいな態度をそそのかしたりするかぎりは、そこには全く心の広さがないことは実にはっきりしています。真の心の広さとは、それを表現する人とそれをさし向ける人からはじまって、すべての人にとって有益な性質をもったものです。他の人にあいまいさを呼びおこしたり、すすめたりし、また自分には「心の広さ」を自任させながら、一方では、当然の結果として、他の人がいくらかごまかした人として現われるようにしてしまう(そして実際は私たち双方もごまかしている)という私のあいまいな態度――この態度は私にとっても他の人にとっても有益なものではありません。

ある経験や「さまざまの出来事の教訓」を参照するまでもなく、明白にするためには、この事柄を検討するだけで十分でした。しかしながら、明白さを遂に発見することになる、この検討に私を導いたのは、さまざまな出来事でした。この明白なことは、三十年前、つまり、一学生が地平線に現われて、私と共に仕事を学び、私との接触の中で、この仕事を営む上である精神がしみ込む前にも発見することが出来たものでした。仕事そのものの中での「厳格さ」について語る機会がありましたし、これの必要性は示しえたと思います(「厳格さと、もうひとつの厳格さ」の節、No.26を見られたい[『数学者の孤独な冒険』、p 257])。だが今日狭い意味での「仕事」の外にも、私の述べたあいまいさ、へつらいによって表現されている厳格さの欠如が認められます。私の中のこのあいまいさは、私の年長者たちのだれによっても伝えられたものではないと思います。彼らは、すべて、私に対して、彼ら自身に対して持っていたのと比較できるきびしさを持っていた(と思います)。この特殊な姿勢についてのあいまいさを超えて、私自身の中にあるあいまいさがあることに気づきました。これについては、『収穫と蒔いた種と』の第一部で一度ならず語る機会がありました。このあいまいさは、一九七六年におけるめい想の発見と共に解消しはじめました。ところが、習慣となった態度や振る舞いの中で表現されている、このあいまいさのいくつかの徴候(とくに私の学生たちに対する関係において)は今日までも存続しているにちがいありません。

明らかに、私の中のこのあいまいさは、私の学生のいく人かの中に格好の場を見い出しました。暗黙の合意によってなされていたことが、今日数学の「高貴な社会」の習慣における基調にさえなっているようです。そこでは、（「当事者」の合意のもとに、あるいは合意なしに）どさくさに紛れて不正な利益を得ること、さらには（それが人を安定したエリートに属させることを可能にするときには）合法的なりゃく奪が、もうだれもそれに驚いた様子をしないほど日常的な行為になったようです。ところが、すべての人がこれについて語るのを控えているのです。私の中の「ボス」はたしかに一線を画し、非難し、けしからんことだと思おうとしています――しかしこうしながらも、私は、今日大きな収穫を認めることができる、私の中のこの同じあいまいさを存続させつづけているのです。

注 (1)（六月五日）この居心地の悪さは（部分的に）「子供」からやってくると、ここで言いましたが、これは現実についての間違ったイメージを与える話し方です。これはなんらかの居心地の悪さをつくりだしている間違った状況についての率直な知覚**ではありません**。この居心地の悪さは、この知覚に対する**抵抗**のしるしであり、またあるレベルではっきりと見てとれる現実（ここでは、間違った状況という現実）と、私がしがみついていて、そのために時機を得ない知覚は**遠ざけ**、抑制している、現実についての**イメージ**（今の場合、私は「寛大」でありつづけ、それ以外にしようがない！という）との間のギャップのしるしです。この場合、私がこの抵抗を放棄し、意識された視野の中にこの知覚が現われるようにするや、この「居心地の悪さ」は、間違った状況と共になくなりました。「私の現在をくみ込んでいる間違った状況であって、過去の中に位置づけられる状況ではないと仮定して」と付け加えることもできたでしょう。しかし省察をおこなった結果、さきほど話した「過去の」こうした間違った状況は、今日まで、あるいは少なくとも三日前の省察まではそのままの形で存続していたことに気づきました。それは、一度も検討されたことがなく、したがって一度も解消されたことがなかったという唯一の理由によってです。私は、機会が訪れるや同一の状況を自動的に再生産してしまうほど、これに囚われたままなのです。めい想という私の「力」の認識（これについては、「願望とめい想」の節、No.36の中で話しました［『数学者の孤独な冒険』、p293］）は、このとき何の役にも立ちませんでした。私がくみ込まれている状況に、また知覚と知覚の「より分け」の絶えざる遊戯、子供と子供を黙らせようとするボスのこの遊戯に対する日ごとの注意が欠けていたからです…。

(2) この「私のお気に入り」という表現は、数学においてすばらしいことをおこなった時点で、私の学生のひとりを指すために、私の昔の学生のひとりが用いたのですが、私は不愉快な気分になりました。しかし、私がいま検討しつつあるあいまいな状況が、結局のところ、二人の当事者のひとりを他方の「お気に入り」とさせるような間違った関係をつくったのです。

7 あい棒（四月二十四日）[1] [P86]　63‴（48）

二日前受け取ったばかりのメブクの論文の抜き刷りをめくりながら、SGA $4\frac{1}{2}$（レクチャー・ノートNo.569、pp262―311）にある「導来カテゴリー、0状態」というタイトルのJ・L・ヴェルディエの論文が参照されていることに目をとめました。私がもっと早くこの出版物を見なかったことについては許されると思います。ヴェルディエもドゥリーニュ（彼はこの本の著者です）も、これが出たときも、そのあとも、一部私に届けることは有益だと判断しなかったのでしょう、この本を今日まで手に持ったことが一度もなかったからです。17ページの序文（あい変らず発表されていない）を信頼して「理学博士」の称号をJ・L・ヴェルディエに授与した審査委員会を私と共に構成したC・シュヴァレーとR・ゴドマンが十年後にちょっと普通とはちがう、この「学位論文」の「0状態」（今回は50ページ）を受け取ったのかどうか私は知りません！十分にすぐれた学位論文として通じうる、そして一九六〇年ごろ私がヴェルディエに提案した基礎に関する仕事に大筋において対応した――この時点で、（導来カテゴリーの内部構造を表現するために）彼によって展開された「三角化カテゴリー」の枠組みは不十分であることがすでに明らかになっていたことは別にして――数百ページのまじめな基礎に関する仕事をいつか手にしたものと思っていたのでした。

この学位論文の「0状態」の中のどこにも私の名がないことはほとんど言う必要もないでしょう。実際のところ、彼はそこで一体何をしているのだろうか。よく知られているように、導来カテゴリーはヴェルディエによって導入されました。それは、位相空間のいわゆる「ポアンカレーヴェルディエの」双対性と解析空間のいわゆる「セールーヴェルディエの」双対性を展開することを可能にするためでした。そのあと、一介の無名の奉仕者[2] [P86] が自力でこの二つの綜合をおこなうことになります。この綜合は当然のごとく「ポアンカレーセールーヴェルディエの双対性」と呼ばれています（この無名の学生はこう呼ぶ以外のことは出来なかったのでしょう！）。これらのあと、私はこうした動きにしたがい、スキームのエタール・コホモロジー、あるいは連接コホモロジーという本当に実に特殊な枠組みの中でポアンカレーヴェルディエの双対性とセールーヴェルディエの双対性を展開するのに必要とされたいくらかの翻案をおこなうだけだったと言うことになるのでしょう…。

ほんのさきほどSGA $4\frac{1}{2}$を手にし、調べてみました（図書館とは便利なものです！）[3]。そこにはさらにドゥリーニュの共著者、あるいはむしろ「協力者」（原文のまま）として私を挙げるという栄誉に私は浴しています（私にそのことを知らせる方がよいと判断することも、これについて私に相談した方がよいと考えることもなく）。これは明らかにその五年後に刊行された記念すべき「埋葬の巻」の先駆をなすものです。「埋葬の巻」の方は数日前に知るという喜びに浴したのです（この出来事によって鼓舞された、ノートNo.50、51、およびそのつづきを見られたい［P38、41］）。しかし、この「学位論文」のつぎの段階が私以外のだれかによって書かれることは決してないだろうことを昨年になって理解するのに、なんとも名状しがたい幽霊の学位論文というこの証拠物件を含む、この埋葬の前段階の巻を手にする必要はありませんでした。こうしたわけで、十七年前に私の著名な元学生が好んで立ち止ったところで、『園（シャン）の探求』でもって、私は仕事に取り組んだのでした。

注

(1) このノートは、「直観と流行——強者の法則」（No.48）［P30］——そこでは、ヴェルディエの学位論文の「0状態」が一九七七年に出ていることに気づかずに、導来カテゴリーについての彼の仕事は一度も発表されたことがないと主張しています——の注から出たものです。ヴェルディエの学位論文の仕事をなすとみなされていた理論に対する彼の奇妙な急変についての概観は、ノート「信用貸しの学位論文となんでも保険」（No.81）にあります［P180］。

(2) この「あやしげな人物」に関するいくらかの情報については、ノート「無名の奉仕者と神さまの定理」（No.48）をみられたい［P34］。

(3) この巻については、ノート「一掃」（No.67）を見られたい［P93］。

8 譲渡（四月二十五日）

64(60)

しかしながら、昨日大学の私の部屋で一部見つけました。一年隔てて一九六八年四月（？）と一九六九年四月に書いた二つの報告書のことです。私は、そこで、高等科学研究所（ＩＨＥＳ）での三年間の科学活動の間になされた［ドゥリーニュの］15の研究を17ページにわたって検討しています。これらの中には、ラマヌジャンの予想に関する研究、モジュラス景（シット）のコンパクト化に関する研究、ホッジの理論の拡張があります。この報告書の中で検討した研究の全体は（上に挙げた研究だけを取り上げても）、あたかも遊んでいるかのごとく、完璧な軽やかさで展開されている、おどろくべき創造性を示しています。未知の中へのこの最初の乗り出しの余勢でおこなわれた、ヴェイユ予想の証明を別にすると、その後の作品は、際立った才能と、その開花のためのたぐいまれな条件に恵まれた若い精神のこの比類ない飛翔の精彩を欠いたイメージしか与えていません。しかしながら、これらの「たぐいまれな条件」の中のなにかが、知の衝動とは無縁な別の力に糧を与えたにちがいありません。この別の力は、知の衝動を攻囲し、これに取って代り、最初の飛躍を逸脱させ、吸収してしまったのでした。そしてこれも明らかなことですが、この「なにか」は、私という人間に関連していたのです…[1]［Ｐ88］。

解説を付されたこの短い報告書（これを本書の付録に入れることを考えていますが）は、数学上の観点を含めて、さまざまな意味で興味深いと思います（そこで検討された仕事のいくつかは今日なお未発表ですが）。報告書の多くの個所で、私は、ドゥリーニュが大筋を描き、決定的な点を扱うだけで満足していた仕事は、将来の学生たちによって発展させられるだろうと予測しています。これらの学生たちは、その後に世間一般の人たちに対する彼の関係の中で起こった変化の故でしょうが、一度も現われませんでした[2]［Ｐ88］。検討したアイデアの中で、私の知るかぎり、別の人（こうして、この人はドゥリーニュの学生となるでしょう）によって発展させられた唯一のものは、ＳＧＡ４において（したがって最初の飛翔の時期に）サン・ドナによって発展させられた、コホモロジー的降下の理論でした。この理論はそれ以来コホモロジーの装備一式の中で最もひんぱんに用いられる道具のひとつとなりました。

特徴的で、おもしろい些細なこととして、それ以後ドゥリーニュの論文の対象となった四つの仕事[3]のうちの三つに対して、これらの仕事と私が導入したアイデアおよび私が提起した問題との関係を、通りすがりに、におわせるような配慮がしてあることです――著者が論文の中でこのことについておこなうことになる沈黙に対して、いわば機先を制するかのように（それぞれの論文は、私がこの報告書をつくった時点では、発表されてもいなければ、執筆もされていなかったと思います）。

注 (1) この「なにか」に糧を与えた、私の中のある種のへつらいについては、（このノートの二週間後に書かれた）ノート「上昇」（№63′）を見られたい［P80］。

(2) 高等科学研究所（IHES）で（特に、私のセミナーで）私が定期的に彼と接していた時には、ドゥリーニュの他の数学者たちとの関係、とくにセミナーにやってきた若い研究者たち（多くの場合かけ出し）との関係には親切さが込められていました。そこでは、私たち二人の数学上の対話の中でと同じくらい他の人の考えに対して開かれていました――たとえそれが不器用に、さらには漠然と表現されていたとしても――。彼は他の人のイメージや言語の中でその人の考えを追う能力を持っていました。この能力はずっと私には欠けていたもので、これによって、彼は、私よりも、他の人の中にある資質や創造性の開花を刺激するのに向いた、「師」の役割を果たす素地をもっていた（ように思います）。

(3) ここで問題にしている四つの仕事の中で、直接には私の影響を受けていない唯一のものは、ラマヌジャンの予想に関する仕事です。この予想をヴェイユ予想から導いているものです。これは、私の数学についての教養の中で最も重大な「欠落」のひとつとなっていた研究方向（モジュラー形式）の中にあります。他の三つの仕事は、ルレーのスペクトル系列の退化、ホッジ－ドゥリーニュの理論、モジュラス多重体（マンフォードと協力してのもの）についての研究です。これらについては、ノート「追い立て」（№63）と小ノート№63_1の中で問題にしました［P72、78］。

9 核心（四月二十六日） 65(63)

大きな「哲学（ヨガ）」（重さの哲学、さらにはもっと大きなモチーフの哲学）――これらについては彼以外の他の人たちにもあちらこちらで大いに話しましたが、それをしっかりと自分のものとし、その重要性を把握することになったのは彼だけでした——を彼の手中に置いたことは、代数多様体のコホモロジーの理解のための比類のない発見の道具の唯一の保持者として、さらなる「優位性」を彼に与えることになったことも明らかです。しかし、この誘惑は、私がなお数学の世界にいて、活動していたとき、そして、戻ることのない私の別れを予想させるものが何もなかった時点では、決定的な役割を演じていたとは思いません。それは私の別れと共に、あるいはその後に現われたにちがいありません。私の別れは、遺産とその由来とを隠しながら、この遺産をひとり占めにする（これは当然の権利として彼にやってきたのです！）思いがけない「機会」となったのでした。

ここで新たに、この特別な、きわだってあざやかなケースの中で、通常のものをはるかに超えている、深い矛盾の核心が明らかにされているのが見られます。私が語りたいのは、私たち自身の中にある創造的な力——ユニークで、人が伝達することが出来るどんなものよりも価値のあるこの財産——を取りまいていて深く埋もれている無知、軽蔑、疑念についてです。私たちが他の人において見られるこの力をうらやんだり、私たち自身の中では忘れてしまっているが、他の人にあるこの力の外に現われた成果やしるしを欲しがったりさせるのは、私たちの中にあるこの最も貴重なもの、最もまれなものについてのこの無知、このひそやかな疎外なのです。**取って代わりたい**というこの羨望、この願望がわずかでも根をはり、増殖する機会を見い出しさえすれば、創造的な開花のために使えるエネルギーを別の方向に導き、私たちの中にあるこの疎外を一層深いものにし、恒久的に落ち着かせてしまうのです。取って代わり、排除し、惑わそうという、欲していた「目的」に近づけば近づくほど、私たちの中にあるこの微妙な力から私たちを遠ざけ、切り離し、そして私たち自身の創造的な飛翔のための翼を切ってしまうのです。背のびをしようとする私たちの執拗な努力の中で、私たちはずっと以前から飛ぶことを忘れてしまっているのです。そして、私たちは飛ぶために作られていることをも忘れてしまっているのです。

私たちの出会いの日以来、私に対する彼の関係において、わが友は全くくつろいでいると感じましたし、彼が私の名声あるいは私の人格に少しでも圧倒されたり、目をくらまされたり、あるいは数学の分野における彼の才能や能力についてであれ、他の事柄についてであれ、彼の中に言葉に表現されないなんらかの疑念があることを予測させるような兆候は全くありませんでした。また私からも、私のものであった周囲からも──私の家族をも含めて──友情と愛情にみちたもてなしを受けたと思います。これは彼をくつろがせるような性質のものでした。だが他の人たちを引きつけたと同じく、私の心をひいた、彼の中のこの素朴で、見たところ問題のない生来の性格はたしかにこの出会い以前に現われ、開花していたのでしょう。彼を非常に魅力的なものにしていた彼のかもしだす印象は、ある調和のとれた均衡からくるものでした。そこでの彼の数学に対する好みは、飽くことを知らない女神の姿を全くもっていませんでした。彼に比べると、私の方は「ひどく粗野な人間」とは言わないまでも、少しばかり頑迷な「ひとつの事ばかりに熱中しがちな人間」でした──私のまわりの自然や季節のリズムとの深い接触が私にはないのを目にして彼が控え目に驚いていたのを思い出します。私はこれらをほとんど何も見ないで過ごしていたのでした…。

しかしながら、その当時見ることができなかった（おそらく今日でも、同様な状況におかれるとき私は見ることはできないでしょうが）この深い「疑念」は、私たちの出会いよりずっと前からわが友の中にあったにちがいありません。振り返ってみるとき、私は一九六八年にははっきりとした最初の兆候を見ていますし、それにつづく年月を通じてさらにもっと明らかな他の兆候を見ました(1)［P91］。しかしそれらは「間接的な」兆候です──私が直接に観察することが出来た兆候のどれも疑念や自信の欠如の形をとっていません──むしろ、そしてますます年を経るにつれて、その逆に見えうるものによって表現されました。つまり、うぬぼれ、尊大さ、さらには軽蔑を故意に示すことによってです。しかしこのような「対極」は、それと対をなし、これが影となっている、向かいあっているものを明らかにしています。

私はまた人を介して知りましたが、一度も彼が親しく接したことのなかった威信のある（そして並みはずれた名声をもった）ある数学者に対して、出会いの約束をして非常に緊張していたということです。この大人物によって、自分にふさわしい大きさのものとして見られないのではないかというある種のいわれない恐れの中で。この証言は、私自身が私の若い友人のもとで見ることが出来たものとあまりにも対極にあるので、この時私はそれを信じがたい思いをしました（それは一九七三年のことでした）。しかしながら、振り返ってみるとき、他の機会に私の知っている、すべてが同じ方向にある、分裂の兆候をそれは裏付けるものです。

この分裂、および私たちの出会いの前にはおそらく拡散したままであったある葛藤の一種の定着者として私が演じた役割は、おそらく、（なんらかの意味で）「師」であった人、あるいは少なくとも伝えるか、託するかする人との関係の進展が通常の状況であったならばきっと隠されたままだったでしょう。したがって私の別れは、すべての人に知られておらず、私がおそらくただひとりそれを知ることが出来たある葛藤を**明らかにする**効果をもったのでしょう。

そして今日の私の「回帰」は、これを明らかにする第二のものです。おそらくより時ならぬものでしょう。私自身の過去について、私の現在について、そして私が愛情をもっていた、今日なお結ばれている人びとについて現在それが私に教えたことを超えて、これが今後私に明かすことについて想像することはもちろん出来ないでしょう。ここ一週間、私の省察――私が先月**「ある過去の重荷」**と呼んだもの（ぴったりとした呼び方だとは思いませんでしたが…）――のこの最終段階の中心にあった人に対して、それが何を明らかにするのかも想像できません。

注 (1) （五月十日）実際には、別の「実にはっきりとした」兆候は、すでに一九六六年にさかのぼります。ノートNo.82の注(3)を見られたい［P197］。

10 二つの転換点（四月二十五日） 66(61)

わが友ピエールの私に対する関係の中でのこの故意の軽蔑と対立は、数学および職業のレベルだけに限られていました。個人的な関係は、今日まで愛情と友情にみちた尊重の関係でありつづけています。それは、一度ならず私の心を打った繊細な心遣いによって表現されました。たしかに真の、底意のない感情のしるしでした。

私が高等科学研究所（ＩＨＥＳ）を去ったあとの緊張した数年のあいだに、この別れは、このエピソードがもたらした長い間理解できなかった教訓と同じく、忘却の中に沈んでしまいました。そしてさらに十年以上の間、わが友は私にとって（当然のこととして）数学上の私の特別の話し相手でありつづけました。あるいはもっと正確には、一九七〇年と一九八一年の間、私の散発的な数学活動の期間に、話し相手の必要が感ぜられたとき、私が言葉をかけようと考える唯一の話し相手でした（あるエピソードを除いて）。

また私と一緒に仕事をしている学生たちのための援助、保証あるいは力添えが必要とされた最初のいくらかの機会（一九七五年と一九七八年の間）に全く自然に言葉をかけたのも、私に一番近い数学者としての彼に対してでした。これらの機会の最初のものは、一九七五年、シンさんの学位論文の口頭審査でした。彼女はこの学位論文をヴェトナムで極端に困難な条件の中で準備したのでした。彼は、私がこの学位論文の審査委員会に加わるように連絡をとった最初の人でした。これは内容のない学位論文にすぎず、これに保証を与えることなど問題にならないとほのめかして、彼は拒否しました。(しかしこの「いんちき」を支援してくれるというカルタン、シュヴァルツ、ドゥニ、ジスマンの確約をなんとかとりつけることができました——口頭審査は、好意的な、熱い共感のもとでおこなわれました)。それから三年の間に、同じ種類の三・四の経験をしました。その結果、私は、私の威信のある、影響力をもったこの友人の中に、「一九七〇年以後」の私の学生たちに対する故意の敵意、また単に私の影響のしるしのある仕事(少なくとも「一九七〇年以後」に企てられた仕事)に対しても、こうしたものがあることを理解したのでした。私がこれらの機会の多くの中で見ることのできた、はっきりと表れた軽蔑の態度が、彼よりもはるかに下であると彼がみなしている他の数学者たちとの関係においても多少とも見られるのかどうか私は知りません。彼が誇らしく説くある極端なエリート主義の精神そのものからして、そうだろうと推測されます。とにかく一九七八年以後、私は何についてであれ彼に差し向けることを控えたのでした。それでも彼の人を落胆させる力はなお効果的に現われる機会を見い出しました。私自身の数学活動に対する軽蔑の態度の最初の兆候——はじめはひそやかな——が現われたのも、この年あたりです。最初の機会は、細胞チャートについての私をびっくりさせた一発見のあとの、これについての考察でした(このテーマについては、『あるプログラムの概要』、第三節「子供のデッサンに関連した数体」を見られたい)。この発見(たしかに「自明なもの」であり、わが威信のある友が感動したり、興味をいだいたりするものでは全くありませんでした)は、モチーフの夢に匹敵する規模の、もうひとつの数学上の**夢**の出発点であり、最初の素材でした。この夢は三年後にやっと(一九八一年一月—六月)、「ガロアの理論を貫く長い歩み」でもって形をもちはじめました。これらのノートおよび同じ時期の他のノート(2000ページの草稿となっています)は、子供のデッサンについてのなんでもない注目が私にかいま見させたこの「新しい大陸」のまず最初の一巡をなすものです。

この激しい仕事の過程で、二・三度わが友に、私のアイデアのいくつかを知らせるために、また時には技術上の性質の質問をするために手紙を書くことがありました。私の質問について好んで彼が意見を述べたときには、彼の論評はつねに明瞭で、適切なもので、彼の若い時代にすでに私を感銘させたのと同じ「才能」を示していました。しかし、あるうぬぼれが、当時私を喜ばせた、この理解しようという激しい渇望と、「小さな」事柄を通して大きな事柄を把握するという能力、またあれこれのことを聞いて大きな構想を把握したり、形成したりする能力を鈍くさせていました。この能力は、単なる「効率」や、すでに作られた分野や既知の技法を「マスターする」といった、知性の次元のものではありません。それは、知性とは全く異なった本性をもつ事柄――つまり子供のもつ**感嘆するという能力**――の知性のレベルにおける反映です。彼の中のこの能力は、あたかも一度もあったことがなかったかのように、消えてしまったように思えました。「一九七〇年以後の」私の学生たちに対する彼の関係においてはじめこうであったあと、少なくとも私に対する関係において同様になりました。彼は重要人物になっていました。そして彼の数学上のアプローチは、ほんの一・二か月前はじめて検討した「**スポーツのような**」態度そのものとなっていました。この態度に私自身が無縁であったとは全く言えません…。

共通の情熱の中での一体感、かつて私たちを結びつけていたこの深いつながりが明らかに不在になっていることにあきらめの気持ちを持つことになったのでしょう。私は（機会が生じたとき）多少とも技術的な問題、あるいはわが友の要領を得た、数学上の事柄からなる世界についての広範な知識に情報を乞うことだけに満足することになったようです。だがこの年（一九八一年）に、この軽蔑の感情は突然非常に容赦のないものになりました[(1)]。そこで私は時たまでさえも数学の問題について彼との交流をなおつづけてゆくことに全く興味を失ってしまいました。

（↓67）

注　(1)　（五月二十八日）この第二の転換点に関する新しい視座については、ノート「よこしまさ」（№76）をも見られたい［P150］。

11　一　掃　（四月二十六日）

*67

昨日、これまでの行を書きながら、私は、私たちの関係におけるこの新しい転換と、一九八二年の（つまり実際にこの大きな転換の時点で）弔花もない私の数学上の埋葬にあてられたレクチャー・ノートの「注目すべき巻」の刊行とを近づけてみました！このとき私は数学上は「死んだもの」と宣告されていたのですから、わが友が、もはや存在の理由がない数学上の質問に対してなお時折私に答えつづけていたのは結局のところ一種の慈悲によるものだったのです…。

さまざまな出来事の意味について耳を傾けるとき、私は、少なくとも私自身との関係の中で軽蔑や数学上の無関心（しかも彼の数学上の「健全な直観」が、きわめて重要で、実り多いものだと告げたにちがいない事柄に対する）がはじめて現われたのが、5年前の、前段階の埋葬の巻「SGA4$\frac{1}{2}$」が刊行された時点にほぼ位置していることはたしかに偶然ではないという感じがします[1][P97]。この巻の刊行をとりまく状況だけで、すでにひそやかで、同時にこれみよがしの軽蔑の意図が現われています。私に相談することもなく、知らせることさえせずに、そして私に一部送ることさえ控えながら、私をドゥリーニュの「協力者」として描き出すという事実だけでも、それ自体でひとつの論説よりも雄弁に物語っていると思います。ドゥリーニュのこの著作が、基本的には、十五年以上も前に、私がまだこの才能豊かな友人の名を聞いたこともなかった時点で発展させた仕事を広い読者により近づきやすいものにするものとみなされていることを別にしてもです！軽蔑、それにつづく傲慢さは、一方では何の考慮もせずに、結局はそれとは知らずに「堪え忍んでいた」私の不在によって、だがまた他方では、おそらく少しの評価も呼び起こすことなしに、この種の非常識が「まかり通る」ことを可能にしていたある雰囲気によっても糧を与えられていたにちがいありません。いずれにしても、私は、この巻についても、彼が準備していた埋葬の巻についても、だれからも（とくになお数学者たちの世界にいると私が信じていた数多くの友人たちのだれからも）全く反響を受け取ったことがなかったのでした。

序文の中で、著者は意図をはっきりと述べるために率直にふるまっている風ではありません。この本の目的は、非専門家に対して「代数幾何学セミナー（SGA）4」と「SGA5」のぎっしり詰まった報告に頼るのを」避け、「不必要な詳細を削り」、「使用者がSGA5を忘れることが出来る」ようにすることです。「SGA5は、いくつかは非常に興味深いものですが、一連の脇道とみなすことが出来るでしょう」（ともかくも、これらの「脇道」にとっては親切なことです！）。SGA4$\frac{1}{2}$の存在は「近いうちにSGA5をあるがままに刊行することを可能にするでしょう」――不思議な主張です。（忘れることを勧められているなにがしかのものの）この刊行――すでに十年あまりひきのばされており、かつ完璧な一貫性をもった結果の集まりとなっている（これらの結果を引き出したり、証明したりするのにドゥリーニュを待つことはなかった）――が、ＳＧＡ$4\frac{1}{2}$の存在に従属されるということはどうしてなのかと問うことが出来るでしょうから[2]［Ｐ98］。

この問いを提出することで、これに対する簡単な解答と、このあわれなセミナー（ドゥリーニュの巻ＳＧＡ$4\frac{1}{2}$の刊行より十一年前の一九六五／六六年に縦横に私が展開した）ＳＧＡ５の有為転変について[68]［Ｐ104］の可能な説明をかいま見ることが出来ます[2]［Ｐ98］。（２ページで）ＳＧＡ５のオリジナル版では、「レフシェッツ－ヴェルディエの公式は予測としてしか確立されていなかった」（これはヴェルディエにとってはきびしいことです。彼はこの定理を証明したとみなされており、それはＳＧＡ５よりも前だということでしたから[3]［Ｐ98］、そして「さらに、そこでは局所項は計算されていなかった」と書かれるとき、すでに耳に刺さるものがあります。これは非専門家の読者にとって（この巻は何よりもこうした人にあてられていますが）遺憾な欠陥に見えるでしょう。少しばかり事情に通じている読者ならば、この局所項は今日でもあい変らず「計算され」ておらず、そしてこの才能豊かで、断固とした著者自身に対して、この場合（一般の場合に）「計算する」とは何を意味するのかという問いを発したなら、彼は大いに困惑することをよく知っています[4]［Ｐ98］（しかしおそらくだれもこうした慎みのない質問を彼にすることを考えたことはなかったでしょう）。

あいまいな一節があります。「このセミナー（？）は、フロベニウス射という特殊なケースにおいて、**もうひとつの**証明を含んでおり、それが完全なものにしています」。この一節は、とどのつまりは、ＳＧＡ５は、彼の言う主要な「結果」、つまりヴェイユ流のＬ関数の有理性を導くことになる跡公式の完全な証明を**与えていない**（脇道の巻だから、そんなことだと思われるでしょう！）ことを示唆しているようです。幸いなことに、「このセミナー」は、実にあやうい状況を救いにやってきたのです――遅くなってもやらないよりは良いといった具合です…。

４ページで、これらの「アルケータ」報告の目的は、「エタール・コホモロジーのいくつかの基本定理の証明を、ＳＧＡ４の中のこれらをとりまいているナンセンス[5]［Ｐ98］の不純物を取り除いて、与える」ことであることを知ります。それは、ＳＧＡ４の中では猛威をふるっているこの嘆かわしいナンセンス（トポスや他の恐ろしい類似物のような）を長々と述べないという思いやりをもっているのです――読者はこれまであったこの嘆かわしい「不純物」を遂に一掃していることのすばらしい巻が思いがけなく出現したことで、危うくこれからのがれられたのだと期待できるでしょう…）(67')、(67$_1$)［P100、101］。

いまこの巻の序文と、そのいくつかの章の序文に目を通しながら、意図が最も明瞭に述べられていると思われる評価や言明を取り上げました。その中にはとくに「まずいところを見せる」(たしかに無事におこなわれました) ことを目的としていると思える他の二三のものも含まれています(たしかに脇道だが、しかし「非常に興味深い」といった調子の)。また、著者は冒頭で「完全な結果と詳細な証明にとって、SGA4は不可欠でありつづけている」とはっきりと述べる正直さを持っています。この巻は、その精神と動機において多くのあいまいさはありますが、だまし取り作戦とは言えません(6)［P99］。その役割はむしろ探りを入れるということのように思えます。本当に気がねをする必要はないのだという結論をはっきりと持っている！

彼の準備するひとつの巻からつぎの巻（SGA4½、そしてレクチャー・ノート900）へと進む中に（多分すべての人に見すごされる！）一種の**非常識の中のエスカレート**があります。この二つの巻の中に、大変な才能をもった一人物が、広大な世界を発見し、渡り歩き、探りを入れ、そして先行者、まずはじめに私自身、ついで私の元学生（サーヴェドラ）の仕事を「やりなおす」ことに専念しているのが見られます。ところが、彼はこれをおこないながらも、事柄の奥底までいって、入念におこなわれているこれら先行者たちの仕事に基本的なものを全く付け加えていないのです。(そこで彼がもたらしたものは全体として二・三十ページほどにまとめられると思います)。最初の場合には、与えられている理由はもっともらしいものでした。つまり厖大なセミナーSGA4とSGA5に依拠せずに、非専門家が苦労せずにエタール・コホモロジーに近づくことが出来るようにすることです(7)［P99］。(しかしながら、この著者が数学をおこなうという喜びより優先して、凡俗の人たちに対してこのような心づかいを見せるのははじめてのことです…)。第二のケースは、その仕事は、実質上サーヴェドラが私と一緒におこなった学位論文を要約して**写しなおす**ことからなっています！この学位論文は完璧な参考文献となっていましたし、そこでひとつの命題の証明があやまっていたことと、もうひとつの命題には無用な仮定が含まれていたという事実は、もちろんこの論文全体を書きなおす理由にはなりません。もちろん、これほど奇妙な事柄に対してどんな「理由」も与えられていません。

しかし、ドゥリーニュが十年後にサーヴェドラの学位論文を「やりなおしている」という見かけ上非常識な事柄の意味を理解するために、SGA$4\frac{1}{2}$を手にする必要はありませんでした！もちろんドゥリーニュがグロタンディークの発表された作品のある部分の「ダイジェスト」を（十二年後に）（少しばかり尊大に）つくるという、ほんのわずかに非常識なところが少ない事柄の意味についても同じです。この部分は、まさに、もし彼が代数多様体のコホモロジーに関心をもちつづけているかぎりは（彼はこのテーマから離れるに至っていません）、いかなる場合にも通りすごしてしまうことの出来ないものなのです。そしてサーヴェドラの学位論文は、なかでもとくに、私の影響の刻印を持っている発表された仕事であって、私が発展させたモチーフ的ガロア群という概念を「自分の利益のために」ドゥリーニュが再び取り上げ、ついに（十五年後に！）みるからに決定的なこの概念を探求しようとするならば、どんな場合にも通りすごしてしまうことはできないものです。わが友は、まずSGA$4\frac{1}{2}$の編集によって、そして五年後にレクチャー・ノート900の中のミルンードゥリーニュ（またの名はサーヴェドラ）の大河論文によって、取って替わり、否認した人を、またこの人物を参照している別の人をも絶えず参照しなければならないという、堪え難い義務のように感じ取っているなにかから解放されたいというむなしい感情に身をゆだねることになったのです。

　この二つの「非常識な」行為に共通する意味についてのこの内的な確信に達するためには、わが多作な友の（51の）論文の全体――十日ほど前に（はじめて）そのリストを受け取りました――に目を通す必要はまったくありませんでした。結局、私が知っていると思っていることを確かめるために、手もとにある四つの抜き刷り(8)［P100］にあらためて目を通してみることを考えさえしませんでした。もし将来わが友の仕事を再び参照することがあるとすれば、他のところですでに十分知っていることとは違ったものを見い出すためでしょう。もちろんその時私は数学上のすばらしい事柄を学ぶ喜びを持つことでしょう。以前彼の口から生きた声で学んで大きな喜びを味わったように！

注 (1) このテーマについては、その二日前のノート「あい棒」（No.63″）を見られたい［P85］。

（六月五日）このノートの省察は、このノートとこれにつづく三つのノート（「一　掃」、「特別な存在」、「青信号」、「逆転」［P93―109］）でつづけられています。これによって、「操作SGA$4\frac{1}{2}$」の意味と、これと母体をなすセミナーSGA5の「解体」との関連をかいま見ることができました。この省察は、新たに葬列IX「私の学生たち」の中で、またとくにそのつづきの「私の学生たち(1)――(7)」[P202―256]の中でつづけられています。そこでは、コホモロジー専攻の私の学生たちが自らの仕事を学んだこのセミナーのまぎれもない虐殺の光景が少しずつ明らかになっています。この作戦全体の中で、無造作な軽蔑が誇示されています。(同じ時期あたりに私がその出現を認めることが出来た)わが友の私に対する関係の中での「ひそやかな軽蔑」は、そのきわめて弱い反映にすぎなかったのです。

一九七七年末か一九七八年中にあった、わが友の私に対する関係におけるこの「最初の転換」の時期について、一・二週間前に、もうひとつの連想が浮かびました。わが友が(ヴェイユ予想の証明によって)実に価値のある「メダル」を得たのは一九七八年のことです。この新しい肩書き(「伝説的に困難な」予想の証明に結びついた)がわが友によって内面化されたそのあり方は、(私という故人に関する)弔辞と(彼に関する)それに見合ったもの――これらはたしかに五年後のある「重要な祝典」にやっと現われたものですが――の中にあざやかに現われています。このテーマについては、ノート「弔辞(1)――おせじ」(No.104)を見られたい[暫定版P447]。

(2) この「不思議な主張」の解明については、ノート「青信号」(No.68)の注(4)(四月二十八日付の)を見られたい[P108]。

(3) (六月十日)このテーマの詳細については、ノート「虐殺」(No.87)の小ノートNo.(87_2)を見られたい[P241]。

(4) (八月十日)係数の層のそれ自身との間のコホモロジー的対応に対する、一般のレフシェッツ―ヴェルディエの公式の中では、(不動点の集合の連結成分に対応した)「局所項」は、公式を書くことそのものによってはっきりと決定されます。これらの局所項の「計算」の問題は、個々の場合においてしか具体的な意味を持ちません。その最も単純なもののひとつに、フロベニウス射の場合があります。そこでは、局所項はこれらの点におけるファイバー上に誘導された自己準同型の通常の跡によって簡単に与えられます。この公式は、口頭によるセミナーの中で、はるかに一般な他の場合の特殊なケースとして完全に証明されていました。

(5) 英語の「ジェネラル・ナンセンス」(時折は骨の

折れる、だがしばしば必要とされる一般論、という意味の）という語は、「私の時代」には、軽蔑的な意味はなく、むしろ少し冗談じみた、人の良い意味あいのものでした。ここで「ジェネラル」という形容詞が「忘れられ」、正しいフランス語ではちょうど意味のないことを意味している「ノンサンス」を、内容のない、「バカ気た」という意味を、示唆するような具合になっているのはたしかに偶然ではありません。

(6)（五月二十六日）だが翌々日のノート「逆転」（No.68'）を見られたい［P109］。そこでは、性急だとわかったこの印象に立ち戻っています。省察のつづきの中で、少しずつ大規模な操作「SGA 4½——SGA 5」が明らかになってきます。この操作は、主としてドゥリーニュの「利益」のために、「コホモロジー専攻の」私のすべての学生の援助あるいは暗黙の了解を得ておこなわれました。（取り上げた、序文の7行目にある主張を根拠にして）確認できると思えた「正直さ」は、ここでは最も純粋な「タイム！」の文体において、本心を隠しながらごまかすための「証拠を示す行」の役割を果たしています。わが友は一九六八年からこの文体を用いています（ノート「かん詰めにされた重さと十二年にわたる秘密」（No.49）と「追い立て」（No.63）を見られたい［P36、72］）。さらにノート「タイム！」（No.77）、「裸の王様」（No.77'）も見られたい［P153、156］。

(7)（六月十日）このノートを書いているときには、やっと「降り立った」ばかりで、「操作SGA 4½」の真の意味（およびこれとSGA 5の有為転変との関連——これに関しては突然生じた予感をいだいたばかりでした）はまだ感じていませんでした。そのあと私は、人をあざむく名SGA 4½（ノート「逆転」（No.68'）を見られたい［P109］）という名のもとで刊行された雑多な論文からなる文集は、セミナーSGA 4とSGA 5（これは発表されている私の数学上の作品の核を構成しているものです）の（「苦労せずに近づける」）普及書としてあるのでは全くなく、（少しばかりばくぜんとした先駆的な仕事のようにみなされた）SGA 4とSGA 5に**取って替わる**ための、そして、ドゥリーニュに帰すものになるはずのエタール・コホモロジーに関する、**真の**すぐれた作品として登場するための策略であることがわかりました。SGA 4½と名づけられた「探り入れ」から6年後に、この欺瞞のあざやかな表現（匿名の文による）については、「弔辞（1）――おせじ」（ノートNo.104）を見られたい［暫定版、p447］。

(8) 高等科学研究所（IHES）の『数学刊行物』の中にある論文を別にして。これは、十五年ほど前から、所長のニコ・キュイペールの心づかいで送られてきています。

(67_1) （六月十四日）SGA$4\frac{1}{2}$の中で、他の二つの（細部での）小さなだまし取りをみつけました。ひとつは、「SGA4、SGA$4\frac{1}{2}$、SGA5のための導きの糸」（この示唆に富んだ列に感嘆されたい！）の中にあります。そこで著者は、エタール・コホモロジーにおいて、「連接層の場合の双対性の定式に類似したもの」を確立するために…「グロタンディークは特異点の解消と純粋性に関する予想を用いていました」と書き（2ページ）、こうしてこの定式は最終的には彼ドゥリーニュによって、次元0または1の正規なスキーム上の有限型スキームの場合（多くの応用に対して十分な）に確立されたという印象を与えています（同じ段落を見られたい）。彼が非常によく知っていることですが、六種類の定式（つまり**大域的な双対性の理論**）は私によって全く「予想」を用いずに確立されましたし、彼がおこなった制限は二重双対性（あるいは「局所双対性」の）定理にしかあてはまりません――それが突然SGA5の中で（イリュジーの筆によって）「ドゥリーニュの定理」となっているのです！

他方では、100ページに、「ニールセン――ヴェクセンの方法」と名づけられた節があります。これは、ニールセン――ヴェクセン型の公式を代数幾何学の中で証明するために私が導入した方法です。この公式は（超越的な場合に）代数の枠組みの中では使用できない三角形分割の手法を用いてこれらの著者たちによって証明されたものです。ドゥリーニュは、SGA$4\frac{1}{2}$が忘れさせようとしている、「技法上の脇道」に関するセミナーSGA5において、私の口からこの方法を（そしてニールセン、ヴェクセン両氏の名も――彼はこのすばらしい論文をドイツ語で読む必要がなかったのです！）学びました！この節の中では、SGA5についても私についても言及されておらず、したがって読者は、この方法を発案した人は、ニールセン――ヴェクセン（ほとんど知られていないとしても）と、この本のすぐれた、しかも謙虚な著者のどちらかを選択できるのです。

興味深いことですが、この本のどこにも、（フロベニウス射に対する）私が必要であったケースを含む跡公式の、ヴェルディエの「ウッヅホール」証明に言及されていません。（SGA5の中で展開された、もっと一般的な方法のために、忘れ去られていると思われる）この証明は、L関数の私のコホモロジー的解釈を完全に正当づける上で欠けていた鎖の環だったのです。明らかにドゥリーニュとヴェルディエの間に（おそらく暗黙の）合意があったようです――ヴェルディエは、ドゥリーニュにヴェイユ予想のための跡公式に関する信用貸しを与え、その代償として、前年（一九七六年に）自分自身のために取ったSGA5の一部分を得たのです。（このことに関しては、ノート「すばらしい参考文献」（No.82）を見られたい）［P192］。もうひとつ代償があります。SGA4½の中に、導来カテゴリーおよび三角化カテゴリーに関する「ゼロ状態」が入れられたことです。ここでももちろん私の名はありません。さらに四年後に、ドゥリーニュの筆により、代数幾何学におけるエタールの双対性は「ヴェルディエの双対性」という名を持ちます――ヴェルディエはまずい取引をしなかったのです！（ノート「不公正――ある回帰の意味」（No.75）の末を見られたい［P141］。

12　特別な存在　（五月二十七日）(1)　［P104］　!67'

引用したくだりと、SGA4½と名づけられたこの注目すべき本の刊行をとりまく状況の全体は、わが友が、緊密に関連しているSGA4とSGA5という二つのセミナーの全体によって表されている、私の作品の中心部分に対する嘲弄と軽蔑の意図を示しています。四月二十四日から（ノート「あい棒」（No.63'''）を見られたい［P85］）五月十八日まで（ノート「遺体…」、「…身体」（No.88、89）を見られたい［P253、256］）の省察の過程で明らかになったこれらの「状況」の中で、一九七七年の虐殺版によって具体化されている原初のセミナーSGA5のりゃく奪はきわめて大きな意味をもっています。（とくにノート「虐殺」（No.87）を見られたい［P225］）。

　わが友にあるこの嘲弄の意図は、青年ドゥリーニュが一九六五年に二十一才で、私と共に「代数幾何学」を学ぶというきわめて明確な目的をもって高等科学研究所（IHES）にやってきて、スキーム、コホモロジーの手法、とりわけ双対性の定式、そしてℓ進コホモロジーと最初に接したのが、口頭でのセミナーSGA5であったことを想起するならば、その意味の全体がわかります。今日にいたるまで彼の作品の中で支配的なアイデアや技法を直接に学ぶという特権に恵まれたのは、この口頭のセミナーと、その二年前にあったセミナーSGA4のノートにおいてだったのです(2)［P

104]。

「操作SGA4½――SGA5」の内容の、そしてこの操作を超えて、わが友ピエールの私に対する関係そのもののこの基本的な側面は、前のノート(「一掃」(No.67)[P 93])を書いているときにも、それより前の埋葬に関する省察の部分にもはっきりとは現われていませんでした。セミナーSGA5に降り立ち、そこでまだすべてを学ばねばならず、そして首尾よく(しかも非常に速く)多くのことを学んだ、この「青年ドゥリーニュ」についての記憶は、不承不承であるかのように、省察の最後の段階でやっと出てきたのでした。私の数学の「小宇宙」の中に若いドゥリーニュが現われたその年以来、彼を私の学生の中に**数えない**(もし数えると、これほどすばらしい才能にめぐまれた人物に対する謙譲の義務を怠ることになるかのように)でおこうとする私の中にあった意図のため、ここ数週間前までは、通常「師ー弟」という対になった名称(私はこの名称を用いることを避けていました)によって表現されている、明らかな、実にはっきりしている現実を過小に考えていた、あるいはもっと適切な言い方で、全く無視していたのでした[3][P 104]。私から彼になにかがたしかに「伝達」されたこと、彼にとってと私にとってとではかなり異なった意味においてでしょうが、大きな**価値をもった**(彼にとっても、私にとっても)なにかが「伝達」されたということを私は忘れたかった、無視したかったのです。彼と私との間の数学上の密な接触のこの四年間に、私が伝達したものは、私自身の最良のものを投入した事柄、私の力と愛情によって培われた事柄――無条件に、そしてその価値を見積もることも、またおそらくその価値を本当に感ずることもなく与えた(と思います)事柄でした。

たしかに私が与えたものは、私を鼓舞してきた知りたいという情熱と共振する、彼の中の同じ情熱のための糧となりました――そしてまた私はずっとあとになってからしか感ずることが出来なかった、たしかにありましたが、私が無視しようとしていたこの「伝達」とまだ結びつけてみることのなかった**もうひとつの事柄**の糧にもなったのでした。別の言い方をすれば、私が与えたものは、**また**、私には見えなかった別のレベルで、魅惑的で汲みつくせぬ未知を探るための道具としてではなく、(はじめは)取って替わり、そのあと他の人に対する支配力、容赦のない「優越性」を築くための**道具**としても受け入れられたのでした。

発見したくてうずうずしている、わが友の中の「子供」に帰着されるものと、取って替わり、支配し(さらには圧倒し)ようとする、彼の中の「ボス」に帰着されるものとについて考慮してみることとさえなく、ただひとつの作品の中でいくつかのアイデア、技法、道具が持っている役割についてのずっと皮相な見地からなのですが――ここ六週間のあいだに思いがけなくわかったことは、私たちの出会いの年にスタートした、わが友の作品が今日に至ってもなおどれほど私が彼に伝達したものによって糧を与えられているかということでした。やがて十五年になりますが、私が数学の舞台を去るにあたって、私がこの弟子でない友人に与えた「少しばかりのもの」(だが彼の印象に残る最初の飛躍の中での役割を私ははっきりとみることができた「少しばかりのもの」ですが)は、出発点を超えてはるか遠くへと彼を導いてゆく飛翔のための最初のジャンプ台になるだろう、そしてそれによって彼は私の作品と私から**離れてゆく**ことだろうと私は想像していたのでした。これに対して実際に生じたことは、わが友は今日に至るまでなおこの出発点に**結びついた**ままであること、否認し、嘲弄をあびせながら、あるいは忘却に付しながら、同時に「利用している」この作品に結びついたままだということです。これは、父や母との葛藤を伴った結びつきであり、立ち去り、乗り越えることを運命づけられている人びとの軌道の中に無限にとどまっていて、世界との出会いへと飛び出す代わりに、彼の中にあるこの葛藤をはぐくむことを喜びとしている人の典型的ケースです…。

私の若い友人を、単に他の学生たちよりも才能にめぐまれているひとりとしてではなく、「特別な存在」として扱ったことにより――また彼に対する関係の中で、私が伝達したもの(そして私が彼の若い手に置いたこの事柄と**権力**…)の価値を過小に見積もったり、忘れてしまおうとしたことによって――私の中のこうした態度によって、私の知らないうちに、彼の中にうぬぼれと葛藤を私ははぐくんでしまいました。このうぬぼれも葛藤も私には見えないままでした。同時に私はある遊戯の中に入っていったのでした――あるいはむしろ、完全な合意にもとづいた二人の遊戯があり、「それをはじめた」のはどちらであったとさえも言えないかもしれません(こうした問いがある意味を持っているとして)。つまり私自身は「謙遜して」、この若い友人は誰かの弟子であるにはあまりにもすぐれているとして、また私が彼に与えることが出来たわずかなものは本当に語るに値しないほどのものだと考えて――そして彼自身は私という人間と私の作品から(私の別れの前から)一線を画し、(私のへつらいを含んだ目のもとで)彼を首尾よくはぐくんだ腐植土を否認しながら。

ばくぜんとした知覚がほんのここ一・二週間以来やっと現われてきた、この遊戯がついに明確にみえてきたのは、このノートを書きつつあるときにすぎません。また私の中のこの「謙遜」あるいは「慎み」は、あやまった「謙遜」、あやまった「慎み」であったこともわかってきました。事柄をあるがままに素直にみるという素朴さが欠如していたのです。この遊戯の中に、私の若い友人に対するへつらい――百倍にも繁茂した種子！――がありました。そして、もっと捕らえ難い、まれにみる「特に恵まれた関係」などを一種の土台として、私自身に対するへつらいがありました。(4)（おそらくあらゆる素朴さの欠如、あるいはこれに類したことは、結局は自己に対するへつらいであるように…）。

注 (1) このノートは、すぐ前のノート「一 掃」の注から生まれたものです。これはちょうど一か月あとに書かれたものですが、ノート「一 掃」の補足をなすものです。

(2) 少しばかりのことを除くと、ヴェルディエ、イリュジー、ベルトゥロ、ジュアノルーというコホモロジー専攻の他の私の学生のおのおのに対しても、同じ評価をすることができます――このテーマについては、ノート「連帯」とこれにつづく四つのノート（№85から№89まで）を見られたい［P 210―256］。

(3) （六月十四日）こうした意図は、四か月前に、ノート「イエスと十二人の使徒」（№19）［『数学者の孤独な冒険』、p 357］の中で、遂に彼について語る決心をしたとき、その語り方の中に実にはっきりとあらわれています（こうすることで、私と一線を画そうとしている人に対して、節度あるいは謙虚さの義務にあたかも私がそむいているかのように…）。

(4) 五月十日のノート「上昇」（№63'）と比較されたい［P 80］。そこではじめて私は、わが友ピエールに対する私の関係の中にあったへつらいというこの要素を感じ取りました。この知覚は、その日までは孤立し、断片的なもののままでした。これは、このノート「特別な存在」の中でなされた省察を通じて明確なものになりました。

13 青信号（四月二十七日） 68

実際のところ、セミナーSGA 5の奇妙な有為転変の背後にある意味について考えたことは一度もありませんでした。一九六五／六六年度の口頭のこのセミナーの進行は特別な困難を生みだしませんでした。ところが、あいつぐ、しばしば履行しなかった有志たちによる執筆は長引き、**十一年間**もかかったのでした[1]［P107］！。イリュジーが遂にこれを引き受け、プランのままになっているものを執筆し、すべてを出版することに取り組んだのは、一九七六年です。「そこには理解すべきなにかがある」と考えるようになったのは、今日がはじめてです（このセミナー以後やがて二十年になりますが）。多分そう考えたのは私ひとりでしょう…。

最初に浮かんだ考えは、このセミナーの多少とも積極的な、SGA1からSGA4までのその前のセミナーにもいくらかでも親しんでいる聴講者のもとで、彼らの上に一種の有無を言わせぬ津波のように押し寄せてくる、「グロタンディークリーズ」の波に対して、「**うんざりした**[2]」という現象があったにちがいないということでした［P107］。明らかに、いく人かの執筆者には、確信の欠如がありました。彼らは、一体どこへ向かっているのか、いやはやなぜ私がまる一年の間エタール・コホモロジーの基本的な形式的性質とこれに関連した新しい概念の一式全体をあらゆる方向で完全に把握するまでこれほどまでに検討しようと執念をもやしているのか、あまり理解していなかったにちがいありません。とくに未解決の問題と予想を述べた、セミナーの最後の報告（私の知るかぎりこれは一度も発表されていないと思います）も、オイラー――ポアンカレ型とレフシェッツ型の公式をさまざまな枠組みの中で検討している序論的な報告も、跡形もなくなっているということは、全般的な興味の喪失のとくにあざやかな兆候です。当時私はその時の仕事に熱中していて、この興味の喪失を感知したという記憶はありません（そのあとも、今日までは[3]［P107］）。

当初は私の他のセミナーのどれにも劣らないくらいの強い**統一性**を持っていましたが、その後執筆されずに過ぎた十一年間に徐々に**解体され**ていった（68'［P109］）SGA5の運命からみて、私が執拗に追求していた大きな企画、このために何年にもわたって私を助けてくれる腕を見い出すことが出来たこれらの大きな企画は、まったく共同の企てにならず、私個人のものにとどまっていたことを私に示しているようです。私のプログラムはそこここで一時的な協力を得ることができましたが、その時の私の学生のだれの中でも基軸をなすアイデアに――私と一緒に学位論文の中で追求したものよりもさらに広大なビジョンをもった、いっそう息の長い仕事を彼（女）の中に呼び覚ます力に――変化することはありませんでした。その学位論文の彼（女）の人生の中での主な役割は、彼（女）が選んだ数学者というこの仕事を学ぶことだったでしょうに。

あるタイプの問題について、あるいはある個々の道具を発展させるための特別な「協力」という枠を超えて、全体的にみて、ある全体的ビジョンを把握した（自分のものにしたとは言わないまでも）唯一の人はドゥリーニュだったと思われます。私が彼の中に「一学生」というよりも、うってつけの「相続人」をみていた（このことは一度も言葉で表されたことはありませんでしたが）のはたしかにこの故です。ここで「相続人」という語は、まずはじめに私にやってきた「継承者」という語よりも私が表現したいことをよりうまく浮き立たせてくれます。これは、受け取った遺産によって境界をつけられたある作品という考えを示唆しうるでしょうから。これに対して、私はこの「遺産」を、ある個人のビジョンの展開のために私がなすことができた単なる**寄与**として感じていました。その個人のビジョンは多くの他の寄与を糧とするでしょうし（実際私の別れ以前にすでにそうであったように）、またこれに先行し、糧となったすべてのものをやすやすと乗り越えることになるだろうと。

SGA5の悲しい運命にもどりますと、昨日私をかすめた考えは、とくにドゥリーニュの数学上の強い個性が私の学生全体に及ぼしたにちがいない影響力を考えるとき、この運命はおそらく、私と私の作品に対する彼の関係の両義的なあいまいさと無関係ではないだろうということでした[4][P108]。たしかに、彼は、口頭でのセミナーの統一性と勢いをなしていたものをそぎ落とした、このセミナーのノートをおそった有為転変の中に、心の底では利益を見い出したにちがいありません。しかしながら、省察をおこなってみるとき、この有為転変の第一の、基本的な原因は、参加者の中のただひとりの姿勢にあるとは**言えない**ことは明らかです。この原因はまだはっきりとは分かりませんが、いずれにしても、それはなによりも私自身と、**そして**一九六五／六六年にこのセミナーの執筆を受け持つことになっていた人たちに関わっていることには疑う余地はありません。たしかにそれは、彼らの私に対する関係の中に、あるいはまたおそらく、彼らにとって私が体現していた数学をおこなうあるあり方（あるいはあるプログラム、あるいは事柄についてのあるビジョン）に対する彼らの関係の中にあります。SGA5がもったこの運命は、いま私には、それを単に考慮に入れることさえできず、一度もまだ検討したことのない事柄、いまもなおかいま見るだけの事柄をあざやかに、執拗に**明らかにするもの**として現われてきます[5][P108]。おそらく、これらのくだりによって、この不運な集団的出来事の当事者たちのだれかが、このテーマについて彼（女）自身の印象を私に知らせてくれる気になることでしょう。

しかしながらおそらく現在の時点で、エピソードSGA5からひき出すことのできる教訓（少なくとも暫定的な）があるでしょう。このエピソードは、私が乗り出していた例の「プログラム」の、私の別れののちの、ほとんどすべての方向での劇的な**停止**をまず予示し、ついでそれをあざやかに示すものでした。私が六十年代の陶酔状態の中で多少とも信じたにちがいないこと（ついに私を助けてくれる有志を見い出したことで満足していました！）とは反対に、今日では、個人のもつ広大なビジョンを粘り強く、綿密な仕事によって具体化するということは、**集団的な**冒険または企ての性質をもつことができないことがわかります。あるいはむしろ、もし「集団的な企て」があるとしても、同一の人物のまわりでなされる十年あるいは二十年（さらには三十年）の仕事において実現されるようなものではないだろうということです。このビジョンがすべての人の共通の財産になるにちがいないとしても、このビジョンは、この先任者をおそらく名によってしか知らない（これも確かではありませんが！）他のだれかの日々の研究によって、必要性に押されたときにのみ、あちらこちらで体現されることでしょう。この先任者のビジョンは、彼の腕だけで具体化させるにはあまりにも広大なものだったのです[6]［P108］。

注　(1)　口頭での報告のための私の詳細なノートに基づく、このセミナー全体の執筆は、私には、せいぜい数か月の仕事にみえていました。

(2)　これは、ノート「教育の失敗（2）――創造とうぬぼれ」（No.44′）の中で取り上げた手紙の中で表されている「少しばかり茫然とした」ままだったという学生たちについてのこの印象とつながります［P2］。

(3)　（五月二十六日）受け取ったばかりの刊行されたセミナーの一部をめくってみたとき（それは刊行された年の一九七七年だったにちがいありません）、気分の悪い印象を持ったのを思い出したのは、セミナーSGA5に新たに少しばかり「かかわり」をもったあとでした。「損傷を受けた」というこの印象（当時それは、ばくぜんとして、言葉に表されないままでした）は、とくに、おそらくはもっぱら、序論的な報告と最後の報告がなかったこと、そしてとくに、ほとんど当然のように――――どうしてこれらを入れることにしたのだろう！と言わんばかりの、これらがないことが述べられているその無造作さによるものでした（と思います)(私はより詳しくながめるために多くの時間を費やさなかったにちがいありません。そうする価値は大いにあったでしょうに…)。私はあるレベルで「なにかを感じた」にちがいありませんが、それを意識にのぼせて、検討したのはやっと今月になって(7年近くあとに!)、ノート「虐殺」と、これにつづく二つのノート「遺体…」、「…身体」においてがはじめてです[P226―256]。

(4) (四月二十八日) この影響力の鮮やかな具体的兆候のひとつは、SGA5の刊行は、ドゥリーニュがイリュジーに積極的にこれにたずさわるようにというサインを送ってもよいと判断した時点――つまりドゥリーニュ自身がこれに取って替わることを目的とした彼の「ダイジェストSGA4½」のための基礎文献としてこれが必要となった**ちょうどその時点**であったことです。(このテーマについては、イリュジーによって書かれた、SGA5の序文の終わりを見られたい)。このことは、「SGA4½の存在は、近いうちにSGA5を**あるがままに**刊行することを可能にするでしょう」という この言明(一昨日、ノート「一　掃」(No.67[P93]))の中ではまだ「不思議な」と私が呼んでいた)の意味を明らかにし、かつこの意味の全体を教えてくれます。この「あるがままに」はここでちょっとしたユーモアであり、これを感ずることができ(一昨日からですが)、その価値を感知できるのはおそらく私だけでしょう!(もとのセミナーと比較して、刊行されたものが表している「解体」を考えに入れるとき)。

(5) この「事柄」はまさに、二つ前の注(3)で問題にし、ここ数週間の省察の過程で、とくに、一九七七年の刊行以来はじめて、十一年後につくられたこの虐殺版において、コホモロジー専攻の私の学生たちの手の中でこの「すばらしいセミナー」がどうなったのかをより詳しくながめる労を払った時点(五月二十一日)からやっと表面にあらわれてきたものです。

(6) (四月二十八日) たぶん「私の腕だけで」、私が六十年代のおわりごろ予測していた広大な研究プログラムを実現するに十分だったでしょう。ただ二・三十年間にわたってこのプログラムの奉仕者だけになるという条件でです。今日では私はこの道に従わなかったのは幸せだと思っています。それは私の道でありえたでしょうが、いまそのわなと危険性をはっきりとみることができる道です。

14 逆転 (四月二十八日) !68'

この解体の一例(他の多くのもののうちで[1]［P110］)として、SGA5の鍵となっている報告のひとつの運命について再び考えてみました。これは、ドゥリーニュ本人により、私の口頭での報告にもとづいて、執筆されることになり(一九六五年にこれ受け持ったのだと思いますが、十一年後にその約束を「果たし」たのです…)、SGA$4\frac{1}{2}$の中にまったく無造作に入れられてしまいました！それは、正規なスキーム上の代数的サイクルに関連したコホモロジー・クラスの定式のことで、このサイクルの台の中に「台をもつ」コホモロジーへ移行させることで容易に展開することができるものです。エタール・コホモロジーにおけるほとんどすべての構築(これらはまた他の多くの枠組みの中でも有用であり、そこで日常的に使われています)と同じく、私はこれを五十年代の終わりに連接的コホモロジーの枠組み(ここでは、ホッジ・コホモロジーとド・ラーム・コホモロジー、これらは、「抽象」代数幾何学の枠組みの中で、私のブルバキでの最初の報告のひとつではじめて研究されたものです)の中で展開しました。これは実に自然なもので自明なあり方でカップ積との通常の可換性を導くものです[2]［P110］。

このくだりを書きながら、私は、(SGA$4\frac{1}{2}$の中にこの非常に重要な報告を移すという)手品によって、つぎのようなすばらしい結果に達することができたことに気づきました。つまり、六五／六六年度のセミナーにもちろん参加していた[3]［P110］ドゥリーニュは、表紙にある、私の「協力者」の中に**入っておらず**(昨日、レクチャー・ノートNo.589として刊行されたこの巻「SGA5」をひもときながら、すでに強い印象を受けていた事柄です)、これに対して(セミナーから十一年たって)「ドゥリーニュの協力者」という姿をとる権利を得たのは**私**だということです。はっきりと言わねばなりませんが、ここに実にみごとな状況の**逆転**があるのです！このように知らないうちに私が協力したという、SGA$4\frac{1}{2}$の刊行の時点では、世に問う形での数学上の活動をすべてやめてから七年たっていました――したがってもちろんこのあわれなSGA5の刊行には全くかかわりませんでした。これは私にとって後に残してきたある過去に属していたのでした…。

(四月三十日)SGA5について言えば、いまこれは尾もなく頭もない(尾も頭も途中で失われてしまいました！)、少しばかり雑多な論文集のようにみえます。そしてこれは、SGA$4\frac{1}{2}$を参照することでやっと

「立ってゆける」ものにみえます。いまはじめて気がついた注目すべき事柄ですが、SGA$4\frac{1}{2}$という**名そのもの**が、この著作はSGA5に**先行する**ものであり、SGA5は**これを参照するかぎりにおいてのみ存在しうる**ということをみごとに示唆しています(4)［P111］。もしこの本の著者がもっとあいまいさの少ない態度を取っていたならば(5)［P111］、そしてSGAのシリーズの中の彼が役割を演じたところに彼の「ダイジェスト」（と「いくつかの新しい結果」）を挿入しようというセンチメンタルな理由に基づくものだったならば、当然出てくる名はもちろんSGA$5\frac{1}{5}$だったでしょう。

ここに第二の手品を見ることができます。これによって、SGA5を見舞った運命の中でドゥリーニュが演じた役割は、三日前にはまだ考えることができなかったほど重いことがわかります。これによってまた昨日述べた感情、つまりSGA$4\frac{1}{2}$はだまし取り作戦に**関係がない**という考えも取り消さざるをえません。もしだれも（イリュジーをはじめとして。イリュジーの誠実さはもちろん疑問の余地はありません(6)［P111］）この「操作」に気づかなかったとすれば、それはおそらくすでに確認することができたドゥリーニュの「影響力」によるものであり、またわが友の人間としての魅力によるものにちがいありません。この双方が彼をあらゆる疑いの外においたのです！

注

(1)（五月二十八日）私がこの「解体」を一巡してみようと決心したのは、五月十二日の省察において、つまりノート（より適切な名の）「虐殺」（№87）においてがはじめてです［P225］。

(2)（五月二十八日）連接の枠組みの中でのものについては、私のブルバキの報告№48（一九五七年五月）、§4を見られたい。五月八日のノート「すばらしい参考文献」（№82［P192］）の中で、私は、これらのアイデア、および同じセミナーSGA5の中でサイクルに関連したホモロジー・クラスに対して私が展開したアイデア（および他の多くのもの）が、このセミナーSGA5の存在についても私についても一言も述べることなく、J、L、ヴェルディエによって自分の利益のために取り上げられているのを見つけました。この操作は、「操作SGA$4\frac{1}{2}$」（これらは緊密に関連しあっていると思います）の一年前の一九七六年になされ、しかも一九六五／六六年度の母体であるセミナーSGA5のすべての元聴講者と参加者の目の前でおこなわれたのです。

(3)（五月二十八日）りゃく奪版のSGA$4\frac{1}{2}$の中で実にみごとに彼が記述している事柄を彼が最初に

聞いたのも、まさにこのときです！このテーマについては、昨日のノート「特別な存在」（No.67'）を見られたい［P101］。だがわが友は、彼の友人ヴェルディエの前年のやり方、および他の機会に彼自身がおこなったやり方と比較して、ここでは、疑う余地のないりゃく奪となる限界の手前のところにいます。私をサイクルについての報告の著者として示しており（たしかに、私を彼の協力者として示すことができるというすばらしい結果を伴ってですが）、また、エタール・コホモロジーの理論、跡公式などにおいて私がなにがしかのことをおこなったことを全く無視してしまう様子をまだとっていないからです。だが、この方向での決定的な進展については、ノート「弔辞（1）——おせじ」（No.104）を見られたい［暫定版P447］。

(4)　（五月二十八日）私の書かれた作品の中核部分をなしている、ひとつの全体のわかちがたい二つの部分であるSGA4とSGA5の間にSGA $4\frac{1}{2}$ をこのように「暴力的に挿入する」ことのより深い意味については、ノート「遺体…」（No.88）を見られたい［P253］。

(5)　（五月二十八日）この「あいまいな態度」という表現はここではもちろん遠回しの表現です！

(6)　さらにこの機会をとらえて、難破していたいくつかの報告の執筆を首尾よく完成させ、この「ぶあつい本」の刊行にまでもっていったその心づかいと献身に対してリュック・イリュジーに感謝したいと思います。しかもこれは私が全く関与しなかったことも加わって、たしかにあまり励みのある条件においてではありませんでした！

（五月二十六日）No.84から89までのノート［P202—256］において、とくにノート「虐殺」［P225］でおこなった、その後の省察に照らしてみるとき、イリュジーに対するこの気前のよい感謝は、巨大な、思いがけないコミカルな広がりを持っています。これらの行を書いているときには予感さえもしなかったことです！たしかにこれらの感謝を私の中のためらいに抗して書きました。このためらいは、とくにノートの「本文」の中に（すでに予定されていた）感謝の意を表すことを「忘れ」たことによって表現されていました。したがって私は注として「遅れを取り戻さ」ねばならなかったのです。このためらいはおそらくSGA5という名をもったこの本をはじめて手にしたときすでに感じていた不快感によるものにちがいありません。（そして、ここ数週間より前にはそれ以後一度もこの本を手にしたことはないと思います）。これは前のノート「青信号」への（五月二十六日という今日の日付がついている）注(3)［P107］において語った気分の悪い思いです。この注意のなさは、めい想においては、その時点そのものにおいて自分自身の中に生じていることに抜かりのない注意をすることがきわめて重要なことをあざやかに示しています。このような用心深さがなければ、ここでの省察は、めい想より下に、表面的な水準のままでとどまっていたでしょう——このためらいに対する注目によって私はその起源を探り、これからこのすばらしいセミナーがどうなったのかをも詳しくながめることになったのです（その後二週間たってやっとおこなったのですが）。

15　円積問題　（四月二十七日）　69(60)

十一・二才のころ、（マンドの近くの）リウクロの強制収容所に収容されていたとき、私はコンパスで図を描く遊びを見い出し、とくにコンパスを開いて円周上をくり返して移すと丁度出発点にもどってきて、円周が六つの等しい部分に分かれて、六つの枝をもつバラの模様が得られるのを大変喜びました。この実験的な確認から、私は円周の長さはちょうど半径の**六倍**であると確信していました。そのあと（多分通学することになった、マンドの高等中学（リセ）でだと思いますが）ある教科書の中で、この関係はもっとずっと複雑なものとみなされており、$\ell=2\pi r$、$\pi=3.14\cdots$となっているのをみたとき、この本は間違っており、本の著者たち（そして古代以来彼らに先行した人たちもおそらく！）は、簡単に$\pi=3$であることを示す、このきわめて単純な作図をしたことが一度もなかったにちがいないと確信しました。特徴的な例ですが、ある人（私に数学とフランス語の無料奉仕の特別授業をしてくれた、勾留されていたマリア）になぜ$\ell=6r$になるのかを示そうとした時点で、私の前任者たちの無知についての私の驚きを打ち明けたとき、私の誤り（弧の長さと、その端を結ぶ弦の長さを混同していたのでした）に気がつきました。

子供が、学校で学んだこと、あるいは本で読んだことをそのまま信用するよりも、自分の能力を信頼して、自分自身の知力に対して持ちうるこの信頼は、貴重なものです。しかしながらこれはつねに周囲から水をさされます。多くの人は、ここで私の挙げた経験は、子供じみた思い上がりの例であり、一般に認められた知識に従わねばならず——最後に諸事実がある種のコッケイさを明らかにするものだと言うことでしょう。しかし私がこのエピソードを体験したときには、落胆も、コッケイさの感情もまったくありませんでした。むしろ、新しい発見（あやまった式 $\pi=3$ としてせっかちに解釈したあとの）：ひとつのあやまりの発見という新しい発見の感じがありました。そして同時に、$\pi>3$ であるにちがいないということでもありました。明らかに、弧の長さは、二つの端を結ぶ弦の長さ**より長い**からです。そしてこの不等式はたしかに拒否していた等式 $\pi=3.14\cdots$ とうまくあいます。突然この式が道理にかなった様子をしているように見えました。それと同時に私はこのときこの問題にじっくりと取り組んだにちがいない、それほどバカ気ていない人びとが多分いたのだということをかいま見たにちがいありません。この時点で、私の好奇心は満足されました。これだけにひとつの文字を割り当てるほど重要だと思われる、この数の有為転変についてもっと知りたいと思ったという記憶はありません[(1)]。

この経験は、たぶん、私自身の知力が一般に受け入れられている知識と矛盾するように思えるとき、ある種の慎重さが必要なこと、つまりこのような状況は注意深い検討に値しうることを私に教えた最初のいくつかのもののひとつだったでしょう。経験の果実としてのこの慎重さは、知り、発見するという自分自身の能力に対する自然な信頼、そして私たちの中にあるこの力について原初の認識が与える自信と結びあい、（変質させることなく）補足するものです。

注 (1)（四月二十八日）これまでの想起によって、他のいくらかの記憶がよみがえってきました。それによると、この有名な数 π は、私が最初に思い出した以上に私の興味をそそったようです。ある本（前の本と多分同じでしょう）の中で見い出した近似値355／113は私の心を打ちました——これはあまりにもすばらしいものだったので、これが近似値にすぎないと信じるのが難しいほどでした！当時分数以外の数については知らなかったので、π を表していたこの既約分数の分子と分母が持ちうる様子に興味をひかれました——これはきわめて注目すべき数にちがいないと！円積問題についてのこうした子供っぽい考察にさらに深くわけ入っていかなかったのは言うまでもありません。

16 葬儀（四月二十八日） 70

知らないうちに、私の高名な元学生の「協力者」として私が載っている、SGA $4\frac{1}{2}$の表紙の話を昨夜ふたたび考えてみましたが、これは私にはあまりにもあり得ないことに見えましたので、もしかしたら私の記憶が間違っていて、しっかりと相談を受けたわけではないが、何も考えずに同意を与えてしまったのではないかという疑問が生じたほどでした。だがこの推測は、なお昨年まで私がとっていた態度、つまりなお私が数学を発表すること（そして、ましてやだれかの「協力者」になること、その上私との関係が当時すでに深いあいまいさ（両義性）を持っているように見えていた人物の「協力者」になること）は論外であるという態度とはあまりにも逆方向のものでした――それは「理由がわかる」と思われるというよりももっと「あり得ない」ことであり、私にとって結局は不思議なことでも、説明できないことでも全くないものでした！気がかりをなくすために、一応一九七六年から今日までのわが友からの手紙を調べてみました（大量にあったわけではないので、すぐに終わりました）が、もちろん、SGA $4\frac{1}{2}$の刊行についてはどんな言及もありませんでした。ともかく当事者自身にいく行かの手紙を書いて、私があまり「喜ばない」この「悪ふざけ」[1]について私に釈明したことがあるのかと尋ねました…［P117］。

三年前に数学上の諸問題に関してわが友ピエールと交流しつづける興味を失ったとき、彼に対する関係の中に生じた転換について三日前に省察の中で挙げましたが（ノート「二つの転換点」、№66［P91］）、そのとき強く生じたある印象を思い出しました。これを位置づけるために、まずつぎのことをはっきりさせなければなりません。つまり、その前の十年間、わが友は私にとって、唯一ただひとりの数学上の話し相手の役を演じていましたが、私は（彼に演じてもらっていたこの役割を当然のものとしていたのと同じく）、私が彼に伝える数学上の考察やアイデアを、それに興味を持つかもしれない数学者たちに今度は彼が伝えるという**リレー**の役を果たすだろうと期待していたのでした。他のところで説明しましたように（第五十節「ある過去の重荷」を見られたい［『数学者の孤独な冒険』、p339］）、私の散発的な数学活動の期間に、これらの活動を私自身を超えた集団的な冒険へとつなぐことで、ある激しい欲求の充足以上に深い意味を与えていたのは、このような話し相手――リレーをもっているという感情でした。これほど長い間、見つけたことを発表しようという願望の影を感ずることなく、さらに数学の舞台を私が退いたことについて悔恨の影を感じたこともなかったのは、多分この話し相手―リレーをもっているという感情にもとづくものだったでしょう。(さらに、このような悔恨は一度も現われたことはありませんでした。そして、何も意図するところなく、悔恨について考えてみる前に、この「舞台」に私は「再び現われ」たのでした！)。

だがわが友がこの期待にどの程度に応えていたのか私には分かりません――好奇心をもち、同時に愛情をもった共感を伴った、数学上の自由さを私に対して持っていたかぎりは、期待されたこの役割を彼が演じていたことはありうることです。そしてこの数学上の自由さは、数学者たちの世界との私の関係の中で(また、ある程度は、数学それ自体に対する私の関係の中で)彼が演じていたこの特別な役割を可能なものにし、実に自然なものにもしていました。一・二日前さきほどの問題を自分に提出したとき、(直ちに部分的な解答であるかのように！)ラリー・ブリーンからの手紙を受け取りました。それには一九七四年と一九七五年のさまざまな文通のコピーが入っており、この中に(私がドゥリーニュに対してピカール園(シャン)の定式について書き)、このテーマについて彼の意見を求めた手紙のコピーと一緒に、一九七四年のドゥリーニュの二行の文が含まれていました。そこには「師」という言葉で私のことが書かれています。そこに私は半ばからかい気味の、半ば愛情をこめた調子を感じます。一九七〇年の私の別れ以来、これ以外に、私がわが友に知らせた事柄について他の人から私に反響がやってきたという記憶はありません。私の数学活動のエピソードの間でさえも、わが友に相談する必要を感ずるのは比較的まれであったこと、一九七七年または一九七八年までは、時折彼に知らせていた考察は重要性の限られたものであったことはさておいても、こうしたことはあったが、私が忘れてしまったということは十分ありえます。したがって、この時点ころまでは、厳密な意味で、「リレーをしてもらう」ことは大してなかったのです(2)［P118］。

一九七七年に、一九六〇年代以後はじめて私が特別な豊かさをもつ事柄に非常に強く「引きつけられた」とき、事態は変わりました。それは、チャートについての私の考察および、そして徐々にですが(同じ頃に)正多面体に対する新しいアプブローチについての考察のはじまりでした(『あるプログラムの概要』、第3、4節をみられたい)。この時すでに、私のめぐり会ったばかりの事柄は、思いがけない見通しを開くものであり、私がモチーフという概念の誕生と共にかいま見たもの（このあと、それ以上のものになった）に比較できる広がりと深みを持っている見通しであることは私には明らかでした。

奇妙なことに、このとき、私は、私を感嘆させたこれらの事柄とこれによって私がかいま見たことに彼が耳を傾け、伝え広めてくれるという期待をもって、わが友に再び言葉をかけたのでした――ところが、すでに七、八年来、モチーフという名そのものを取りまいていた完全な沈黙は、この期待が幻想であることを私に教えるのに実に十分なものだったのですが！この驚くべき分別のなさは、私の中にあった（一・二年前にめい想を発見したあとだったにもかかわらず）、遠く、過ぎ去ったある過去に属しているものとみなしていた、数学あるいは数学者たちに対する私の関係にいかなる注意も払わないという姿勢をあざやかに示しています！しかしこの方向での[3]［P119］私の最初の省察はちょうど一九八一年にありました。それは、話す機会のあった、わが友に対する関係の中での第二の「転換点」をなす年でした。しかし数か月にも及んだこのめい想においてさえ、他の数学者たちとの関係についてはほんの少し触れただけであり、そして、なかでもすべての人の中で多分最も近かった（少なくとも、私たちの共通の情熱というレベルでは）人との関係については、私の記憶にあるかぎり、触れることさえありませんでした。だが触れていたならば大変有益であったでしょうに！

とにかく、振り返ってみるとき、そして現在の省察を通して、この時に起こったこと、（私が深い印象を持ったひとつの発見のまだ新鮮な喜びを分かち合おうと期待していた時点で、ひそやかな軽蔑が突然現われてきて）、実に驚き、フラストレーションを感じたことは当然起こるべきものだったことが明らかになります。彼の私に対する関係の中ではじめて**落胆させる**という反応を呼び起こしたにちがいないのは、まさに私が伝達しようとしたことの**重要性**、私の興味に合わせた関心が生まれるのを期待したその**重要性**だったのです。この反応は、この時点でSGA $4\frac{1}{2}$の刊行によって私はすでに「前段階の埋葬」がなされていただけに、それだけ強いものだったにちがいありません。その三年後に私が再びこれを持ちだしたときには、わが友は（絶対ホッジ・サイクルについての彼のすばらしい定理を武器にして）一年後に刊行された「記念すべき巻」[4]［P119］によって、正式の埋葬にたずさわる準備をしていたのでした。このとき、この同じ反応がとくに激しく現われました。(このエピソードは、数学上のレベルでのコミュニケーションに終止符を打ちました。とは言え、それは私を「落胆させる」ことはありませんでした…)。

この双方の場合において、興味の喪失は本物でした。別の場合に、私以外の人たちに対して表明されたときにも同じでしたから。彼の中に(あるいは他の人たちの中に)知りたいという渇望を無力化し、数学者の直観力にとって替わる外的な力を見たのは、これがはじめてではありませんでした。

一九七八年、ついで一九八一年のこの二つの機会に、私は、はじめて、稲妻のように、ずっと以前から知っているわが友の中の、この矛盾の「**代価**」をかいま見たのでした。彼の作品の中で、数学上の事柄についての彼の理解の中で、桎梏として、限界として現われるその影響力を私はこのときまでは一度もはっきりと見たことがなかったものでした。しかしその重要性が徐々に白日のもとに現われてきたのは、やっと、ここ一か月おこなった、私の別れ以来ひそかに生じていたある種の**埋葬**の意味についてのめい想の過程においてです。

顕在化したレベルでは、ここ数年来予感していたが、これに対して誰かに特別な役割を帰せることを考えてもみなかった、ここ最近の日々、ここ数週間に発見した埋葬は、まずなによりも**私の数学上の作品**の埋葬であり、そしてこれを通して、なによりも**私という人間**の埋葬でした。たしかにすべての人の中で、(他の多くの人びとが心の中で願っていた)この埋葬に取りかかり、名を与えられていないこの葬儀を取りしきる上で最もいい場所にいた人は、かつてすべての人の目に正当な相続人と映っていた友人でした。彼が葬儀を主宰したとしても、もちろんこの葬儀に加わったのは、彼ひとりではありませんでした！しかしもっと深いところでは、この十二年という長い間かかって、わが友がこうしてひそかに埋葬したものは、**彼自身**にほかなりませんでした。つまり彼の中にある、どちらかと言えば誰の心を打つものでもない、花や果物の香りのごとく微妙で、とらえがたく、値段のつかないものです。

(→71 [P119])

注 (1) (五月二十六日) わが友は私に返事をくれました。これで疑念の跡は全く消えました。彼が執筆し、SGA $4\frac{1}{2}$の中に含めた報告のために私を「協力者」にしたのでした——そしてこの報告の移動についても、「協力者」として私の名を載せたことについても、私の同意を得ることが有益であると判断しなかったこと、また「私が数学をおこなわなくなってから7年たっていた」ので、これほど私が協力したというこの巻を一部私に送る必要があるとも考えなかったということです。

（六月五日）いまコントゥーカレールの（五月三十日付の）手紙を受け取けたばかりです（遅くなってもこないよりはよいでしょう！）。これは私の本の中にSGA$4\frac{1}{2}$を一部みたことがないかと彼に質問した（気がかりをなくすために）四月十四日付の私の手紙に対する返事です。たしかに一部あったようです。コントゥーカレールが彼のところにそれを持っていました（ただし彼は自分でそれを買ったが、買ったことを忘れてしまっているのでなければ？）。他方では、ドゥリーニュの返事は、その一部を送ることは有益だとは判断しなかったことを確証しているようです：「たしかに、「SGA」$4\frac{1}{2}$を一部あなたに送った方がよかったでしょう。私は、あなたがこれに興味を持たないのではないかと考えたのでした」（五月十五日付の手紙）。

(2) 階層づきの構造の解体（ネジ抜き）の理論についての私の最初の考察は例外とすることができるでしょう。これについては、一九七〇年代のはじめ頃ドゥリーニュに少し話したと思います。彼はこのテーマについての私の見通しを、少しばかり何の疑いをも持たない大きな子供に対するような、寛大な共感をもって迎えました。（これは私に対する彼の関係の中でしばしば見られた態度です。そして、これはたしかに多くの場合理由のあることでした！）。しかしながら、私の知らないいくらかの野性的な現象についての知識にもとづく、わが友の懐疑は私を納得させませんでした——むしろ、彼が私に指摘した事柄は、このとき、「トポロジーをおこなう」ために通常採用されている「位相空間」という枠組みは、「管状近傍」のような、私が基本的なものだと感じている、いくらかのトポロジー的直観を弾力的に表現する上で適切なものではないと予測させるのでした。その後十年のあいだ、これらの考察に戻る機会はほとんどありませんでした。そして少しばかりこの「予測」を忘れていたにちがいありませんが、「タイヒミュラー塔」の「解体（ネジ抜き）」の理論の必要性に刺激された、一九八一年十二月―一九八二年一月の考察によって再び現在性をもつものになりました（このときには内的な確信となりました）。（このテーマと、『あるプログラムの概要』、第5、6節を対比していただきたい）。

（六月五日）もうひとつの例外として、（一般の基礎スキーム上の）仮想相対スキームと仮想モチーフについての私の考察を挙げることができます。これらについても私はドゥリーニュに知らせたという記憶があります。これこそは（一九八二年の発掘の時点まで）彼が埋葬することに決めていたある哲学（ヨガ）に緊密に関連した事柄だったので、私が彼に説明し、もちろん私を大いに喜ばせていたアイデアにひきつけられた様子をしなかったとしても驚くことはありません。これらのテーマに関するいくらかの指摘については、ノートNo.46[9]をみられたい［P24］。

(3) この考察については、「座をしらけさすボス――圧力なべ」（第43節）をみられたい［『数学者の孤独な冒険』、p319］。

(4) これは「レクチャー・ノート900」のことです。ノート「ある夢の思い出――モチーフの誕生」（No.51）をみられたい［P41］。

17 墓 *71

さて連想の糸にしたがって、話題から遠ざかってしまいました。話題とは、三日前から執拗にその思い出が戻ってきた、ある「強い印象」について述べることでした。この印象は、ある種の軽蔑の言辞（包み隠されていると同時に、明らかな容赦なさをもった）の兆候に私が直面することになった、わが友との関係におけるこの「転換点」の時点でのことです――これらの兆候によって、数学の平面での私たちの関係は終止符を打つことになったのです。このとき私はこのような関係をつづけることはもはや全く期待できない時点がやってきたことを理解しました。この「決断」は、この遅ればせの（きわめて部分的な）理解の最初の果実のように、分裂も悔恨もなく、自然になされました。

私の中には、怒りも、もちろん苦々しさもありませんでした。（私たちの関係を通じて、わが友に対して怒りの衝動や苦々しさを感じたという記憶はありません。例外として、高等科学研究所（IHES）との私の別れのエピソートの時点がありますが、この時は、こうした苦々しい感情を持ったのは彼に対してだけではありませんでした）。だが私にとって大切なものでありつづけていたひとりの人間との関係におけるこのひとこまの出来事を迎えて、ある悲しみがありました。このとき、私を彼に結びつけていた最も強い絆がやせ細り、消え去ってしまったのでした。そしてその後の数年間も突き刺さったままのとげのように、私がもたらし、彼と分かち合っていた喜びについての、解消できないフラストレーションが残りました。この喜びを分かち合うのに最も近く、最も良い位置にいると思われた人、そしてうぬぼれのため扉を閉じることになった人に対するものです。このフラストレーションは、いまおこなっているめい想によって、最終的に解消されたように思えます。今日では、このめい想は、私に対して、生じたことは当然生じたことであり、このフラストレーションに対して第一に責任があるのは私自身にほかならず、私が正常な能力を使って、めざめた目で、ある現実をみつめるよりも、この現実の幻想的なイメージに満足している方がよいと判断していたのだということを再び私に示しているのです！

この奇妙な印象が現われたのは、この悲しみを背景として、そしてまたある期待に対するこのフラストレーションを背景としてでした。この印象は、このとき省察（そのときはおこなわなかったので）の果実あるいは帰結としてやってきたのではなく、直接的で、拒否できないひとつの直観としてやってきました。数学の次元で私がわが友に伝えることが出来たすべてのもの、そして長年にわたって彼に伝えたすべてのこと、私が彼に託したこと、あるいはずっと以前に託していたものは、ある墓に対してだったというものでした。この印象について一度もだれにも話したことはなく、その後なんらかの省察の過程で文字にしたこともありませんでしたが、その時あったのはこの墓のイメージであり、（フランス語で）これを表現する語そのものであったことをはっきりと覚えています。そして今はじめてこの語を書いたのです。この「印象」あるいはイメージは、そのとき、ある理解の（いわば）視覚的表現として浮かんできたものにちがいありません。そしてこの理解は、あるレベルで、注意がそれを捉えることもなく、記憶がそれを記録することもなしに、月を重ね、年を重ねてゆくうちに生じたにちがいない知覚の全体の果実として、ずっと以前から形成されてきて、存在していたにちがいありません。おそらく実に単純で、実に明白な知覚だったでしょうが、私は「記憶に留め」ませんでした。それらは、私の中にあって、しばしば自分の好みにしたがってより分ける権能を持っているなにものかにとって望ましくないものに見えたからでした…。このときにも、そのあとにも、この有無を言わせぬイメージは、このイメージの方向にあり、私の中にこのイメージを生み出したある「出来事」のなんらかの具体的で、触知できる記憶と結びついてはいませんでした。この突然生まれたイメージの記憶は、そのあとまれにしか私をかすめることはなかったにちがいありません。そして少しばかりこれに気を留めたのは今日がはじめてです。

この時いかなる記憶もいかなる連想もなかったのは、たしかに、私がこれを迎え入れるためのほんの少しの余裕をもった姿勢もなかったということです。奇妙なことに、この時（ちょうどこの時期だったと思いますが[1]［P122］）数学に対する私の関係についてのめい想をおこなっていたのですが、いずれにしても、ある現在を通じて、ある過去についてかなり強く私に語りかけていたこのエピソードのために、私の省察の「糸」を中断して、このとき生じたばかりで、私の人生に少なからずの影響を与えた事柄の一部始終に関する考察をこれに含めるという考えは浮かびませんでした。

（このイメージを取り上げ、突然それはあらゆる記憶や連想とは結びつかずに現われたと言ったばかりの…）現在でさえ、生じた最初の（そして結局は唯一の）連想は、モチーフについての私の「夢」――とりわけ私の数学者としての過去において大切であった数学上のこのビジョンに待ちうけていた運命でした。もしこの過去がおそらくなお私の上にひそかな痕跡をとどめているにちがいないとすれば、それはたしかにこの夢によるものでした――そして（これらの行を書いているいまの時点でかいま見たと思える）このひそかな痕跡そのものは、言葉を超えて、この夢の力を持っていました。言葉で表現されていない、深いフラストレーションが、過去の自己投入、数学における熱のこもった自己投入の遺産として、ここ十年のあいだに現われえたとすれば、それは、私にとって生きたものであり、また白日のもとに飛び出してくる用意がすでに整っている生きた、力強い事柄として、わが友に託したこれらのものをとりまいている死の沈黙をみることからくるフラストレーションなのでした！私が去ったあと、この開花に気を配り、ただひとり（私と共に）心の中で感じ取ったにちがいないものをすべての人の手の届くところに置く力と使命を持っていたのは、彼以外にはいませんでした。そしてこうした言葉でも別の言葉でも一度も言ったわけではありませんが――（私の思い出すかぎり）たとえ一瞬でも私が残していった事柄の運命について一度も考えてみたことはありませんでしたが――私の中のどこかで、年を経る中で、つねに私にとって大切でありつづけていたこの夢、これを託したのは「墓」に対してであったことを理解したにちがいありません。

そして突然、この想起と、これが私の中にひき起こしたこの最初の連想を取り上げると、この軌跡の中に他の連想があふれ出てくるのが見えます。それは、私がたしかにある急所に触れたことを明らかにしています——おそらく、とりわけこの点を通して（長い間知られずにいた）私の数学者としての過去の重みが働いているのでしょう。

　だがここはこれらの連想にしたがってゆく場ではないと思います。私の省察のこの「最後の」段階は、すでに長くなりすぎはじめていますから。わが友ピエールについても、モチーフについても、この省察の中でかなり多くのことを述べたと思います——多くの人にとってはもちろん多過ぎさえしたでしょう！そして、ある二重の埋葬についてのこの省察がさしあたり私に教えたことの一種の**評価**をすることで、これらのノートについては、それを閉じる時だと思います。

注(1)（六月十一日）つき合わせをしてみて、たしかにそうであることがわかりました。この「第二の転換点」は、一九八一年の後半にありました。

VI 全員一致——事態の回帰

1 小細工の中に足　（四月二十九日）　72

……………………

……[1]［P125］。

いまたずさわっているテーマについて、なさねばならなかった叙述と明確化の仕事の基本は、ある状況についての「部分的なイメージ」に関することでは、なしおえたと思います。（また、発表を目的とした、これらのノートでは、もちろん実際におこなった仕事の要約しか与えていません。あれこれの部分的な「イメージ」の形成へと収束していったすべての要素をことこまかに挙げることはここでは問題外でしょうから…）。またもちろん、この同じ仕事によって、ある種の全体的イメージが、まだ不鮮明だとはいえ、まちがいなく形成されました。それは、形と生命をもち、それが私に言わねばならないことを私に告げるために形式をととる用意ができているものです。昨日の省察以来、このイメージはすぐ開花する用意ができており、その口添えをするようにと私を仕向けている感じがします。

実際のところ、昨日の省察（いましがた読みかえしたばかりですが）が私にとくに教えたことは、**私以外のだれにも関わるものではない**ということです。この省察が私自身についての省察というしっかりした場に戻ってきたのをみて、ある心の安らぎを覚えます。一週間前から、それは私自身よりも他の人を多くひき込んでいるという感じを私にしばしば与えていたのです。昨日の省察はたしかにきわめて明白なひとつの事実をついに私に明らかにしました。つまり、ある過去に、私の「数学者としての過去」に対する私の執着の力であり、またこの中で例のモチーフについての「夢」が演じた特別な役割です。

ひとたびこのことがはっきりと表現されると、その証拠は一目瞭然です――おそらくもっとも最近の、最も明らかな兆候は、ある「出来事」の（二年後の）発見、私の元「学生」―友人の指導のもとで、数学の動物小屋の中へのモチーフの「ひそかな」（遅まきの）この「回帰」によって呼びおこされた感情です！この感情は終わったと思われた省察を再びはじめるという形となってただちに現われました――この再開はたちまち50ページにわたる一連の過去をふり返る省察として具象化されました！その結果、一・二か月前に、この段階が――「私は他の人たちよりすぐれていたわけではなかった」、そして「学生が師を乗り越えたとしても驚くべきではない」という教えと共に――私にもたらした、段階の最後の、（幻想では全くない）解放の感情からくる歓喜の中で私が信じたほどには、まだ「小細工から抜け出して」はいないように思われました（この確認はこの時ならぬ再開の過程ですでにいく度も私にやってきたのですが）[2]［P125］。この教えにもかかわらず、私には驚くことがあります――この「学生」は、私が全く予測していなかった方向で私を乗り越えているのだということで十分だったのです！だが教えにもかかわらず、「私には驚くことがあった」としても、いくつかのわな（あるいは、少なくとも、これらのわなの**いくつか**）から私を守ってくれたことで、これまでの省察の過程で一度ならず、この教えは私にとって貴重なものだったのです。

モチーフについてのこの夢に対する私の執着の力、この「痕跡」の力に戻りますと、それはすでに本書の多くの場所において、また『収穫と蒔いた種と』の［第一部の］中でも（そこではいく度もモチーフのことがかなり明瞭な言葉で取り上げられています）、また『あるプログラムの概要』においても（そこでは「客観的には」モチーフは何の関係もありませんが）、あるいは『テーマの概要』の中でも（ここでは、モチーフは、一群のたくましいひよこの中にまぎれ込んでいる、だかれていない卵の姿をとっています)現われています。最後の『テーマの概要』――これは十二年前に、みるからによそよそしい態度で書かれていますが――の中では、モチーフについての最後の節だけは、突然熱が入っているような感じがします…。

注目すべきことは、この執着は、私の別れ以来この十四年の間、昨日その証拠をかいま見、そして今日遂にそれを表現するまでは、一度も現われなかったことです。やがて三年になりますが、めい想の過程で（一九八一年七月から十二月まで）、ある基本的な、明白な事実、つまり私の中に数学に対する情熱が存続していること、それは過去の何年にもわたってあざやかなあり方で表現されていたことが確認できました。しかしある過去への執着は、思い出すかぎり、この時注意をひかずに過ぎ、今日まで残っていたのです。

だがこの執着を私は省察「ある過去の重荷」[『数学者の孤独な冒険』p339]をおこなう中でかいま見はじめたにちがいありません。それは、私の数学者としての過去についてのめい想がすでに終わりに近づいているると思われた（まだこの過去の**重み**を感じ取ることは出来ていなかったのですが！）ときに、気がかりをなくすためであるかのようにやってきたのです。また確かにそれを書きながら、まだ事柄の表面にとどまっていて、本当にそれらの中に入り込んでいないと感じていました。そのあとで付け加えることになったノート（まずは(46)、(47)[Ｐ6、25]）は、そのとき、私をしばらくの間私自身から遠ざかる方向へと導いてゆきました。そして私の注意を、私自身のことよりも、ある数学作品に（そして、この作品の中で最も「重要だ」と思われる側面に）、それからこの作品の有為転変とこの中での他の人の役割に引きつけました。

いまこの省察「ある過去の重荷」（第五十節）を読みなおしてみました[『数学者の孤独な冒険』、p339]。この省察の終わりごろに、（散発的なものとはちがった数学への自己投入へ向かっての）「逆転の力」は、（数学者としての）「過去への執着」のなせる業であるらしいことを、たしかにかいま見はじめています。だがそれは、「ここ最近の十年の過去」、つまり「一九七〇年以後の」過去に対するものであって、すでに書き上げられた事柄、仕上げられた事柄、一九七〇年以前の事柄の過去に対するものではありませんでした。だがもう少し下がった行で、「当時私の目の前にあった広大なプログラムの中の…ほんの小さな部分だけが実現されている」ことをほんの「通りすがりに」ですが想起しています。これらの行を書きながら、とくに私は、この

「広大なプログラム」の、直ちに実現できる部分について考えていたにちがいなく、その動機づけの強さ(!)は、「モチーフについての夢」が表現していた部分に達することからはずいぶん隔たったところにありました。(こうした部分についての説明(その表現形式を言っているのでは全くありません…)は、当時「地平線上にみえている」大きな仕事のひとつとして現われていたものでした…)。

「モチーフについての夢」に対する私の執着は、(おそらくすべての執着と同じく)なによりも(もっぱらそうだとは言わないまでも)自己を中心にした性格を持っていることは明らかです。それは、集団的な作品に**寄与したい**という願望だけではなく、さらにこの寄与が世に**認められる**のを見たいという願望でもあります。たとえ「モチーフについての広大な光景」が、一九六〇年代の末に私がみていた広がりにおいてみごとに描かれたとしても、このビジョンの開花の中で私が果たした役割が沈黙に付されるならば、私の不快感は、この「記念すべき著作」を知ったときに感じたものよりも小さいとは多分言えないでしょう(おそらくもっと大きなものでしょう?)。(この「記念すべき著作」の中に、私が引き出し、日の当たるところに導いた、いくつかの概念やアイデアが再び取り上げられているのが見られますが、(少なくとも私の感ずるところでは)それには私があれほど魅惑された息づかいと強い生命が見られません)[(3)]。

遠い、あるいはより近い私の数学上の過去のこれらの事柄が「認められる」のをみたいという、この自己に集中した願望がなくなってしまわないかぎりは、私が「こうした小さなことから脱却した」と主張するにはおそらくまだ機が熟していないでしょう。この数学上の「小細工」は、かつて私がそうであったようには、そして私の友人たちのいく人かをそうしているようには、いまはもはや私を**閉じ込めて**はいません。しかしたしかに私はこれになお片足をとどめているのです。そして数学をおこなうことに関わっているかぎりは、この足はそこにありつづけるのではないかと思います!

注

(1) ここでめい想一般についての考察をまる一ページ除いたことを読者は許して下さると考えました。この考察は、遠回しに表現するひとつのあり方で、テーマの核心に入ってゆくことに対する抵抗のしるしでした。

(2) 第41節「小細工の終わり!」をみられたい[『数学者の孤独な冒険』、p310]。

(3) (六月十四日)この「不快感」はなによりも、

取るに足りないものとみなそうとしているあるつながりに対する公然とした軽蔑という印象によるものにちがいないと思われます。日常的に生じていることですが、人が発見したアイデアや結果が他の人によって再発見されたときには、状況はこれとは全く異なったものです。

2　事態の回帰（無礼な言動）（四月三十日）　73

さきほどセミナーSGA5の運命と、この運命が、SGA$4\frac{1}{2}$の刊行と関連しているそのあり方について再び考えてみました。いままで漠然としており、ここ数日の間に、通りすがりにちらちらと見ながら検討したにすぎなかった状況が、いまきわめて明確にみえてきました。三日前の省察（ノート(68)「青信号」をみられたい［P104］）にこのテーマについての注[1]［P131］を付け加えました。一昨日すでにおこなった解釈（これも注において）によって、また昨日の省察（ノート(67)「一　掃」［P93］）によって、十分明確に説明しましたので、いまやあざやかに見えている状況について要点を繰り返した全体図を再びつくる必要はないでしょう[2]。［P131］

この点に至ったので、SGA5をおそったこの「悲しき運命」と、ある放置の状態がこのように利用されたことに対する第一の、主要な責任は、私自身にあることを確認することは重要だと思います。さまざまな「有志たち」（本当にそれをおこなう気がないままに、執筆を受け持った）が、彼ら自身はっきりと分かっていなかったとしても、私も分かっておらず、事態を手中におさめて、その時私にふりかかってきていた執筆の仕事を自身でおこなう代わりに、実にあざやかであった状況から教訓を汲み取ろうとせず、確信をもっていない「協力者たち」を頼りにしていたのです。結局、口頭でのセミナーが終わったときから、数学の世界との私の別れまでに、まる三年がたっていました（この私の別れは、ただちに、それにつづく十四年間、私は、私の発表された作品に対して実際上まったく無関心になるという形となって現われました）。たしかに、この三年の間、私は他の仕事にまったく忙殺されていました。それは、セミナーSGAの継続（SGA6とSGA7）、EGA［代数幾何学の基礎］の執筆、日毎に生じてくる、多くの場合味わい深い問題についての考察であり、これらの問題の中には、モチーフについての全体的ビジョンの徐々の成熟がありました…。これらの仕事に夢中になっていて、終わったセミナーの運命に目を閉じることにしていたのでした。このセミナーは(前年のSGA4と合わせて)、完全に成しとげられた仕事の範囲で、私がもたらすことが出来たもっとも深い数学上の寄与であり、おそらく最も広大な影響力をもつものでもありました。

戻ることのない私の別れのあとは、この状況はさらに悪化するばかりでした。そして私の元学生の中で最も威信のあるものが、SGA4とSGA5というナンセンスと不必要な細かな点からなる夾雑物の間に彼の例のSGA$4\frac{1}{2}$を挿入するというこの巧みな操作を許し、(彼の魅力をなしている純真さでもってそう言っているように)それを取り巻いている重苦しい夾雑物を思いやりをもって「忘れ」させることを目的として、中心的な鍵となる著作として提出されているもの[SGA$4\frac{1}{2}$]の協力者として私を昇進させるという栄誉を私に与えることを許したのでした…。

要するに、私の別れの前に、そして別れによって、私がおこなった選択は、発表された私の作品の運命にさまざまな結果をもたらせたのでした、またおまけに(SGA5には)刊行の間際に、夢の状態のままであった私の「作品」の部分にとってと同じように、**発表されていない**夢となる運命をもたらしたのでした。私の選択を残念には思いません。今日この選択によってもたらされた、私の好みに合わないいくらかの結果を認めても、嘆こうとは思いません!これとは逆に、私のなさねばならないことは、これらの結果を検討すること(それらが私を不快にするだけにますます!)、諸事実の全体的イメージを作ること[3][P131](これはすでになされました)、そしてそれらが私にもたらしうる教訓を引き出すことです。私がなおなさねばならないことは、これです。今日の省察は多分ともかくもこの方向での第一歩となるでしょう。いくらかの関連づけがこの数日来私の中でなされました。これをまず文章にしたいと思います。

一九六〇年代という最初の時期に、一般に私が学生たちに求めた自己投入の背後にあった主な力、「駆り立てたもの」は、私の直観が(少なくとも私の数学についての見方において)緊急性があり重要だと私に指し示していた「**仕事**」を実現するために「**腕**」を見い出したいという願望でした。この「重要性」はたしかに純粋に主観的なものではありませんでしたし、単なる「趣味や好みの色」の問題でもありませんでした。多くの場合、私が提出したある仕事を自分のものとした学生は、これが「重みのあるもの」であり、またおそらく、より大きな構図の内部でそれがどんな位置を占めているのかをはっきりと感じ取っていた(と思います)。

しかしながら、これらの仕事の実現へと私を押しやっていた私の内部のこの「駆り立て」、この動機の力について言えば、そこで働いていたのは、ある「客観的な」重要性ではありませんでした——フェルマーの予想、リーマンの仮説、あるいはポアンカレの予想の「重要性」については、私は全く関心がありませんでした。これらを本当に「感じ取った」ことはありませんでしたこれらの仕事に対する私の関係の中で、他のすべてのからこれらを区別していたのは、それは**私の**仕事であり、私が感じ取ったもの、自分のものとしたものだと言うことでした。これらを感じ取ったということは、微妙で深い仕事、創造的な仕事の帰結であり、これらの仕事によって、ある仕事あるいは別の仕事の対象となった中心的な概念や問題を浮き立たせることが出来たのだと言うことを私はよく知っていました。これらの仕事は私の人格の一部分であったし、おそらく(かなりの程度で)今日でもそうありつづけているでしょう。これらの仕事に私を結びつけていた(あるいは今日もなお結びつけている)絆は、ある仕事をひとりの学生に託したときに、切られてしまうものでは全くありませんでした——その反対に、この絆は新しい生命と新しい活力を獲得したことでしょう!この絆は言う必要のないものでした(ここでは、このことを、たとえ私自身に対してだけだとしても、はじめて「言う」ことにします)。この絆は、自分で選んだある仕事に関して、私と一緒に仕事をすることにした学生にとっても、私にとっても、また(私はそう確信していましたが)他のすべての人にとっても明らかでした。これは、ある事柄を着想した人とこの事柄との間の深い絆であり、——これを着想した人のあと、この事柄を「彼らのもの」とし、これに彼らの中の最良のものをもたらす人たちによってゆがめられるのではなく、強められるもの(だと思われます)。

これは、私が一度も注意深く検討したことのない絆です。これは「私」の中に深く根づいているものであり、かつ普遍的な性質をもっているものと思われます。これは、人がこうした小さなことを超えているかのように、時折無視するよう装っているつながりです——また私もこうした装いの中に入り込んだということさえありえます(4)[P131]。ここ数年の間に(あるいはここ数日間、数週間に)(別の人によって、あるいは私自身によって)なされたこうした仕事と私とを結びつけているこの絆(彼はこれを知っている)を知らないかのように振る舞う態度がこの人の中にあるのに直面すること、あるいは単に示されるだけで、ある敏感な場所に触れられることがいく度かありました。この場所を「虚栄」や「うぬぼれ」と呼んだり、また別の名称を付けることもできるでしょう――これらの語がここではそぐわないとは言いません――しかしそれに付す名がいかなるものであれ、これについて語ったり、私があるがままであることに恥ずかしいとは全く思いませんし、私の語っている事柄はもっとも普遍的なものであることも知っています！多分ひとの「自分の作品」に対するこの執着は、人によって同じ力であるとはかぎらないでしょう。私の人生において、「なにかをなすこと」は、子供時代から私の大きなエネルギーの投入の絶えざる焦点であったし、この絆は強かったし、今日でもそうです。

したがって私の学生たちに対する私の関係を活気づけていた主要な力は、私が彼らの中に「私の」仕事を実現するための歓迎すべき「腕」をみていたことにあったと言うことができます。この表現はシニカルにみえるかもしれません。ところが、たしかにこれは私の学生たちによっても、私自身によっても感ぜられていた、明らかなある現実を表現しているのです。それが「私の」仕事であったという事実は、彼らがそれを「彼らのもの」とすることを全く妨げるものではありませんでした――そして彼らの中にあるエネルギーをこれらの仕事の達成のために動かしたのは、彼らの中でのこの仕事との一体化でした。この同じ仕事との一体化が私の中でエネルギーを動かしたのと全く同じです。この私の中のエネルギーがこの仕事を生ませ、形をとらせたのでした。そしてこの一体化が、このテーマの中で投入しつづけるエネルギーを動かしつづけたのです。このエネルギーは、私が「師」として、つまりひとつの仕事（ひとつの芸術でもありますが）を教える年長者として「機能」しうるために不可欠なものでした。そして、この機能はかなりのエネルギーを動かさないではおこなえないものです。同一の仕事が、私と一緒に仕事をしていた学生にとって深く「彼のもの」でありながら、同時に深く「私のもの」でもありつづけているというこの事実の中に、ある矛盾を感じたということは、私の教育者としての過去において一度もありませんでした。この状況がある葛藤を伴う性質のものでは全くなかったとか、これがこれに伴った紛争を生む意志が生ずる機会を与えなかったとは思いませんが[(5)][P132]。同一の仕事に同時に自己投入し、それと一体化しているというこの状況の中において、その学生も私自身も、実に明確だった仕事の関係の中で、私たちの利益を見い出していた(と思います)。そしてこの関係自体はまったく紛争の要素を含んでいなかったと(今でも思っています)。これに対して、厳密に個人的なレベルでは、この関係は表面的なものにとどまっていました——それでも心のこもったものであったり、友情にみちたものであったり、時にはさらに愛情のこもったものであることを妨げるものでは全くありませんでした。

私の仕事に対する投入は、そして**これらの仕事を通して**、これらの仕事のための私の学生―協力者たちにおける投入は、(すでに述べましたように)自己に集中した性格をもっていました(おそらく、すべての自己投入におけると同じく)。たしかにこれらの仕事の実現は、とくに、「私」にとって、「私の腕だけ」では完成にまでは持ってゆけないほどに大きな規模の作品の全体を実現することによって、自己を大きくする一手段でした。私の数学者としての人生のある時点から、「**子供**」と、この子供の知り、発見したいという渇望、かいま見たり、詳しく調べた事柄に対するこの子供の感嘆と、他方では、**自分の**作品を喜び、作品を積み重ねることによって、あるいは壮大な規模の全体的構築を執拗に、絶え間なく追求することによって、自分を大きくし、自らの栄光を高めるのに熱心な**私**、「**ボス**」との共存、これらの間の緊密な相互浸透という恒常的なあいまいさがありました!このあいまいさの中に、私は、私の人生の上に重くのしかかっている、そして私の人生に深い刻印を押しつづけているある分裂をみるのです——この分裂はおそらく私が生きているかぎり残っているでしょう。たしかにこのような分裂は、私個人に固有のものではないでしょうが、おそらく、「最良のもの」と「最悪のもの」にみちた私の人生においては、この分裂は、他の人たちのもとにおけるよりもずっと極端な形をとったのでしょう。

したがって、自己を大きくしようとし、前に出たがっているこの「私」(これはその場にいる唯一のものではありませんが、そこにたしかにいました!)にとっては、私の学生たちはなによりも、「道具」とは言わないまでも、歓迎すべき「協力者」だったのです——「私の」栄光を表すことになる堂々とした作品の構築のための歓迎すべき「腕」だったと言うことができます![6] [P132]。このことはすでに三年前の私の数学に対する(そしてさらに、一般に「なにかをおこなうこと」に対する)関係についてのめい想の過程でかなり明確に現われていたことだと思います。たとえその後少しばかり忘れてしまうことがあったとしても。このことは、この数日間、もうひとつの注目すべき事実と近づけてみることで、私の考えの中に浮かんできたことなのです。もうひとつの事実とは、まさに当時の私の学生(カッコ付きでも、カッコなしでも大したちがいはありません！）のひとり、なかでも私に最も近かった人、そして私を絶え間なくその実現へと押しやっていたと思われる、私の中にあったこれらの大きな構想をその全体において、苦労せずに「感じ取ってもいた」唯一の人によって――私の別れのあと（そして心の中では、おそらくその前から…）年月を重ねる中でこの**作品**の大きさに見合ったこの**埋葬**が実行され（ここでの強調は過度なものではありません！）、ついには「**葬儀**が取り仕切られた」（ここでも、適切な重みをつけるために強調しました！）のは、とりわけ彼によってであるということです。

　この状況の中で私の心を打つのは、ユビュ王［ジャリの戯曲「ユビュ王」の主人公］のような、巨大な、抑えがたい事態の**コッケイさ**です！このコッケイさを私はここ数日ばくぜんと感じていたにちがいありません。しかしその真の性質が明らかになったのは、ほんのいましがた、私の盛大な葬儀を大文字に（強調）したときです――このとき突然、あらがいがたく大きな笑いがこみあげてきました！現在まで省察のこのいわゆる「最後の」段階の中に欠けていたのは、まさにこの**笑い**です。これまでの省察の基調は、どちらかと言えば、悲しみにみちた様子が皮肉っぽい、うまく言いあてた解説（このように表現する習慣があってもなくても！）に席をゆずっていない場合には、その正当な（さらには大変な思いちがいの）期待の中で大いに失望している「上品な紳士」の悲しげな様子でした。悲しげな調子の長い脇道（この脇道という語は私に何かを想起させます…）のあと、再び良い道の上にいることをはっきりと感じます。

　そしていま終わるにあたって、この「ノート」（このノートは何についてのものなのかよくわかりませんが、それはどうでもよいでしょう…）に自然に名が生じました。それは「**事態の回帰**」です。

（→74［P132］）

注

(1) あまりにも長くなりすぎたこの注は、独立したノート「逆転」（No.68'）となりました［P109］。

(2) しかし私は五月九日とそれにつづく日々にここに戻ってきました。ノートNo.84―89をみられたい［P202～256］。

(3) （五月二十八日）ここは「私の知っているかぎりでの諸事実についての」と読んでいただきたい。その翌々日、全く予期していなかった新しい事実が、埋葬についての省察を再開させ、これに関連したノートの大きさを三倍にしました。

(4) たしかなことは、私は、厳格さを伴ったイメージとは反対に、この種の事柄を知らないふりをすることからなる「上品な調子」にしたがっていたのです！

（五月三十日）この絆については、ノート「…そして身体」（№89）をみられたい［P256］。

(5) もし、ある状況に押されて、私の学生のひとりが、私と一緒におこなった仕事の中で、私が果たした役割を隠してしまおうということがあったとすれば、それはずっと前から、もはや学生の立場ではなくなっていた時点でなされたものです。

(6) 私はこの文をある種のためらいをもって、そして遂に仮面を脱いだ恐るべき特権的知識人の一種のシニカルな告白として把握されうることをよく知りながら、語を慎重にえらびました！しかしやっかいな魚をおぼれさせ、自由に振る舞いたがっている人を抑えることはできないことを、私はよく知っています。それでも、私は、明らかな事柄を発見し、述べるという私のテーマを追求するばかりです。この明らかな事柄には、自分自身の中にあるものをみるという労を一度もとったことのない人を驚かせるにちがいない、すぐ前に書いたささやかな真実も含まれています。

3 全員一致 *74

とうとう――ウフ！――この「最終段階」のおわりに触れたと感ぜられます。これは、（以前と同じように）毎日が「最後」だと思われながら十二日にわたって延々とつづいたのです。おそらく、ほんの数分前に、やっと結末の語が述べられたのでしょう。私の（象徴的な）埋葬は、**ある事態の回帰**、私自身の手によって蒔かれた種の収穫だったのです。（そして私の本当の埋葬――もし私を埋葬することが出来る男や女を私のあとに残しながら死ぬという幸せを得るならば――は、また私が生まれたときに別れた事柄への回帰ともなるでしょう…[1]［P137］）。さらに付け加えることがあるとすれば、もはや**エピローグ**の素材しかないと思われます。

例の「とりわけ大切であった学生」は、私の大切な学生たちの中で、熱心に私を埋葬した唯一の人ではありませんでした。そして自らすすんで手を下した人たちは、おそらく、彼らの中の嘆くこともなく葬儀に列席した人たちだけではないでしょう！だが、誰がそうで、誰がそうでなかったかを知ることは、結局のところ、私には重要なことではありません！（これについてもう少し詳しく知ったとしても、それだけのことであって、もはや私は何もそこから学ぶことはないでしょう)。私はついにこの「事態の回帰」をよく理解しました。そしてこれを理解したあと、私はこれからの恩恵を受け取るのです。

しかしながら、私はなおこの恩恵が私に与えてくれるすべてのものを引き出してはいません。いく人かの元学生がこの埋葬と葬儀に利益を見い出すようにさせたのは、正確には私の中の**何であったのか**、私にはなおはっきりとは分かっていません。それはただささきほど話した［自己を大きくしようとする］「渇望」だけだろうか？これは、私にあって、他の「ボス」とそれほど異なっている(とは思えないが)、彼らが私と一緒に新しい仕事の第一歩をふみだしたとき、(少なくとも意識のレベルでは、おそらくこれに注目することもなく)困難なく適応したものではないだろうか？このとき「好機」(私の別れなど)があって、これが「悪事を働く誘惑の種」となり、また「とりわけその学生」におけると全く同じく、彼らにおいて、状況が好都合なときに、その「師」あるいはその「父」を埋葬しようとする**全般的な傾向を明かす**ことになったのだろうか？またたぶん私は生来の性格よりももっと「師」(あるいはもっと「父」…)らしくあって、この状況が全体として、この「埋葬シンドローム」を引き起こす役割を果たしたのだろうか？！いまのところ私にはわかりません！おそらく私が受け取る反響(これを望んでいますが)によって、私はこれをもっとはっきりと見ることができるでしょうし、私のテーブルに並んだ思いがけないこの食べ物をよりよく吸収することができるようになるでしょう。

埋葬と葬儀に人目につかないように控え目に参列した学生はいませんでした。もっとも(私の知るかぎり)元学生でない人たちはだれもそこで際立った役割を果たす位置にいなかったのですが。みるからに私の古い友人たちの多くは、そこに利益を見い出しました。さしあたりこのことは私にはそれほど不思議には思えません。通りすがりに述べる機会がありましたように、数学の舞台との私の時ならぬ別れによって、私の昔の友人たちのもとで生じた深い居心地の悪さをいく度も認めることができました。深い再検討、ある再生への**扇動**としてばくぜんと感ぜられるものが呼びおこしたのは、この居心地の悪さです。こうした場合、当然ながら、数学者たちの間でのこの居心地の悪さは、私の友人たちの中で、私を知っていて、ずっと彼らのもとでありつづけている諸価値の中で私がおこなった自己投入の力の全体を感ずることが出来た人びとのもとで、最も強いものでした。これらの友人たちのおのおのは、これらの諸価値の中で、そしてこれらの諸価値が彼に提供する大きな「見返り」を考えて、私のものに匹敵するほどの力の投入をおこなった、そしてなおおこないつづけていることは言うまでもありません。私はすでに「生き残り・生きる」の時期のはじめから、他の科学者たちのもとでこうした居心地の悪さを観察する多くの機会をもちました。だがそれでも、変わらぬ共感でもって私と結ばれつづけていた私の昔の友人のだれかのもとで、距離をおこうとする、また時折は反目を示す明らかな兆候を認めたとき、その度ごとに驚きを感ずるのでした。私の「放棄」をある人たちにとって特に耐えられないものにしたにちがいないのは、まさに私が彼らの中で「最良のもの」のひとりだとみられていたからであり、彼らをこのように一杯食わせたからには、最低の人間にちがいないということだったのです！（また私はたしかに時折数学の世界の昔の友人のもとで**恨み**の調子を感じることがありました）。したがって、彼らが、これらすべての「グロタンディーク流」は、結局のところ、大したことではないもののために多くの紙数を費やす等々のものだったと宣告しているある流行の中に自分たちの利益を見い出すのは実に自然です。どんなに威信があったとしても、ただひとりの人間が、ひとつの流行をつくることはできません――開始したい流行は、それがコンセンサスとなり、支配するようになる前に、多くの他の人たちのもとでの、期待、ひそかな願望にこたえているものでなければなりません(2)［P 137］。

おそらく、私の別れ以来のこの十四年間を通じて、私の別れが数学の「高貴な社会」の中につくりだしたこの居心地の悪さを過小に評価する傾向が私にあったのでしょう――私にとっては、一九七〇年六月のこの別れは、実に自然な仕方でなされ、そのとき「決心」をしたことさえなかったのです。新しい仕事がその直後に古い仕事にとって替わっていました。古い仕事の方は、突然後景に退き、あたかも遠い過去によって吸収されてしまったかのようでした！（またモンペリエ大学の私の同僚たちの中ではこのような居心地の悪さに直面することがなかったのも事実です。彼らは、私が別れた集団とはまったく異なった集団をつくっていました。）また、「一九七〇年以前の」私の元学生たちの中でこの居心地の悪さが果たしたかもしれない役割についても私はたぶん過小に評価していたでしょう。これらの学生たちのかなりの部分は、この同じ集団に属しており、数学上の自己投入に「全力をあげて」いました。この居心地の悪さは、これらの学生たちの中で、私が同じ集団の中の他の友人たちの中にあると信じたものよりも、より強く働いていた可能性もあります。いずれにしても、(私の古くからの友人、学生と私との間の）それぞれの状態は、他のすべてのものとは異なった、固有のケースであり、私がここでおこなうことのできるおおよその推量は、非常に限界のある、暫定的なものにすぎないでしょう。

再びこれらのケースのうちでより確実な根拠のあるものに戻りますと、大切な師の埋葬に積極的に加わったことが確認できた二人の元学生は、またまずはじめに軽蔑の態度、勇気をくじこうとする意志が私の注意をひいた人たちでもありました。それは、「一九七〇年以後の学生」であったより若い数学者に対するものでした。これらの若い数学者のもとでは、数学に関して私のアイデアとアプローチの影響が実にはっきりとしていたのです。この一致はたしかに何も驚くことではありません(それでももちろん出来事が起こるたびに、私は驚きました！)。もうひとつの興味深い一致は、この双方とも、個人的な関係がもっとも友情にみちた、さらには愛情のこもったものでさえあったということです（そして、一方に対しては、この関係は、この同じ色調でもって、今日に至るまでつづきました)。この一般的な確認の中で言えることですが、とくに紛争の力をひきつけ、固定させる力を持ったのは、最も近い関係であったということです。

さらにもうひとつの一致に気づきました。学生をもってからやがて二十五年になりますが、私が持ったすべての学生の中で、その特別な「才能」によっても、これらの才能に見合った数学への投入によっても他のすべての学生から区別される二人がいます。(私自身が人生の二十五年のあいだにおこなった投入に比較できるほどのものです)。さらに、この二人に対して、私の学生の中に数えるのにためらいを覚えていました。しかし、この双方とも、彼らに有益であった事柄を私との接触で学んだことは事実ですが[3][P137]。当然のことながら、私が手元に持っていた（持っている）ものを提案する必要もなく、この双方は彼ら自身の仕事を見つけ出しました――そして双方とも学位論文の仕事は、私とは独立になされました[4][P137]。このように多くの共通点があります！似ていない点を挙げれば、この二人のうちの若い方（間違っているかもしれませんが）は、今日「多くの栄誉の頂き」にあり（当人の慎み深さを考慮して、読者のためにこれらを具体的に数え上げるのを控えます)、最も影響力のある数学者のひとり、つまり最も権力をもっているもののひとりです。もうひとりは、いまのところ代用助手ですが、来年には肩書きを持ったものにふさわしいポストにつくでしょう。他にもいくつか似ていない点があります。これがある程度はこの運命の相違を説明するものです――他にも似た点がありますが、ここで述べる必要はないでしょう。また似たところとは言えないかもしれませんが、私の持ったすべての学生の中で、個人的な関係が最も近く、最も友好的だったのもこの双方との間でした。共通の情熱が一挙に彼らのおのおのと私との間に強い絆を生んだのでした。ここで述べたい**一致点**は、私の知るかぎり、数学の「高貴な社会」に対して、私とのこの実に単純で、明らかな絆を最大限に小さく見せるために、あるいは消してしまうために全力をあげたのも、この二人の学生だけだった（もちろん、カッコ付きの学生です！）ということです。

これは実にあざやかな一致点であり、これらの行を書いている時点ではまだ私にはその意味がわかりません。双方に対して、それぞれ異なった、状況に見合った理由を挙げることができるでしょう。双方のもとで、おそらく完全に意識された意図ではないあるレベルで、このような理由（一方の人にあっては、うぬぼれ、他方にあっては、慎重さ）が役割を演じたことは、十分ありえることであり、確からしくさえあります。しかし、この双方のケースとも、ここですぐにみつかったこの説明が事態の理解を可能にするかどうかは疑わしいと思います。たしかに、さらにもっと深いところで、うぬぼれや臆病さといった慣れ親しんだみかけの背後に、別の本当の力が働いていたにちがいありません。これらの力を表現しているこうした行為は、この双方に対して何かを語る重要な事柄をもっているのでしょう。さらに、これほど異なった二人の人物のもとで、あたかもそれを示し合わせたかのように（運命のちがいをみるとき、たしかに考えられないことです！）、この同一の行為が現われたことは、**私に語りかけている**、私自身についての何か重要なことがあるのでしょう。これもまた例の**父の拒否**の再現そのものなのだろうか？しかし、父の拒否は、それを表現するために開かれているさまざまな方途を選ぶにあたっての困惑があるはずです！それとも、最も鋭敏な、あるいは最も繊細な（「触れる」ということでは）場所に「うまく」触れさせる、実にたしかな無意識のこの本能によって、この二人が**同一の**場所に降りたったというのだろうか？私はこのように考える方に事実上傾いています。しかしこれは推論によって得たことであって、**目でみた**事柄ではありません。私は、はっきりと、深くみる能力を持った目をもちあわせていないので、真にみるためにはつくられていない手や耳や皮膚を用いてどうにかこうにか「みよう」として、暗やみの中でなんとか模索する目の不自由な人のようにいくらか感じています…。

困惑についてのこのノート（私の「名声を傷つけ」かねない）、だがいるかもしれない、好意的な読者にとっては楽しいものになっているでしょう、このノートを閉じるわけではありませんが、さきほど現われた結論的な名だけを言っておきます。それは、（ある埋葬についての省察に対する）この**エピローグ**としてのさまざまな考察に対する共通の内容をうまく表現しているように思えます。

その名とは、

全員一致！

です。

注 (1)　（五月二十八日）私自身の死についてのこの突然の連想は、力強くあらわれてきました。私はこれを遠ざけ、さらにこの思いがけないカッコ付きの文章を削除しようとしました。間の悪いときにあらわれたように思えたのです。だがそうはしませんでした、ある種の尊重のために。奇妙なことに、翌日、私がこの省察をおこなっていた同じ四月三十日の夜、私の住んでいる村で、ある友人の（重病にかかっていた）女きょうだいが亡くなったことを知りました。その日に私はドゥニーズをはじめて、死の床でみました。翌五日二日、友人や他の数多くの女や男たちと一緒に、すばらしい春の一日、彼女を土へと運びました…。

(2)　（五月二十八日）これと同じ方向での、五月十四日のノート「墓掘り人——会衆全体」（No.97）をみられたい［P303］。

(3)　そのあと不承不承ながら確認することになったように、これは遠回しの表現です！このことについては、昨日のノート「特別な存在」（No.67′）をみられたい［P101］。

(4)　（五月二十八日）これは完全に正確だとは言えません。双方とも彼らの仕事の中で、私が作り上げ、私と接触しながら学んだ道具を基本的な仕方で用いています。この役割をさらに超えて、ドゥリーニュの学位論文をなしている研究（「ホッジの理論II」、数学刊行物　No.40、一九七二、p5—57）におけるホッジ—ドゥリーニュの理論は、彼が私から得たモチーフの哲学（ヨガ）から直接に出てきたものです——「混合ホッジ構造」は、複素数体上必ずしも半単純ではないモチーフの概念を（「適切な意味において」）「ホッジ構造」の用語に「翻訳」するという問題（モチーフの視角においては「明らかな」）に対する同じく「明らかな」解答となっているのです。この仕事の中には、もちろん、首尾よくなされた「翻訳の練習」を超えて、「私から独立した」創造的で深いアイデアがあります。しかしもし彼らが、私が数学に導入し、私との接触でまっさきに手に入れたアイデアや道具を持っていなかったとすれば、ホッジードゥリーニュの理論は現在存在していなかった（また多分ドゥリーニュの作品の、あるいは私の他の学生のひとりの作品のほとんどすべては存在していなかった）ことも明らかです。

C　上流社会

VII　シンポジウム――メブク層とよこしまさ

1　不公正――ある回帰の意味（五月二日）　75

たしかに私はまだ学び終わっていません！いま二つの文書をよく読んで調べたばかりです。これは、すでに問題にした（「無名の奉仕者と神さまの定理」、ノート（48′）［P34］）（メブクの作品の）「かすめ取り」について、（少なくとも私には）思いがけない光を投げかけています。それは、ゾグマン・メブクに対する横柄な無関心を認めることができた、二人の高名な同僚で、元学生が演じた役割に関することです。だが彼らの職業上の誠実さは疑っていなかったのです。この二つの文書は、「アステリック」誌　No.100（一九八二年）の中にある、「**特異空間上の解析とトポロジー**」と題された、**リュミニーのシンポジウム**（一九八一年七月六日から十一日まで）の記録の中に入っています。

この文書の最初のものは、**B・テシエ**と**J・L・ヴェルディエ**の署名のある、シンポジウムの序文です（このヴェルディエは、Z・メブクの正式の学位論文の審査委員長となった人物と同一です）。一ページ半のこの文書は、「いわゆるリーマン―ヒルベルトの対応」についての説明からはじまっています。この対応は明らかにこのシンポジウムで主だった役割を演ずるものとされており、（しかも、これは「神さまの定理」つまりメブクの定理にほかなりません）。この対応において（これがその魅力と深みをつくっており、また導来カテゴリーの導入を必要としているのですが）、正規なホロノミー**加群**（つまり、ゼロ次のみの正規なホロノミー複体）に、C-ベクトリアルの層からなる構成可能**複体**が対応づけられます。この複体は、純粋にトポロジー的な諸性質によって特徴づけることができて、これらの諸性質は、任意の体上で定義された、必ずしもスムーズではない多様体上のエタール層の構成可能複体に対してもある意味を保持している(と言われています)。ここに、このシンポジウムの「主要なテーマ」、つまり**「よこしまさ、交叉複体、純粋性」**というテーマのための出発点があると、説明されています。ここでのいわゆる「**よこしまな**」(1)「P142」層(の複体)とは、「心持ちの上では」、ただひとつの𝔇-加群を用いて表現された、正規ホロノーム微分作用素の複体の最も単純なものに(「メブクの仕方で」)対応しているものにほかなりません。

第二の文書は、よこしまな層に関する**A・A・ベイリンソン、J・ベルンシュタイン、そしてP・ドゥリーニュ**の長い論文の一部分(2)「P142」です。これについては、序文の中で、このシンポジウムの中心的な仕事として触れられています。この論文は、その目次と、私の手もとにある他のページが示しているように、メブクの無名の仕事と例の「いわゆるリーマン−ヒルベルトの」定理の航跡の中で、導来カテゴリーと三角化カテゴリーを突然力強く公共の場に復帰させることにあてられています。

信じられないが本当のことですが、この双方の文書の中に、Z・メブクの名はなく、文献表の中にも見あたりません。はっきりと言っておきますが、J・L・ヴェルディエはメブクの仕事に完全に通じていた(これは当然です!)だけでなく、ドゥリーニュももちろんそうでした(これほど数学の現状に実によく通じている人物が、しかも彼に最も関係のあるテーマに関するものなのですから、そうでないと考えることは不可能でしょう(3)「P143」)。

B・テシエ(4)「P143」と、リュミニーのシンポジウムの他の参加者、とくに上に挙げた論文にドゥリーニュと共に署名している二人(5)「P143」が事情に通じていたかどうかは、私は知りません。参加者たちのだれも、彼らを動員させる力を持っていたアイデアと鍵となる定理の作者を知ることに大きな興味をもっていたようには思えません。翌年モチーフがこのおなじ「公共の場」に回帰することにあてられたレクチャー・ノート900の場合(6)「P143」と少しばかり(いやおおいに)似て、作者の資格は当然このシンポジウムのイニシアティブを発揮し、これを活気づけた、すぐれた数学者たちの中でも最もすぐれたものに属しているものと考えられたのだと思います。結局すべての人にとって確かなことは、このすばらしいシンポジウムが一九〇〇年にあって、ジャン・ルイ・ヴェルディエの**無名の学生**の学位論文の口頭審査の二年のちの一九八一年にあったのではないとしても、作者としての資格は、リーマンにもヒルベルトにもないということです。

ここで確かめることが出来た、この種の操作は、それが高い地位を占めている数学者によって実行され、その犠牲となる人が取るに足りない無名な人物となっている（しかし彼を喜ばせるために親切にも招待はしたのです）からには、今日ではおそらくよくあることであり[7]［P143］、完全に認められていることなのでしょう。これを実行している人たちのひとりが、彼の才能と作品によって、大数学者とみられている（このために、たちまちあらゆる疑いのらち外に彼は置かれるのです）からといって、事態の本質が変わるものでは全くありません。たしかに私は時代遅れなのでしょう――私がいたころは、この種の操作は、**だまし取り**と呼ばれていました――そしてこれは、それを許している数学者たちの世代にとってのひとつの**恥辱**として私にはみえるのです。

天分の輝きは、このような恥辱を軽減するものでは全くありません。天分の輝きは、この恥辱に対して、私たちの科学の歴史においておそらく前代未聞の、比類のない重大さをつけ加えます[8]［P143］。それは、（その運命はこの上なく満足すべきものでありながら、だまし取ることに喜びを見い出している一人物によってなされた…）この行為のもつみかけ上の非常識と動機のなさの背後に、単に際立ちたいという願望、あるいは防衛する術もなく、声も出せないと感じている人を辱めたり、絶望に陥らせたりしようとする根拠のさだかでない願望とはおそらくちがった諸力が作用しているのをかいま見させます。

ここでは明らかに「慣習の描写」のまっただ中にいますので、（ほとんど当然のことでしょうが）、挙げた文書の中には私の名はもちろん不在だということを指摘しておきます。しかしながら、上に挙げた論文において（私の手もとにあるページの中で[9]［P144］）、私の作品の中に深い根を持っていない、そして私の作品の刻印をもっていないページは一ページもないことを私は喜びをもって確認することができました。このことは、私が導入した記号についても、一歩ごとに入ってくる概念に対して付けられた名についても言えます――それらの名は、まだ名づけられる前にこれらの概念を知って、私がそれらに与えた名なのです。たしかにやむを得ざる言い換えがあります――例えば、一九五〇年代に私が引き出した二重双対性の定理[10]は、この機会に、「ヴェルディエの双対性」と名称が変えられています［P144］。相変らず同一のヴェルディエです、間違いありません…[11]［P144］。だが、まだ代替不可能な文献、つまりEGA［代数幾何学の基礎］とSGAとを時折参照にする（SGA$4\frac{1}{2}$があるにもかかわらず、これはその使命を完全に履行するには十分ではないので）ことによって、私の名が少なくとも暗々裏に出てくることは避けられませんでした。（略号SGA＝マリーの森代数幾何学セミナーの説明の中には、もちろん私の名は出てきません。だがEGAについては、正直なのかどうかわかりませんが、私を含めた著者の名とともに、完全な名称が与えられています…）。私の心を打ち、（強迫観念にとりつかれた人という「外観」を全くもっていない人のもとでの）埋葬シンドロームのもつ強迫的な力を示す、別の細部について言えば、私のみた二度のSGAの参照では、その度ごとに、とくに「SGA 4の中のM・アルティンの定理…」とはっきりと述べることを義務と考えているようです。**この報告**はたしかに―ありがたいことに―名を挙げることのできる著者によってなされたことが明らかなのに、勘の悪い読者が、**この定理**は、念入りに名を挙げないようにしている人物によるものかもしれないと考えてしまうことを恐れるかのように！(77)［P153］。

これらすべては、今日数学の「上流社会」では、やましいところがないものだと、考えざるをえません。このバカ気た小さな戦争は、私を喜ばせるわけではありませんが（そのためになされているわけではないでしょう…）、予定より早い故人に対して真に害を与えるものではありません。故人の象徴的な遺体は、ほんの二週間ほど前に驚嘆をもって私が発見した、このつかみ取り市の意のままになるようにゆだねられているのですが。それは、手をこまねいたまま被った**不公正**だという感情によって私の人生を苦しめるということもありません。それは、数学上の事柄とその周辺の世界の事柄との出会いへと私をいざなう喜びと勢いを打ちのめすこともありませんでしたし、これらの事柄の微妙な美しさを私の中で焼いてしまうことも全くありませんでした。私は幸せだと感ずることができるし、いま**幸せです**…。

またその意味が私にはわからなかった思いがけない私の「回帰」についても幸運だと思っています。その回帰によって、ここ何日間かに私が学んだことしか学ぶことがなかったとしても、この回帰は無駄ではなかったでしょうし、すでに私を十分に満足させてくれました。

（→76［P150］）

注

(1)（五月四日）この奇妙な名称については、ノートNo.76「よこしまさ」をみられたい［P150］。

(2)（五月四日）その後、この論文の全文を受け取りました。これは、私の手もとにあった部分がすでに私に示していたことと合致しています。

(3) とくに思い出しますが、メブクの作品と彼の「神さまの定理」は、ドゥリーニュが発表を控えている以前の彼の仕事（一九六九年の）に対して決定的な前進をなすものです。このことについては、すでに挙げたノートNo.48′をみられたい［P34］。

(4) （六月十二日）B・テシエはずっと以前からメブクの仕事に関心を持っており、このことから、メブクに対して励ましを与える態度をとってしかるべき非常に少数の人のひとりでした。したがって彼はこのだまし取りを完全に知っていたのでしたが、それをよく知った上で、このだまし取りに手を貸したのでした。彼は、メブクに対して、結局は「そこでは何も変えることが出来なかったろう」と言って自分を正当化したのでした。

(5) （五月二十八日）その後A・A・ベイリンソンとJ・ベルンシュタインは、（一九八〇年十月に）P・ドゥリーニュから、そしてメブクから（一九八〇年十一月に、モスクワでのある会議で、きわめて詳しく）メブクの諸結果を知らされていることがわかりました。これら二人の著者は、一九八一年六月のリュミニーのシンポジウムの前に、いわゆるカジダン-リュスティグの有名な予想の証明の中で、神さまの定理を本質的な仕方で用いました。ノート「不公正と無力の感情」（No.44″）の中のゾグマン・メブクの手紙の引用と比較されたい［P5］。

（六月三日）シンポジウムのすべての参加者の連帯に関する別の指摘については、つぎのノート「シンポジウム」（No.75′）をみられたい［P144］。

(6) このテーマについては、ノートNo.51、52、59をみられたい［P41、49、58］。

(7) 私は同じ方向にある他の二つの「操作」について考えています。それらは、レクチャー・ノート900（前の注を参照されたい）およびその五年前にSGA$4\frac{1}{2}$（このテーマについては、ノートNo.67、67′、68、68′をみられたい［P93、101、104、109］）によって具体化されています。

（五月九日）これら二つの操作と緊密に関連している同じような第三の操作については、ノート「すばらしい参考文献」（No.82）をみられたい［P192］。このノートは、今度はJ・L・ヴェルディエの筆になる、もうひとつの「記念すべき論文」についてのものです。

(8) もちろん私は数学以外の科学あるいは芸術の歴史の中でこのような事柄について語られるのを一度も聞いたことがありません。

(9)（五月四日）他のページについても同じです。これはその後知りました。

(10) エタール・双対性の理論に対しても同じです。これは、彼の気前のよい友人ドゥリーニュの筆で、「ヴェルディエの双対性」となっています。

(11)（五月五日）ノートNo.48′、63′と比較されたい［P34、81］。ほぼ十五年前からおこなわれてきたこの長期にわたる埋葬を通じて、またここ一ヵ月来この埋葬を発見する中でも、主要な、「予定より早い故人」であるJ・L・ヴェルディエは、みるからに彼の威信のある友人と切り離せないものとして姿をあらわしています。この友人は、この葬儀の機会にぜひ必要な花束を気前よく彼に与えているのです。

2　シンポジウム（六月三日）　!75′

シンポジウムの他の参加者たちについて、いくらか詳しくわかりました。これは、あらゆる疑念を一掃するものです。シンポジウムの公式のプログラムには、メブクの報告はまったく予定されていなかったのですが、ヴェルディエはやむなくその場で、ぎりぎりになって彼に報告をするように要請したのでした。公式の報告のひとつ（これはブリンスキーに託されていましたが、彼は$\mathcal{D}$-加群の理論にそれほど通じていませんでした）の抜けているところを補うためでした。こうしてメブクは、彼のアイデアと結果、そして特に神さまの定理を報告することが出来たのでした。したがって、とくにこのシンポジウムによって具体化された、代数多様体のコホモロジーのめざましい再出発を可能にした、この定理とそれに伴う哲学の作者についてはいかなる疑いも漂わなくなっていたのでした。つまり、**このシンポジウムのすべての参加者は**、この報告によって、**この作者はだれなのかは知らされていた**のです。そして例外なしにすべての人は、そのあとシンポジウムの報告書、とくに、序文とベイリンソン、ベルンシュタイン、ドゥリーニュのすでに挙げた論文を知ることになったと考えます。ところがどうやら、そこに何か異常な事があるのを見い出した人はひとりもいなかったようです——あるいは異常を見い出していたとしても、このことについてまったく発言しなかったようです。ゾグマン・メブクは、この方向での反響はまったく受け取りませんでした。したがって、シンポジウムのすべての参加者は、このシンポジウムの過程でなされた欺瞞に連帯していたとみなすことが十分にできます。

この集団的欺瞞は、シンポジウムの時点ですでに明らかでした。いわゆる「よこしまな」層についてのドゥリーニュの口頭報告の中で、メブクの名が挙げられていないことに何か異常を見い出した人がひとりもいなかったからです。この報告者は、彼の報告ではその証明をするものではないと言って、神さまの定理を述べるだけにとどめています。彼はさらに（いつもの慎み深さをもって）彼が語ったばかりの「リーマン－ヒルベルトの対応」によって明らかな仕方で示唆された、彼の呼ぶ「よこしまな」層のもつ驚くべき、当然のことに思いがけない諸性質を推察することは「まったく価値はない」ということを際立たせています[1]［P146］。すべての人は、この思いがけない対応を発見するという「功績」を持っている人物を名ざすのを控えたこと、その作者は彼自身にほかならないという見かけを装うことは当然のことだと思いました。彼は作者では全くないことを知ったとしても、その数日後にそれを知ることになったとしても、これは正常なことだと考えたのです。シンポジウムに出席しているひとりの取るに足りない端役が、これほど注目すべき定理の作者であるというのは、一種の許されない間違いにもとづくのだと考えたにちがいありません。こうして各人は、判断を修正し、その作者としての資格を、みるからにそのためにうってつけの人——作者で**あるにちがいないだろう人**に付与するというコンセンサスをつくり出すのに寄与したのでした[2]［P146］。

特徴的な細部について言えば、**メブクの報告はシンポジウムの記録の中には現われていません**。ヴェルディエは、このシンポジウムは新しい結果を報告することを目的としており、メブクの結果はすでに二年以上前に発表されていると言って、メブクに対して彼の報告は**執筆しないように**と頼んでいたのでした。

専門に関する話に閉じ込められないで、このすばらしいシンポジウムの過程で現実におこったことを、それぞれの人を突き動かしていた諸力や欲望のレベルでながめるならば、どこか遠くの巨大都市の最底辺の中でのマフィアの支配についての映画を見ているような思いがするでしょう。ところがこれはたしかに私たちのところでのひとつの光景であり、俳優たちは、フランスと世界の科学の最も高貴な花に入るものなのです。ちょっと合図をするだけでこれらの操作を統御している大指導者は、かつて私にとって、控え目で、微笑をたたえた精神上の息子と考えられていた、あるいは少なくとも正当な後継者（もちろん控え目で、微笑をたたえた）と考えられていた人にほかなりません。

情け容赦のない、「厳しい」世界の中で意のままにされている人、「おとなしい人」について言えば、私はその意味をまだ完全にはつかんでいない奇妙な「偶然」によって、彼もまた私と緊密に結ばれているのです。彼は、この大指導者と同じく、私の「学生」なのです(しかも大指導者と同じく、彼もカッコつきの「学生」なのです…)——すでに私が亡くなり、埋葬されたと宣告されてからかなりの年月がたってから、私の学派に加わった人なのです…。

注 (1) 上に挙げた論文の第10、11ページと比較されたい。

(六月七日) かすめ取りの手法の詳細については、つぎのノート「手品師」(No.75″)をみられたい。

(2) (六月五日) その上すべてが関連し合っているのです！葬列「学生」(これは葬列「シンポジウム」のつづきをなす)において追求された省察、およびある態度(とくにドゥリーニュとの最近の、短い手紙のやりとりの中での、これについては、ノート「葬儀」(No.70)の注(1)をみられたい[P118])が、私に示すところによれば、ドゥリーニュにとっても、他の私のコホモロジー専攻の学生たちにとっても、もうずいぶん前から明らかなことは、エタール・コホモロジーの発見者およびそれを駆使する者であらねばならないのは、やはりドゥリーニュだということです。そしてあるレベル(振る舞いと態度を決定しているレベル)で、**結局のところは**、たしかに彼であって、その傍らで私は一種の補助的で、混乱をひきおこす人、愚鈍な人という姿をしており、(もとヴェイユ予想であるドゥリーニュの定理にゆきついた)ある理論の調和のとれた展開、およびすべての当事者たちに満足すべき役割を分配することとは無縁というよりもむしろ害になる人物という確信を、彼らは持つことになっていたのです…。

3 手品師 (六月七日)

!75″

(前の二つのノートで取り上げた)「記念すべき論文」における、くったくのないくすね取りの熟達した手法には感心させられます。この仕事全体の基本的な動機であったカテゴリー間の同値は、序文の第4ページにある箇所(10ページ、9—15行目)で名を付けずにはじめて導入されています。そしてすぐいわゆる「よこしまな」層という概念に対する一連の結果へとつなげられています(10、11ページ)。それから16ページのお

わりまでは、この同値については、ひとつも問題にされていません。16ページには、つぎのように書かれています[1]［P149］：

「このノートにあってしかるべきであった、つぎの諸点については、取り扱うことが出来ませんでした。

——よこしまな層とホロノームな加群との間の関係。この序文で指摘しましたように、これは発見を助ける重要な役割を果たしました。その基本的な命題は、4・1・9です**（ここでは証明されていません）**…」

（「あってしかるべきであった…（他の）諸点」と連絡をつけるために）、私は急いで、これらの著者たちが、彼らの仕事の中に含める余裕のなかった、あるいは少なくとも証明をつけなかった、この「基本的な命題」とは一体どんなものなのかをながめてみようとしました。No.4・1・9をさがしてみました…すると「注4・1・9」に目がとまりました。これであるはずはない。著者たちはここでは証明していないのだから、証明した、あるいは証明しようとしている出典の指示がついた「基本的な命題」、形のととのった定理あるいはその補注をさがしました…。だがよくさがしても、「定理4・1・9」の痕跡がありません——番号4・1・9に対応しているのは、ただひとつの節しかありません。結局念のためにこの「注」を読みはじめました（確信をもたずに——番号づけにあやまりがあるにちがいないと…）、「複素コホモロジーにおいて4・1・1の類似が成り立ちます…」とあります、ああ、何が問題なのかをみるためには、4・1・1にさかのぼらねばならないのだろうか？これはとばして、つぎの文章に目を通しました——すると、さらに十一行あとに、信じられないことですが、「つぎのことが知られています」ではじまり、「このカテゴリー…と、よこしまな層のカテゴリーとの間の同値を導く」で終わっている一文をみつけました。

ウフ——結局のところは、こうだったのだ！だが私はさらにずっとあとの方までさがしてみましたが、このなぞめいた「…のことが知られています」を具体的に示すためのほんの少しの言及もありませんでした。この同値を前もって「知らない」読者は、自分をバカ者だと、自分は状況の高みにまったく達していないと感ずるにちがいありません。結局のところ、この読者にとって明らかなことは、（自分がその高みに達していないということは別として）、「このノートの中にあってしかるべきだった」この結果、とにかく読者は知っているにちがいない事柄として、ここでは技法に関する注の中で「想起して」いるこの結果——この同値は明らかにこの「ノート」の著者たち、あるいは彼らのひとりによるものにちがいないということです。おそらくその中の最も威信のあるもの、この論文を執筆したもの（この論文は間違いなくある「独特の文体」で書かれています…）、そして口頭報告をしたもの、そしてよく知られた慎み深さによってもちろん「それは私によるものです！」とは言えない人――だがすべての人は、それをわざわざ言うこともなく理解したのです…。

このことによって、私はここ数週間におこなった省察をたちまち思い出しました。まず最初は、一九六八年のドゥリーニュの最初の研究についてです。これを（十六年後に）四月二十二日（レクチャー・ノート900という秘密を発見してから三日の後）のノート「追い立て」（No.63）の中ではじめて詳しくながめることになったのでした［P72］。私はここに同じ文体を見い出しました。もちろん十三年間にわたる「習熟」によるものでしょう、さまざまな変化を伴ってですが。その主要な着想は私からきている、一九六八年のこの論文の中では、借りを清算するかのように、論文の終わりごろに、通りすがりに、わかりにくい形で私の名を挙げています。今では、彼はこのような気配りをもはやしていません――経験によって、もうずっと前から、そんな苦労をすることはもう全く必要がないことを知ったからです！これに対して、若い時のこの論文の中では、私の名を挙げざるを得ないと感じたので、その埋め合わせとして彼の仕事の最初の動機（それに重さについての哲学（ヨガ）――これは六年後にその作者を交換してひき出されました――その後さらに8年後に、モチーフを発掘するのですが[2]［P149］…）をまったく隠すことになったのです。いずれにしても、この論文の基本的な数論上の動機を隠し（かつ、自分だけの利益のためにこれを保持し…）ながらも、この論文は「つじつまのあったもの」であり、完璧な仕方でもの事をおこなうというこの著者の名声の高みに合致した、完全に理解可能なものでした。ところが今回の場合、彼が展開している理論は、発見を助ける動機を挙げなければ理解不可能なものとなるでしょう。そこで彼は、この発見を助ける動機を、「基本的な命題」という形容語を用いて参照しながら、見下げるような態度で取り扱いつつ指摘しています――名を与えたり、形を整えて定理あるいは命題と名づけてこれに栄誉を与えることもなく、（いわゆるリーマン－ヒルベルトの）「対応」さえも現われてきません――こうした気配りはこれに名前をつける必要もなく（小さな事柄[3]［P149］彼はこれに名前をつける必要もなくう！）、誰の名も挙げる必要もなかったのです――他の人たちが彼に替わって、大いなる満足をもってこれらを受け持つでしょうから。そこには明らかにひとつの哲学（ヨガ）、ひとつの基本方針があり、著者は、それを名づける必要があると全く考えないまま、あざやかな手つきで、申し分のない威信をもって操っています――彼が軽蔑しているふりをしている（「これらのノートにあってしかるべきであった」）この「小さな事柄」を、意図的にだまり、待つことを知っている以上は、さらにそれは自分のものになることをよく知っているのです。最初に彼がこの遊戯を成功裏に演じたときには、この「小さな事柄」は、「重さについての考察」でした。これについては、わかりにくい注を用いて言及したのでした（それから六年後に[4]、鳴り物入りで、重さについての哲学を再び取り出してきたのでした）。私の知るかぎりの第二回目は、一九七〇年の私の別れのときにありました――このときの「小さな事柄」は、「モチーフについての夢」でした――これは、十二年の間[5]［P150］、ひと言でも述べて敬意を表するだけの価値のないものとされていました（考えてもみてほしい――夢であり、さらにある故人の夢であり、おまけに発表もされていないのです！）が、そのあと今度は、**真の**モチーフ（と、これでもっておこなえること）を発見し、いつもの謙虚さをもって、異論の余地のない作者の資格をたずさえることになるのです[6]［P150］。

注

(1) 以下の引用の中の強調は、私によるものです。

(2) （一九八六年二月二十一日）

（重さの哲学（ヨガ）に対しては）ここでは、「二年後に」としなければなりません――ノート「私の孤児たち」（No.46）の注(15)をみられたい［P18］。モチーフに関しては、一九八二年の発掘の前に、最初のまじめな指摘は、一九七九年にあります。（『収穫と蒔いた種と』、第四部、No.168（iv）の「予備の掘りおこし」（暫定版P838）、およびノート「私の孤児たち」の注(15)（一九八六年一月十日の日付のある部分）をみられたい。［P18］）

(3) （六月十四日）この「小さな事柄」を位置づけるために、つぎのことを指摘しておきます。ドゥリーニュは高等科学研究所（ＩＨＥＳ）で、構成可能な離散係数を連続係数の用語に翻訳しようとして、ひとつのセミナーをおこないましたが、満足すべき結果には至りませんでした。このテーマについては、ノート「無名の奉仕者と神さまの定理」（No.48'）をみられたい［P34］。

(4) （一九八六年二月二十一日）ノート「追い立て」（No.63）の注(5)の訂正をみられたい［P77］。

(5) (一九八六年二月二十一日) ここは「十年」としなければなりません――注(2)と比較されたい。

(6) 「軽蔑による横領」というこの手法についての他の注釈に関しては、その翌日のノートNo.59′をみられたい［P60］。

4 よこしまさ (五月四日) *76 (75)

二・三年前だったと思いますが、この「よこしまな(ペルヴェール)層」という語をはじめて聞いたとき、不愉快な思いをし、それが私の中に不快な感情を呼びおこしたことをはっきりと覚えています。その後二・三度この異様な語を聞いたとき、この感情が再び現われました。心の中に一種の「後ずさり」がありました。それは意識の表面に残り、(もしこの時立ち止まってこれを検討したとすれば) おそらく、数学上の事柄にこのような名を与えるとは何という考えだろう!といったようなものとして表現されたことでしょう。万やむを得ない場合には、人間に対しては、ありえても、すべての事柄あるいは生き物に対してさえもこう言えるでしょう――宇宙のすべての「事柄」のうちで、この語を時折当てはめることが出来るのは、私たち人間に対してだけでしょうから…。

いわゆる「よこしまな」層についてはじめて私に話したのは、(まったく確かだというわけではありませんが) ドゥリーニュ自身だったと思います。彼がリュミニーのシンポジウムのあと、私のところに立ち寄ったときです[1]［P152］。これはまた私たちの間の最後の数学上の会話のひとつだったにちがいありません――そのあと私のもとに彼が立ち寄ったときには、この種の会話はありませんでしたから。数週間あるいは数か月後に、私が数学上のレベルでのコミュニケーションをやめることになった、この「兆候」があらわれたのは、ちょうどこの彼の立ち寄りのときでした(この兆候は、この出会いのあとおこなわれた数学上の手紙の交換の中で再び確認されたのです)[2]［P153］。(このエピソードについては、ノート「二つの転換点」(No.66) をみられたい［P91］)。

いわゆる(あやまって!)「よこしまな」といわれる層に戻りますと、「通常なら」この層は、「メブクの層」と呼ばれるはずのものであることは明らかであり、これが公正だと言えるでしょう。(一度ならず、私がひき出し、研究した数学上の概念に対して、先任者あるいは同僚の名を与えることがありました。これらの先任者や同僚は、メブクのこの美しい概念に対する関係よりもはるかに近くはないものでした——それに、この概念は、私には、よこしまなという語がもつ音色よりは「気高い」音色を持っているようにみえます！）。メブクの仕事から出てきたこの概念を見つけ、名づけた時期にドゥリーニュが持っていた態度、彼自身はすでに「大いに喜んでいた」のだが、これをだまし取ろうとしていたこと——こうした態度こそ当然「よこしまな」と呼ばれるにふさわしいものです。きっとわが友自身も、心の中では、誇示するのを好む外面にはだまされないあるレベルでは、このことを感じていたにちがいありません。（一見したところ非常識にみえる）この名を付与したことの中に、私は、実に完璧な権力の中にある**挑戦的な**行為、ある種の酔いを感じます。これが、（象徴的に、実にあざやかであるその真の意味を**だれも**読みとることができないような、挑発的な名をひけらかすことにより）他の人からの「よこしまな」だまし取りという真の性質をおおっぴらに示すことさえ可能にしているのです。

ある深いレベルで、わが友の中のこうした態度のもつ音色を感知したこと、これがさきほど話した不快な思いの原因となったということは全くありえないことではないように思えます(3)［P153］。この不快な思いは、とくに彼が私に与えたにちがいない説明に対して注意が散漫になることで表現されました。この出会いより前にはこうしたことがあったとは思えません。出会いの折には、彼が私に話すこと、とくに数学に関するときには、不断の注意力をもって聞いていたのでした。私の中に、（なぜかわからないが）「よこしまな」と呼ばれているこの概念に対して、一種の拒絶がありました——この概念が話されるのを本当に聞きたくありませんでした——ところがこの概念は、私がきわめて近いところにいた（そしてある程度はいまもそうである）さまざまな問題に非常に関係の深いものだったのです。

ひと言でいえば、ドゥリーニュなどによるこの論文全体は、典型的で、全くそっくりな「**グロタンディークリーズ**」だったのです。それは私の手によるものとさえ言いうるものでした（主要な概念に対するこの名を除外するだけで）！これは前のノート（No.（75））の後半ですでに少しばかり述べたことであり［P139］、また上に挙げた論文をざっとみた時点でもすでに感じたことです——ただこの漠然とした感情は、いましがた作られたばかりの際立った**確認**という形にはなおなっていませんでした。この確認によって、私は、新たに、胸を打つほどに、この人のもつ深い矛盾を感じ取ることになりました。否認し、軽蔑しようとしている人物そのものを（ある意味では）再生し、同化せざるを得ないのです――葬り去ろうとしているのだが、**また**同時に自分自身が**そうありたい**、そして（ある意味では）現に**そうである人**に対してです。

一昨日、前のノート（「不公正――ある回帰の意味」［P139］）を書きながら、私はすでにつぎの合致に気が付いて強い印象を受けていました。わが友と私との関係における、その存在理由であり、最も強いバネであった共通の情熱にもとづく共感が突然に衰えたことからきた、この転換が、私にはいましがたその意味がわかったばかりのこの記念すべきシンポジウムからのわが友の帰途にちょうど生じたということです。一九八一年七月の私たちの出会いの折――それはあるレベルでは、私たちが出会った別の機会におけると同じく友情にみち、愛情のこもったものだったのですが、そこで私を当惑させたことは、話しぶりや表情を通して、ひそやかだが、明らかに容赦のない、軽蔑を表わすこの「兆候」でした。これは、リュミニーのシンポジウムで彼が表わした暗々裏の、これも「ひそやかな」（そしてまた「明らかに容赦のない」）軽蔑について、今度は個人的関係のレベルで、わが友がある**機先**を制したものだったのです。シンポジウムでは、時のスターたちを前に、専門分野における妙技をあざやかに誇示しながら、公的な人物としての私に対しておおやけにこの軽蔑を表わしたのでした。私を（多少とも）敢えて援用した人、これによって、わが友ピエールにとって、（少なくともあるレベルにおいては）「もうひとりのグロタンディーク」(4)［P153］であって、いてはならない人、どんなことがあっても圧伏してしまわなければならなかった人に対して表明された（この時は、格別に「よこしまな」容赦なさをもって）のも、またこの同じ「軽蔑」なのでした…。

注 (1)（私が現在確信しているように）もしこうであるとすれば、わが友の控え目さに敬意を表さねばなりません。これらの層を導入し、名づけたのは彼自身にほかならないとは（少なくとも意識のレベルでは）考えてもみなかったからです。このことを考えるには、この「記念すべき論文」を読まねばなりませんでした。

（五月二十八日）実際のところ、この論文の中で、このように言われているわけでもなく、ドゥリーニュがリーマン－ヒルベルト対応の父であるとも言われていません。しかし、「よこしまな」層という呼称が彼のものであることは全く疑いの余地がありません。そして、このことはそのあとはっきりと確認されました。

(2) 純粋に個人的なレベルでは、この関係は、見かけ上の変化はなく、過去と同じく愛情のこもった友情の調子でつづきました。わが友はほぼ二年に一度は私を訪ねてやってくる習慣がありました。ほとんどはハイキングの時でした。昨年の夏にも彼の訪問を受けました。これは、妻のレナとまだうんと小さな娘のナターシャを知るよい機会となりました。それは、リュミニーでの別のシンポジウムからの帰途だったと思います。このシンポジウムについては、私はほとんど何も聞いていません（メブクが陰欝で、漠然と触れていたのを除いて。メブクは再びこれに招待されるという栄誉を得たのでした。彼はこうした遊戯の中に再び入る以外になすすべが全くなかったのでした…）。彼らは二・三日私のところに滞在しました。交流はあらゆる面ですばらしいものでした。

(3) この時たしかにそうだったという考えに傾いています。一度ならず、私は、事柄についての深い知覚は、意識あるいは意識とすれすれのところで触れるものとは比べものにならないほど繊細で鋭いものかを、私の中で確認することができました。完全に「目ざめた」人とは、おそらくこれらの知覚がたえず意識されたビジョンと意識された体験の中にくみ入れられている人――したがって、その人の**真の能力**――そのわずかな一部分によってではなく――によって十全に生きている人のことでしょう。

(4) 私たちの個人的な関係においては、わが友は私を私の名アレクサンドルの（ロシア語に由来する）愛称によって呼んでいます。これはまた、私の子供時代から、私の近親者や私に最も近い友人たちが呼んできた呼び方です。

5　タイム！（五月五日）　77

一九八一年六月のこのリュミニーの記念すべきシンポジウムを支配した（と言われる）これも記念すべき論文[1]［P155］にざっと目を通して、私の心を打ったもうひとつの細部があります。示唆に富んだ名「***F*** から ***C*** へ」をもつ最後の章では、注目すべき一原理が縦横に描かれています。これは、もう二十年前になると思いますが、私が代数幾何学に導入したものです――それはモチーフという概念が生まれる前だったにちがいありません（この概念は、もとヴェイユ予想を通じて、この原理の最も深い例証を与えています）。この原理は、体上の有限型のスキームについてのあるタイプの命題は、**有限**の基礎体上で（つまり「数論的性質の」状況の中で）証明すれば十分であり、これからすべての体、とくに複素数体上で成り立つことが導き出せることを保証しています――この複素数体上の場合、時折検討中の代数ー幾何学的結果を超越的な方法を通じて（例えば、整あるいは有理コホモロジーの用語で、あるいはホッジ構造の用語で等々）定式を新たなものにすることができます[2]［P155］。わが友は、年月を経る中で数多くの実例を通じて、この原理を、私から、私の口から学んだのです[3]［P155］。この原理（初等的な形では、『代数幾何学の基礎』（EGA）の第四章の中でもはっきりと書かれています――どの節で、どの番号のところでかは探してみて下さい…）の作者はもちろん周知のことです[4]［P155］。一九七八年のヘルシンキでの国際会議の折、わが才能豊かな友にフィールズ賞が授与されたとき、N・カッツは、P・ドゥリーニュのための演説の中で通りすがりにこのことに触れ、こうして（そしらぬ風に）その著名な受賞者の少々やっかいな系統的「忘却」を修正せざるを得なかったほどです。私はほんの数日前に「記念すべき論文」そのものと共に、この演説を知ったばかりです。

とにかくこの論文の中では、「数論」から「幾何学」への移行についてのこの哲学は、事情に通じていない読者には、この才能豊かな、主要な著者（「ランクの低い同僚」とみなされた人たちに対しては、この言葉を用いた無礼をお許し下さい…）がこのきわめて通用範囲の広いすばらしい原理を、ほんのいま発見したばかりであることに何の疑いも持たないような用語で表現されているのです。

たしかに、私はこの方法の特許をとったわけではないし、わがすばらしい友人はこの天才的な発明者であるとはどこにも言っていません。また控え目にリーマンとヒルベルト（実に威信のある後継者の成果の名付け親となるにふさわしい人物たちです）に帰した例の「対応」（十九世紀の香りのするこの用語に感嘆されたい！）の作者だとはっきりと主張しているわけでもなく――「記念すべき著作」（レクチャー・ノート900）の中で、モチーフ、モチーフ的ガロア群、そしてこれらに伴う哲学の全体（彼はまだこれのほんの一断片しか表に出してはいません）を発見したのは、たしかに自分であるとはっきり言っているわけでもありません。例のSGA$4\frac{1}{2}$についても何も言うことはありません。そこでは、この著作の「協力者」として私を描くことで私に栄誉さえ与えてくれていますし、忘却の運命が定められているが、寛大にもいくらかの補足、技法上の脇道（その中には「きわめて興味深いもの」さえある）を提供するものと認められた付随的な二巻であるSGA4およびSGA5が（余分な細部という残念な夾雑物があるにもかかわらず）引き合いにも出されており、エタール・コホモロジーがはじめから実にみごとに展開されてもいます。(5)［P156］。

これらすべての中に、そしてここ5・6年を通じて認めることができたのですが、私の**不快な感情を点検してみて**、私がその証人あるいは共同行為者となっていたものに名を与えようという考えを一度も持ったことがなかった、多くの他の小さな事柄の中に(6)［P156］——これらすべての中に、私は**同一の言葉づかい**を認めることができます。わが友はつねに、完全に「**タイム**」をとっていて、彼のおこないに対して、だれも口をはさめないようになっているのです——まったく罰を受けることがないという保証を、彼の同僚たち（および「ランクの低い同僚たち」）の称賛（これはもっともな理由のあることです）が与えていることを完全に意識しながら、実に軽やかにこれを役立てることが出来るのです。

(1) この「記念すべき論文」については、ノートNo.75をみられたい［P139］。

(2) （五月六日）このような原理を使用した最初の例は、（任意の体上の）アフィン空間E上の代数的な群の法則のべき零性に関するラザールの定理の中にみられると思います。彼の証明に私は非常に感銘を受け、これに着想を得て、数多くの他の命題をつくり、またモチーフの理論についての私の考察を支配しているある「哲学」をつくりました。

(3) これらの例のひとつについては、ノート「追い立て」（No.63）をみられたい［P72］。

(4) （六月五日）私の知るかぎりでは、その最初の応用がラザールである一原理について、私がその「創案者」であると主張するのは多分当を得ないことでしょう（前の注(2)をみられたい）。私の役割は、他のさまざまな機会においてそうであったように、他の人のあるアイデアの一般性を感じ取り、それを「反射神経」あるいは「第二の天性」となるまで系統づけることでした。重さおよびモチーフの哲学（ヨガ）の枠組みの中では、おそらく、この原理を、仮想ベッチ数という彼のアイデアと合わせて最初に用いたのは、（私ではなく）セールでしょう。これによって、私はまさに重さとモチーフについての一般的な哲学（ヨガ）への道の手がかりを与えられたのでした。（ここで問題にしているセールのアイデアについては、ノートNo.46$_9$をみられたい［P24］）。またたしかに、日常的に用いられるようになった推論の一「原理」の創案者としては、最初にその形跡がみられる人にではなく、はじめてその一般的な効力を感じとり、それを系統づけ、普及した人にするのが普通です。この意味においては、この原理の創案者を私とした、N・カッツの修正は正当なものだと言えます（このことについては、以下の文で触れています）。

(5)「操作SGA$4\frac{1}{2}$」についての詳細に関しては、四つのノート「一　掃」、「特別な存在」、「青信号」、「逆転」(No.67、67′、68、68′)をみられたい［P93、101、104、109］。

(6) この種の一ケースでの「私の不快な感情を点検してみる」ための第一歩は、三ヵ月弱まえに、『収穫と蒔いた種と』の中の、省察「ノート――新しい倫理」(第33節)においてなされました（これは実に骨の折れるものになりました――当然のことでしょうが！）［『数学者の孤独な冒険』、p281］。この省察は、これに付した注「若者たちの気どり――あるいは純粋性の擁護者たち」(注27)で再びなされ［『数学者の孤独な冒険』、370］、ついで新たに(その前日の)「記念すべき著作」(レクチャー・ノート900)の発見の衝撃のもとで）二週間ほど前にノートNo.59「新しい倫理（2）――つかみどり市」でさらにおこなわれました［P58］。このノートを書きながらも、私の中には、「つかみどり市」というかなり激しい表現を用いるのにいくらかの躊躇がありました。その後につづいた発見によって、いかなる躊躇も必要がないことがわかりました。

6　裸の王様（五月七日）　*77′

もちろん、わが友ドゥリーニュがおこなっていることを見ており、その有為転変について多少とも「事情に通じている」人たち、つまり事情に不案内ではなく、この当事者自身と彼の世代の他の輝かしいスターたち（必ずしも特にすばらしいとは限らない）の論文で「おこなわれている」数学を学んだばかりではない人たち――こうした同僚たち（いずれにしてもこうした人たちがきわめてまれになっているわけではありません！）は、**あるレベルで**、起こっていることをよく知っていたはずです。彼らは「少し大きな」ケースにおいては、この小さく、特殊な不快感を感じたにちがいありません。それは、もっとずっと「小さなケース」

を前にして一度ならず私自身が感じたものです。しかし彼らが感じていたものは、**あまりにも巨大で、あまりにも信じがたいものなので**、一度も表面に出てこなかったにちがいありません――私にあっては遂にそれはひとつの仕事をおこなう過程で表面に現われはじめたのです。これは、前の注(6)で問題にした、小さなケースをめぐって書いた二つの文として表現されました。実際、私は、私たちの科学あるいは他のものの歴史の中でこのようなことがあったことを聞いたことがありません。いくらかの人たちにあっては、「表面に現われる」代わりに――すべての人によって感嘆されている、みるからに天分をもった一人物が、すべての人の面前で、(私の知るかぎり)どんな評価も加えられずに、おどろくほど自然にこれをおこなっているからには――「このことは」むしろ**流行となっている**か、あるいは**正常なこと**とみなされているにちがいありません。

ここ数日のあいだに、おとぎ話「裸の王様」についていく度も考えざるを得ませんでした。この王様は、はばかることのないぺてん師につけ込まれ、また自分自身のうぬぼれによって、いわゆる芸術的な仕立て師が彼のために巨額の費用でつくったばかりの、世界でもっとも豪華な衣服を着て、盛大な行列をおこなうと発表しました。着飾った廷臣たち、平身低頭の「芸術家たち」、それに勢揃いした王の家族たちにとりかこまれて、王様が行列に現われたとき、行列の中の人たちも、この無上のすばらしさをながめるために集まった人びとのだれも、自分の目でみたことを信じようとしませんでしたし、すべての人は出来上がったこれらの衣服の比類のないすばらしさを感嘆し、大げさに言うつとめを果たしていました。このことは、群衆の中に迷い込んできたひとりの小さな子供が「王様は裸だ！」と叫ぶまでつづきました――すると突然すべての人がこの小さな子供とともに、あたかもひとつの声のように「王様は裸だ！」と叫びました。

私は自分をこの小さな子供のように感じます。子供の見たことは、かなり信じがたく、一度もみたことがないものであり、すべての人によって無視され、否認されているにもかかわらず、この子供は自分の目にうつることを信ずるのです[(1)]。

この子供の声だけで、人びとを自分の健全な器官の示すものへ立ち戻らせるに十分なのかどうかを知ることは、また別の話です。おとぎ話は、おとぎ話であり、それは私たちに現実について何かを語っていますが――それは現実ではありません[(2)]。

(1)　(一九八六年二月二十一日)このノートを書きつつあるときの心の中の状態について振り返って

みたものに、「履行された義務——真実の瞬間」（第四部、ノートNo.163）［暫定版、p775］、またとくに782ページ［暫定版のページ］の注（★★）があります。

(2)（六月十四日）このノートを書いたあと、「裸の王様」という名が埋葬に対するサブタイトルとして、この埋葬の特にきわ立った側面を表現するものとして心に浮かびました。そのあと、省察は、私の学生たち全体へ、さらには数学の既成秩序の「会衆全体」へと移りましたので、このサブタイトルはそれほど不可欠のようには見えませんでした。しかしながら、最初は、わが友ドゥリーニュについて考えたときにやってきたこの寓話は、やはり埋葬のさまざまな側面および予期せぬ出来事の全体にもあてはまることがわかってきました。埋葬は、一歩ごとに、たしかに本当だが信じられないことの中でユビュ王のごときコッケイさに達するのです（各人はこれを慎み深く知らないふりをする義務を持っているのです）。この方向での省察については、とくにつぎのノートをみられたい。「進歩は止められない！」、「シンポジウム」、「犠牲者——二つの沈黙」、「冗談——重さ複体」、「欺瞞」、「墓掘り人——会衆全体」（No.50、75′、78′、83、85′、97）［P38、144、163、198、219、303］。これらのいずれもとくにわが友ドゥリーニュに関係しているわけではありません。

7　あの世での出会い　（五月六日）　78

わが友ゾグマン・メブクから文献の入ったこの内容豊かな小包みを遂に受け取ってからまだ5日しかたっていません。この中にはとくにすでに検討した、「記念すべきシンポジウム」の二つの文書が入っていました——このシンポジウムは、壮大な**欺瞞**のまわりに築かれているのです！ノート「不公正——ある回帰の意味」（No.75）［P139］——ここで私はこの新しい「出来事」のもつほとんど信じられないほどの意味を把握する努力をしました——は、これらの文献を受け取ったその日に（五月一日の翌日）、発見による心の高ぶりの中で書かれました(1)［P162］。

レクチャー・ノートの中の「記念すべき巻」（レクチャー・ノート900——ノート(51)、(52)をみられたい［P41、49］）をついに知った四月十九日以来、これは、この大きな埋葬の盛大さを示す第三の大きな発見でしたが、それはまた、私に近い関係にあった人たちの行為に照明を与えるものとして、そしてみるからに類のない（私は歴史をよく知らないことも事実ですが…）、一時代の「慣習の描写」としての意味からも、最も大きな重要性をもっていると思われます。

第二の発見は、第一のもの――十二年間葬り去られていた「モチーフ」の発掘の発見――のすぐあとにありました。「記念すべき巻」のあと、私は「記念すべきセミナー」を得たのでした――この「セミナー」は、一度もおこなわれたことはなく、空虚な名（ＳＧＡも$4\frac{1}{2}$も）をかぶせ、それにまぼろしの学位論文の「０状態」と、（本当の）セミナーＳＧＡ５（その後にあったようにされていますが、その十二年前にあったのです）の主要な報告のひとつが付け加えられています。この報告は、操作の必要性から、無造作に「借用された」ものです。このあざやかな操作、および哀れなセミナーＳＧＡ５（頭と尾と胴体に解体されました！）をおそった奇妙な有為転変の中でこの操作が演じた役割は、四月二十四日と三十日の間におこなわれた省察の過程で徐々に明らかになってゆきました。（このテーマについては、五つのノート「あい棒」、「一　掃」、「特別な存在」、「青信号」、「逆転」（No.63″、67、67′、68、68′）をみられたい［Ｐ85、94、101、104、109］）。

終わりに近づきつつある過去を振り返っての省察「わが友ピエール」と平行して、ようやくこの発見を消化して、このきりのない埋葬に、二重に幸せそうな名「エピローグ――全員一致」を付した「最後のノート」でもって、四月三十日に最後の終止符を誇りをもってつけた（そのときはたしかにそう思っていました――今度はとうとう終わった！と）とき、不運にもこの小包みを受け取ったのでした。これで終止符、エピローグ、ページと番号の打ちなおしまでやりなおさねばならなくなったのです…。文献と付注、これに付されていた手紙を手早く一瞥して、私の終止符はダメになったこと、また細部に至るまで入念に仕上げた第一級の埋葬のすばらしい体系も通用しなくなったことが明らかになりました――私は儀典長の仕事を再びつづけねばならなくなりました…。

だがわが友ゾグマン・メブクは、この状況を私に知らせるのに時間をかけたものだと思います！これが潜在的な形で進行しはじめてから十年、「先鋭な形では」（これも婉曲な言いまわしですが）少なくとも三年はたっているにちがいありません――問題のシンポジウム以来、翌年に、彼の高名な元ボスでかつ保護者の庇護のもとに実に公式な「記録」が出るのを待つまでもなく、彼はこの風をはっきりと感じていたにちがいありません。

（一九七九年二月の）彼の学位論文の口頭審査の数か月のち、彼は、私が六年間住んでいた村に、その一部をもってやってきました。不運なことに、その数日前に、孤独に身をひそめるために私はこの村を発っていたのです（通りすがりにやってくることはあっても、再びここに戻るつもりはなく…）。彼は私の娘にしか会えませんでした。娘はあとでこの学位論文を私に手渡しました。その一年後だと思いますが、モンペリエ大学でやっと知り合いになりました。このとき、一・二時間おしゃべりしたと思います。この時期私はほとんど数学に取り組んでおらず、数分間はひもといてみたにちがいない学位論文も、著者の名もほとんど覚えていなかったにちがいありません。それでもこの出会いは熱のあるものでした。直ちに互いに共感の情が通いあったことをよく覚えています。数学についてはあまり話さず（私は覚えていません）、とくに多少とも個人的なことを話しました。ゾグマンがあとで私に語ったところによると（私は忘れてしまいましたが）、とにかく彼は$\mathcal{D}$-加群の「哲学」について少しばかり私に説明することができたこと、この出会いと、新しい事柄――だが（ある意味では）「予期された」ものでもある――を彼から知っていくらかでも私が「心を打たれた」のを感じて満足だったと言うことです。とくに私が思い出すのは、彼という人物から受けた印象です――ねばり強い力と穏やかさ、「物事を深く掘りすすめる人」という印象でした。この時には、昨年の出会いと、これにつづく文通の時よりもはるかに、気質が非常に似ているという印象を受けました――とくに「物事を深く掘りすすめる人」という側面において。だがこの二つの出会いの間に過ぎ去った二・三年に、これをずいぶん損なってしまったように見えます…。

私たちの最初の、短い出会いの折に、ゾグマンが彼の仕事における孤立、私の学生であった「傑出した人物たち」からのあらゆる励ましの欠如について語ったかどうか私は覚えていません。もしこのことを話したとしても、強調しなかったにちがいありません。この時すでに、こうしたことで私は驚くことは全くありませんでした[2][P162]。これが、一九八一年六月のリュミニーのシンポジウムの前だったか後だったかわかりません[3][P162]。もしこれが後だとすれば、彼はいずれにしても心の中にまだ熱いものを持っていたことでしょう――彼からこうした印象をまったく受けませんでした。むしろ、自分のやりたいこと、自分の欲することを知っており、人にけんかを売ったり、売られたりすることを望まず、穏やかに自分の道を歩んでいる人物という印象でした。

そのときは文通はつづきませんでした。しかし彼をよく覚えており、昨年のはじめに私は念のために彼にひと言書きました。それは、「穏和トポロジー」のためのすばらしい基礎の仕事に取り組む余裕があるかどうかを尋ねるためでした。この仕事は彼のような強い性格の人物が取り組みさえすればよいところまでになっている（と私には思える）ものでした。ゾグマンは最初ははっきりとそれを言いませんでしたが、この見通しにそれほど興味を持っていないことがわかりました――ところが、この機会をとらえて、新たな出会いを望んでいるようでした。このとき、私はあまりにも事情にうとかったので、状況を考慮することができなかったのです。私は、$\mathcal{D}$-加群の理論は、例えば連接な場合の双対性の理論がそうであるように（78[1]［P162］）、すでに出来あがっており、終わっているものであって、メブクは多分「大きな仕事」がないのだろうと想像していたのでした。彼の発進させたこの理論そのものの中においても、「大きな仕事」に欠くことなく――そのいくつかは単にながめてみるということもなされず、手をつけられてさえいないことがわかったのは、やっと昨年の夏の私たちの出会いのときでした！

とにかく、この二度目の出会いは、自然に生じたひとつのチャンスでした。今回は、前回のように一陣の風のごとき出会いではありませんでした。ゾグマンは、昨年の夏、六月だったと思いますが、私の家に一週間ほど滞在したと思います。数学上では、この出会いは、とくに私が$\mathcal{D}$-加群の哲学（ヨガ）をなんとか知るのに役立ちました。コホモロジーという昔の好みとの接触を少しばかり失っていたこと、また、とくにかなり異なった分野にある『園（シャン）の探求』の執筆に忙殺されていたので、ゆっくりとしか「あたたまって」ゆきませんでした。ゾグマンは、私がうわの空で聞いているのをみて落胆しませんでしたし、心を動かされるほどの忍耐力で、疲れを知らず、説明してくれました。この話題の$\mathcal{D}$-加群というのは、ずっと以前から私が**加群のクリスタル**と呼んでいたものにほかならず、この理由によって、それは特異空間の上でも意味をもっていることを理解したとき、ようやく私は始動しはじめました。突然、忘れられていた深みから、クリスタル-微分に関する私の過去から一連の直観が再び浮上し、少しばかりさびた、私の過去の「6種類の演算」の反射神経が再び活動しはじめるのがみられました…。

突然何のことだかわからず少しばかりうわの空になったのは、ゾグマンの方でしょう。あるいは、結局のところは、このやっかいな状況に手を触れないと決心したのでしょう（わが友ピエールがこれに手を触れようとしなかったのと同じく――彼は、私が近くにいたときには、大いに情熱をもやしていたのですが…）。

（↓78′［P163］）

注 (1) 「ノート――新しい倫理（1）」［『数学者の孤独な冒険』、p281］とともに、このノートはいく度も書きなおさざるを得なかった唯一のノートあるいは節です。最初の草稿の中に（またつぎの原稿においても）「現われた」ことは、私に慣れ親しんでいた、事柄についてのひとつのビジョンのあらゆる惰性がつめ込まれたままで、検討している現実よりもはるかに下の方にとどまっていたからです。

(2) （五月三十日）これは、まったくその通りだとは言えません――私はごく最近のさめた態度を過去の上に投影しています。昨年夏のゾグマンとの出会いのときにはまだ、コホモロジー専攻の私の学生たち（とくにドゥリーニュ、ヴェルディエ、ベルトゥロ、イリュジー）のだれも、ゾグマンの仕事において、彼を助けなかったことに驚いていたのを思い出します。この驚きは、十日あまりたってドゥリーニュが私のところに立ち寄ったとき（私はゾグマンについて彼にひとこと言ったにちがいありませんが、反応がありませんでした）、そのあとイリュジーとの電話での会話によって、新たなものになりました（このテーマについては、ノート「欺瞞」（No.85′）をみられたい［P219］）。

(3) （六月三日）これは前でした――彼の学位論文の口頭審査の一年後の一九八〇年二月です。

(78_1) しかしながら、連接の場合の双対性に関して、いくつかの「デリケートな」結果があります。とくに「双対化微分の加群」の構造、「素朴な」微分の加群に対するこれらの関係、平坦で、スムーズでない場合における跡および留数写像に関するものです。これらを私は一九五〇年代の末に発展させましたが、私が知るかぎり一度も発表されていないものです。それでも、（少なくともスキームの枠組みの中での）連接の場合の双対性の理論は、エタールの双対性の理論（およびエタールのモデルにしたがって、ヴェルディエによって発展させられた、局所コンパクト空間の離散コホモロジーに対するその変種）、さらには線形代数や一般トポロジーと同じく、基本的には**完成した**理論だと思われます[1]。このことは、完全に使えるようになっている道具という意味で言えるのであって、なかにわけ入ってゆき、吸収すべき、多少とも未知の実体がないと言っているのではありません。

注

(1)　（六月十二日）エタールの双対性に対しては、これは全く正しいとは言えません。純粋性についてのいくつかの予想および「二重双対性の定理」がその一般性をもった形では証明されていないからです。

8　犠牲者——二つの沈黙

*78′

私たちの出会いは、友情にもとづく信頼と愛情にみちた雰囲気の中でなされました。しかしこの雰囲気は期待されたようには維持されませんでした。今になってわかるのですが、この時、わが友の信頼は完全であるとは到底いえなかったのです。そのとき、例のシンポジウムから二年、「アステリック」誌に「記録」が出てから一年たっていました(1)——つまり彼はひどいりゃく奪の犠牲となっていた時点だったのです［P169］。しかし、彼はほんの四日前にやっとこれらについて私に知らせる気になったのです！昨年彼がやってきたときは、リュミニーでの別のシンポジウムからの帰りでした(2)［P169］（このときは、はっきりと、$\mathcal{D}$-加群をテーマとしたものでした）。そこに再び寛大にも招かれ、彼はすすんでかけつけたのでした。これについて彼は苦々しく、かつ漠然とした言葉を用いて話しました。この話から、彼が火中の栗を拾ったこと、「すべてを行なったのは他の人たち」となっていることが理解されました。たしかに私はこの光景を想像することができました——とくにヴェルディエは十年ないしは十五年のあいだかえりみないでおいた三角化カテゴリーの作者としての資格（どうせおこなうのなら、ついでに導来カテゴリーの作者としての資格も！）を突然思い出し、彼の「学生」であるメブクが仕事の中でこれらを用いるのをかろうじて許容していたのでした…（81［P180］）。

この時、ゾグマンははっきりとは説明しようとしませんでしたが、ヴェルディエについて心の中で多くのものを持っていたようです。彼のこの元ボスのあまり励みにならない振る舞いを考えるとき、これはよく理解できることです。だが、私の他のコホモロジー専攻の学生たちである、ドゥリーニュ、ベルトゥロ、イリュジーも、彼のおこなっていることに興味をもったり、多少とも彼を支援したりすることもありませんでした。しかしゾグマンにとっては、彼の年長者たちのこうした態度以外の態度を一度も経験したことがなかった（でしょう）から、これは当然のように思えたかもしれません。もし彼がこのとき私の元学生のうちのだれかを悪く思っているとすれば、それはただひとりヴエルディエだったのです。

ゾグマンのそれとない言及（明らかに彼は具体的に述べようとしませんでした）によって、私は、「ひと」は、彼のおこなったことの重要性を系統的に過小評価しようとしていることを理解しましたが――これだけでした。結局のところ、これは世間によくあることです。ひとつの事柄の重要性についての評価はかなりの程度主観的なものなので、他の人の仕事、とくになんらかの理由によって小さくみせたいと思っている人のものよりも、自分自身の仕事、自分の仲間や協力関係にある人たちの仕事に価値や重要性を付与しようとするのは、日常的にあるもので、ほとんど普遍的でさえあります。（だから、この場合にも、私にとっては、その「理由」は本当に不思議だとは思えませんでした！）。日常的なこのような態度をこえて、ここに文字通りだまし取ろうとする作戦があったこと、そこでは、彼が「過小に評価される」という問題では全くなく、停滞していたところに生命を再び与えたアイデアと結果についてのメブクの作者としての資格をそのまま**隠してしまおう**としているとは、私には全く考えが及びませんでした…。

しかし、当然わが友が心を開いてもよい人が世にいるとすれば、それはたしかに私でした。今日の流行に抗して、時には苦々しい思いをなめながら、ここ何年間ものねばり強い仕事をする上で彼に着想を与えたのは私の作品であったし――私の家にあたたかく迎え、私の方が今度は少しばかり彼の学生となり、彼が私に教えたかったことを最善をつくして学んだからです[3]［P170］。

ところが熱のこもった雰囲気の中でわが友が立ち寄ったあと、直ちにある「突然の逆転」がありました。いく人かの私の学生であった人たちのもとで出会った無関心と軽蔑のとげによって、ここ八年あるいは十年の間に彼の中に蓄積された警戒心と苦々しさを私の上に投げ返す決心をしたかのような印象を受けました。そのあとの数か月、私たちの間の文通はとげを含んだやさしさの調子から抜け出ませんでした――そしてついには文通は年賀状でとまってしまいました。賀状の返事は受け取りませんでした。

ゾグマンに再び連絡をとったのは、やっと三月末になってからでした。「ある過去の重荷」［『数学者の孤独な冒険』、p339］と、そのときこの節に付け加えたノート（№45、46、47、50）［P6、25、38］を彼に送ったのでした。私の作品についての短い省察（ノート「私の孤児たち」、№46［P6］）の中でおこなったように彼を描いてもよいかを彼に聞くためでした。彼が与えた情報で、それは内密のものであると彼が判断しているのかもしれない情報を私が用いていることは、すべての人に明らかでしょうから。わが友が（彼以前に他の人たちがそうであったように）「嫌われるくらいなら抵抗せずに小さくなっている」ことを望んでいないことに、私は全く確信が持てなかったのです。そう考えているとすれば、私は心を痛めたことでしょう。

彼の返事を得るのに長い時間がかかりました。ようやく十日後に受け取りました。まだどっちつかずの返事ではないかと多少考えていました——しかし今度ははっきりと熱のこもったものでした。私が彼について語った表現をも含めて、留保なしに同意しました。そこには感動さえありました。

彼の長い手紙（8ページ）の6ページ目に、ついでに、彼の定理の「非常に多くの」応用について（「エタール・トポロジーにおいて、また超越的な枠組みの中で」）触れながら、この定理は相変らず文献の中では「リーマン・ヒルベルトの対応」という名で現われていることを記していました[4]［P170］。彼はこのことをほとんど付随的に言っており、おまけに気まぐれに書いたかのように読めない字でしたから、まったく見過ごしてしまうおそれさえありました！それでもこのことを覚えていますが、本当に奇妙に思えました。ほとんど信じられないほど、奇妙にみえました。明らかにわが友は、私を含めてすべての人を恨んでいるので、おそらく誇張しているのだろうと思いました。ところが、私の方は彼に好意を寄せていることは、いずれにしてもかなりはっきりしていました。そこで私は「無名の奉仕者と神さまの定理」と題するノート（ゾグマン　ぼくはこれで終わったと考えていたのだよ！）［P34］、それにさらに二つのノート「直観と流行——強者の法則」（これを書きながら、他の人たちについても考えましたが、彼についても大いに思いをめぐらせました）［P30］と「かん詰にされた重さと十二年にわたる秘密」［P36］を付け加えました。「無名の奉仕者」についてのこのノートを、私ははじめは完璧な確信をもって書いたわけではありません。私には、ゾグマンはかなり矛盾に締めつけられ、これで満たされているようにみえましたので、私自身、諸事実についてそれほど知らないまま、単に彼の反応にしたがいながらも、私は何にかかわりだしたのだろうと自問してみるほどでした。ここにだまし取りがあるかもしれない、そしてヴェルディエまたはドゥリーニュ自身がかかわっているかもしれないという考えが私をかすめるということはありませんでした。ゾグマンが私に語ったことの中には、これらを暗示するようなものは何もありませんでした…。

しかしながら、この双方―ヴェルディエとドゥリーニューとも、この神さまの定理にきわめて緊密にかかわっており、少なくとも彼らの暗黙の同意なしでは、その作者の資格を横領することはほとんど不可能なのでした。これにつづく数日のあいだに、私の中で何かが作動したにちがいありません。(十年後に)ゾグマンによって解かれたこの問題をドゥリーニュは大いに考えていたことを思い出しました――そして結局のところヴェルディエはこれらの研究の指導者として機能していたのです。彼の学生にそれほどうんざりしていなかったならば、またこの学生をとくに冷たくあしらい、落胆させたとしても、少なくとも彼はこの仕事の中の二つの主要な定理がどんなものであるのかを知っていたにちがいありません――ヴェルディエがとにかく同意した例の「会見」の中で、ゾグマンはたしかに説明したはずです！そこで私は、メブクの仕事とドゥリーニュのそれ以前の試みとの関係についての解説のノートと、ヴェルディエの役割についての注をつけて充実させました。これはまた同時にわが友ゾグマンに対する探り入れでもありました…。

突然ゾグマンはこのチャンスをとらえて、遂にここ三年隠されていた彼の手の内をみせ、明らかな真実を開いてみせ、抑圧されている者の正当な言い分を勝利させるものと思えるでしょう！だがまったくそうではありませんでした！十五日間の沈黙ののち、神さまの定理を除いた、すべてが(数学の)話題の手紙がやってきました――あるいはむしろ、彼の学位論文における具体的な出典指示を私に与えるということに限られていました。これは彼に頼んだことだったのですが。(いずれにしても、私が敢然と関わりはじめた、この有名な定理がどこで証明されているのか知りたかったのでした！)。

この手紙に対する私の返事の中で、発見したばかりの「私の作品に関する広大なだまし取り」についていくらか言ったにちがいありません(「記念すべき著作」であるレクチャー・ノート900について、さらに、近日中に大学の図書館でSGA$4\frac{1}{2}$を知ることを私は「大いに楽しみにしている」ことを)――そこでようやく、わが友は、さらに十日間の沈黙のあと、ようやく始動しはじめました！

今回はついに「小包をよこしました」―あり金を全部賭けたのでした――適切にえらばれた文献からなる**大きな**小包で、これによって、私は、ある「雰囲気」についての均衡のとれたイメージをつくることが出来るものでした（私はほとんど図書室に出入りせず、大学の私の研究室につまれている抜き刷りの山もほとんど見ていませんでした）。この中には、私の長く、盛大な葬儀には加わっていない人たちが数多くいるようでした[5]［P170］。主要な「証拠書類」（信じられないほどの欺瞞を明らかにしている、例のシンポジウムの二つの論文）と、もうひとつの「記念すべき論文」（今回はヴェルディエの筆による[6]［P170］）以外に、「フィールズ賞受賞者」ドゥリーニュについてのN・カッツの演説、それに同じ一九七八年のヘルシンキの国際会議でのラングランズの報告とマニンの報告がありました。ついで一九七〇年のニースの国際会議でのドゥリーニュの「ホッジの理論I」（ここではまだ三行目に、「グロタンディークのモチーフに関する予想としての理論」について言及されています（$78'_1$［P172］）。そして一九七四年のバンクーバーの国際会議でのやはりドゥリーニュの「代数多様体のコホモロジーにおける重さ」（ここでは私の名はありません（$78'_2$）［P173］）。さらにA・ボレルとの文通（彼も昔からの仲間で、これで同時に私は彼がチューリッヒに戻っていることを知りました）。そして科学アカデミーの「報告」（CRAS）の中のメブクの二つのノート。このうちのひとつは、一九八〇年のもので、（その前年にパスした）彼の学位論文の第五章の要約で、神さまの定理をいくらか浮き彫りにしたものです[7]［P170］。さらに内緒だということで知らされたひとつの文書がありますが、ここではこれ以上言わないでおきます…。

この内容のある小包に二通の手紙が付されていました（四月二十七日付と二十九日付の）。ひとつは非常に長いもので、二つとも内容のあるものでした。今やゾグマンはようやく秘密を明かしたのでした（今回は、真の！）が、彼は私が再び連絡をとって以来そうしたように、非常に慎重であるようにと私に勧めつづけました。もし彼の意見にしたがっていたならば、私の省察のノートを公表するのを控え、彼と私との間の絶対的な秘密となったままだったでしょう――「彼ら」は「あらゆる権力」をもっており、「すべての人は彼らと共にある」から、少なくともだれかを俎上にのせている部分は秘密のままだったでしょう[8]！［P171］。しかし、彼が関わっている部分を送ったこれらのノートは、出来るかぎり早いうちに公表するつもりであることを、私はゾグマンにはっきりと告げました。

抑圧されている者の正義の立場が勝利するためのあらゆる要素がついに集まったように思えました。しかし「犠牲者」は気まぐれにカードをかきまぜつづけるのに全力をあげているようにみえました――（五月二日という運命の日までは）ゾグマンが唯一の保持者であったにちがいないこの「秘密」を明かしたことにひそかな悔恨（と言えるかもしれないもの）にもとづくかのように。このあいまいさ（両義的な態度）は、受け取ったばかりのいく通かの手紙の各行にさえ（私は少しばかり誇張していますが）すけて見えています――これは沈んだ勝利の様子をして、完全な「記念すべき論文」を送ってきた最近の手紙についても言えます（はじめに送られてきた「大きな小包」では、この主要な証拠書類のうちの最初の二十ページだけが切り離されて入っていたのです）[9]［P171］。

友人のピエールのことですが、ドゥリーニュと言いましょう（ほとんどの読者には、ピエールでも「友人」でもないでしょうから…）、たしかに彼はこの［「ヴェルディエの」］「記念すべき論文」について感動的な賛辞を述べていません――したがって「犠牲者」なのは、ゾグマンではなくて、取り巻いている人たちから非常に悪い影響を受けた、気の毒なドゥリーニュだと言われるかもしれません――彼をきわめて悪質な仕方で取り囲んでいた唯一の悪者は、ヴェルディエだと（これはどうだかわかりませんが…むしろ私のつぎの視角にしたがってほしい…）..結局のところ、人を損なうという喜びだけのために、このような意地悪をやるためには、私がヴェルディエに「何かをおこなわせたにちがいない」と、それ以外に、私が彼のボスでもあったし、また博士号、栄光など――要するに「絶対的権力」の手段を与えたのも私だし！と[10]［P171］。

あきらかに、わが友がだれかに恨みをぶつけるとすれば、それはたしかに十年間に全部で三回だけ「会談」するために出会うという栄誉を持てたにすぎないとは言え（彼が最近私に書いてきたことをよく理解できたとして）、彼のこの高名な元ボス――目もくらむほど遠くへだたったところにおり、まったく手の届かないところにいる一人物ではなく、好きなときに会いにくることができて、パンと住みかを共にすることができる人物［つまり私］に対してでしょう…[11]［P171］。

ゾグマンが、彼が犠牲者となっている、横領の状況をさらに少し私に知らせる（そして、多少ともこの状況に決着をつけるための助けとすることができる）、いくらかの新しい要素をもらすための新しい一歩をふみだすごとに、これは、ひとつの**もぎ取り**、心の中の消耗なたたかいの結果であるように私は感じました。最も貴重な財産にしがみついているように、心身ともに一体化しているように思えるひとつの**役割**がありました――この役割とそれを正当化している状況のまわりで、最も絶対的な秘密を維持するときにのみ、保持することのできる**犠牲者**の役割です[12][P171]。彼のためらいがちな協力と共に（ほかでもない私による、明白な埋葬についてのあいにくな省察によってつくられたある状況の論理によって、いわばもぎ取られて…）、この秘密は終わりを告げ、これと共に、いつからか私には分かりませんが、彼が維持しようとしていたこの役割をも終わりを告げた時点では、彼はたしかにひき裂かれていたろうし、かつてないほど私を恨んでいた可能性があります。

わが友ゾグマンのこの「埋葬」は、**二つの沈黙**という対になった心配りによっておこなわれました。おのおのの沈黙は、他方に呼応し、一方の役割が他方の役割――横領するものと、されるもの――に緊密に結びあわされて、裂け目のない円環の中で、他方を呼びさましているのです。私は一度ならず、「埋葬する者」が同時に、しかもより深く、みずから「埋葬される者」であることをみて驚きましたが、同じく、もうひとりの友人の中では、「埋葬される者」が同時に、より深くみずから「埋葬する者」である――「埋葬する者」たちと緊密に示し合わせて、同意している犠牲者であることに自ら満足している――のを見て驚きました。

そして私は、彼自身が被った横領の第一の責任者は、わが友ゾグマン自身にほかならないことがはっきりとわかります。彼はここ三年来その沈黙によって、人びとの気ままにおこなう彼に対する侮辱に同意を与えていたのです。彼は戦うための手段をすべて手にもっていました――そして三年のあいだ手の中にこれらをもっていることさえ忘れ、戦わずして敗れることを選んだのでした[13][P172]。

注 (1) （十月九日）ゾグマンの指摘するところによると、これらの「記録」は実際は一九八四年のはじめにやっと出たとのことです。

(2) （五月七日）ここで少しばかり記憶の混乱があります――シンポジウムに行くところだったと思います。思い出しますが、この時点で、たしかに彼はこうした「苦々しく」、漠然とした「言葉」を用いる理由にこと欠くことはありませんでした。だがこの苦々しさは、私の家に滞在したあと、リュミニーへ行くことによってさらに強められました。リュミニーから戻ったあと、彼からの電話によってこのことがわかりました。この時点では、彼は「人びと」（それがだれであるかはあまり詮索しませんでした）によって邪険に扱われるためにリュミニーにかけつけたのだ、そして「人びと」の方は、彼を無視できるほどのものだとして、寛大にも彼を招いたのだという、非常にはっきりとした印象を私は持っていました。私はこのことを彼に言ったにちがいないか、またはほのめかしたにちがいありませんが、それでも、私に対するわが友の態度は良くなることはありませんでした。

(3) ゾグマンは、自分自身の埋葬についてばかりではなく、私の埋葬についても語りませんでした。ところが、私の埋葬が展開されているのをみるための絶好の場所を彼が占めてからやがて十年になっていたのです！結局のところ、彼の「保護者たち」(保護者であることに少しばかりためらいがちな）は、彼も、私の遺体が入っているひつぎの片隅を手でもつことをはっきりと望んでさえいたのでした――しかし参列者の中でただひとり、すべての人がだまっている名を彼が時折口に出すことを彼らは許しませんでした！

こうして、わが友は私に対する関係の中に不安定な感じを持っていたにちがいありません。そして彼は、あいまいさをもったある過去（私の過去がそうであったように）を受けとめ、率直かつ明確に私に語るための単純さを自分の中に見い出すことが出来なかったのでした。彼の埋葬について語ることは、私の埋葬について、そこで彼自身が演じた役割について語ることでもありました…。

とにかく私が明明白白なこの埋葬を発見することになったのは、一種の「沈黙による申し合わせ」に逆らっておこなわれたのでした。この「申し合わせ」には、わが友ゾグマンとわが友ピエール、さらにおそらく数学の「高貴な社会」の中で私が持っていた友人の大多数も含まれているでしょう。

（六月三日）他の具体的な指摘については、つぎのノートNo.78′をみられたい［P173］。

(4) ノート「不公正と無力の感情」（No.44′）の中の、彼の手紙からの引用をみられたい［P5］。

(5) （六月十二日）とにかくカッツ、マニン、ラングランズはこれに加わっていないようです…。

（一九八五年三月）だがカッツについての別の見方については、ノート「詳細」（No.164（II 5））と「策略」（No.169）、「（169（iii）の中の）エピソード2」をみられたい。

（一九八五年四月）同じくラングランズについての別の見方については、ノート「前段の発掘」（No.176$_1$）をみられたい。

(6) この論文に関しては、ノート「すばらしい参考文献」（No.82）をみられたい［P192］。

(7) このノート、メブクの学位論文および神さまの定理に対する具体的な参照については、ノート「分厚い論文と上流社会――あるいは取り違い…」（No.80）をみられたい［P177］。

(8)（五月三十日）勢いにおされて、私はここで少しばかり誇張しています。ゾグマンが、私のノートのあれこれの部分の発表を控えるように私に示唆したことは一度もありません。最近になって、これらのノートは本の形で出た方が「後世」のためになり、プレプリントの形での、数の限られた部数では少しばかり「無駄な努力」のようだとさえ言っています。

(9)（十月九日）ゾグマンが詳しく説明したところによると、実際には、はじめは論文全体のコピーを持っていず、あとでコピーしたとのことです。

(10)自分自身の無力さを確信し、それを正当化しようとする人によって、「絶対的権力」についてのこうした見方を聞いたのは、これがはじめてではありません。もしだれかが彼自身、ゾグマンに対する、ある「絶対的権力」を付与したとすれば、それはゾグマン自身にほかなりません！

(11)（五月八日）わが友の私に対する関係において、はっきりとした葛藤の兆候があらわれたのは、私たちの最初の短い出会いでは多分完全には消せなかった、「距離がある」という感情を解消するような、留保のない、愛情のこもった雰囲気の中で、彼が「私とパンと住まいを分かちあった」この滞在の直後だったことは、たしかに偶然ではないでしょう。ここで、ずっと以前から私には慣れ親しんだ一状況に出会っているのです。これについては、二つのノート「敵としての父（1）、（2）」（第29、30節）の中で（かなり漠然とした言葉を用いて）述べました［『数学者の孤独な冒険』、p265、269］。その前におこなわれた省察に対する解説としてこれらを書いているとき、この旅の終わりに近づいていると思いながら、そこで描いた原型としてあるこの状況が、さらにこのあとつづけられたこの長い省察の中心にいつも見い出されることになるとは考えてもみませんでした！

(12)（五月三十日）この行が書かれて（五月六日）以後、わが友の態度は大変ないきおいで変化しました。最近では、犠牲者としての役割に執着する兆候はもうみられません。もちろん、これにつづく行は（これまでの行と同じく）わが友の人生の中でのいくつかのエピソードに関するものですが、ある気質を浮き彫りにしたり、変わらない考え方を描こうとしているのでは全くありません。

(13)　（五月三十日）　これはたしかに、闘争者の気質をもっている人間の、この気質がないようにみえる人についての主観的なビジョンです。この行が書かれて以後、わが友の中に戦う気質が呼びさまされ、彼が犠牲となっている不公正に対して戦う決心をしたようです。

（一九八五年四月十八日）　わが友の態度についての異なった、それほど「きびしく」ない見方については、ノート「根と孤独」（No. 171$_3$［暫定版P1079］）をみられたい。

(78$'_1$)　私はこの短い予備的な報告「ホッジの理論I」を手にしたことは一度もなく、『数学刊行物』にあらわれた、さらに詳しい報告「ホッジの理論II、III」をみただけでした。このため、ドゥリーニュは、ホッジの理論についての彼のアイデアの誕生においてモチーフの理論が演じた役割について言及する必要があるとは考えなかったのだという印象を持ったのでした。もし彼が、私が彼に対して演じた役割(1)について述べたいと考えたならば、彼の学位論文となっている「ホッジの理論II」でそうしたろうと考えたのでした。この時がこうした事柄を述べる機会だったはずです(2)［P173］。主要な出典指示（ブルバキ・セミナーでのドゥマジュールの報告）をも付して、「グロタンディークのモチーフに関する予想の段階の理論」に言及したこの簡単な行(3)［P173］によって、私に言及することをキッパリとやめてしまったことがわかりました。

ここでも再び、言うべき言葉が全くありません！重さの哲学（ヨガ）をめぐる、ドゥリーニュのその後のすべての仕事を通じて、――そのあと、モチーフ的ガロア群がついに（十五年後に）発掘された「ひょう窃の巻」レクチャー・ノート900（今回は、故人の名が含まれている、簡潔な出典指示の一行さえありません…）へのエスカレートを通じて、透けてみえる非常に豊かなある理論（まったく予想の！）についてはどんなイメージも与えることができない、このドゥマジュールの小さな文書以外の**別の源泉**からこの理論（まったく予想の、このことを忘れないでいただきたい！）を学んだことを指摘しておくという考えは浮かばなかったようです。

省察の結果、この簡潔な引用の中に、またしても「タイム！」の文体を見い出します――読者にわかるようにするものではまったくない（いまの場合、まさに隠そうとしているアイデア――その後十二年のあいだ隠されたままであったアイデアとの明白で、深い関係について）、しかも**読者をだまそうという性質をもった**出典指示を付した、まぬがれるための、まったく形式的な引用なのです。

注　(1)　（五月三十日）数週間前はなお、私は一貫してこの役割を過小に評価していました。このテーマについては、五月二十七日付のノート「特別な存在」（№67′）をみられたい［P101］。そこではじめて私の中にあるこの態度を考慮し、その意味を感じとっています。

(2)　（五月三十日）この学位論文の審査委員会に加わるようにと連絡を受けたという覚えはありません。埋葬はすでに順調に進行していたのでした…。

(3)　セールもこの行の送り記号［3］として暗に含まれています。興味のある読者は彼の名を「ホッジI」にある文献表に見い出すことができるでしょう。この行――手早く片付けたい証拠――は、一九六八年と今日との間で、セール（つまり［3］）、モチーフ、グロタンディーク…とこれが指摘している「源泉」について（たとえそれが謎めいたものであったとしても）言及している唯一のものでしょう。

（五月二十八日）その後、もうひとつのこのような言及に出会いました。これは、きわめて特別な機会だということで、非常に興味深いものです。このテーマについては、「弔辞（1）――おせじ」（№104）、およびこの「特別な機会」を位置づけているその前のノート「墓掘り人――会衆全体」（№97）の末［P303］をみられたい。

(78′2)　私はこの文書[1]（ほんの数週間前にその存在を知りました）を手にしたことがなく、その中に私の名がないのを知りませんでした。またセールの名もありません。セールが最初に「重さの哲学」をかいまみ、ついで私が非常に詳しく明らかにしたのでした。

注　(1)　P・ドゥリーニュによる「代数多様体のコホモロジーにおける重さ」、バンクーバーの国際会議、一九七四年。報告書、pp78―85。

!78″

9　ボス　（六月三日）

私の作品をめぐっておこなわれた「だまし取り」について、ゾグマンは、徐々に、しかもはじめは漠然としかわからなかったと私に述べました。一九七五年にヴェルディエが彼に与えた手稿（ノート「すばらしい参考文献」（№82）をみられたい［P192］）は、彼にとって、実にありがたいものでした。とくに、構成可能性という概念とその基本的な諸性質をこれで知り、そして二重双対性の定理から、彼は$\mathcal{D}$-加群の枠組みの中での二重双対性の定理(あるいは「局所双対性」の定理)の着想を得たのでした。何かがあると考えはじめたのは、その数年後にやっと、SGA5(もちろん虐殺された版ですが、彼のような注意深い読者をごまかせるほどには虐殺されていない)を読みながらだということです。長い間、彼が多くの着想を得たアイデアはヴェルディエのものだと確信して、彼の遠い存在のこの年長者に対する感嘆と感謝の気持ちでみたされていました。さらに、これらの年月のあいだ、「ヴェルディエの」と言われている双対性の理論は、たしかにヴェルディエ」によるものであり、また「ポアンカレーヴェルディエの」と彼が呼んでいる双対性についてのアイデアは、たしかにヴェルディエによるものだと確信していたようです。なにかおかしいことがあると考えはじめたのは、やっと一九七九年(彼の学位論文の口頭審査の年)ごろになってからです――しかし彼の威信のある「ボス」に対して、また一九八〇年二月と一九八三年六月の私たちの出会いの折には、私に対してても、このことがまったくわからないように用心していたにちがいないと思われます。彼自身の作品をめぐっておこなわれつつあったくすね取りを感じはじめ、また、何という世界に迷い込んでしまったのだろうと、より明確に自覚しはじめたのは、やっと一九八一年六月のよこしまなシンポジウムと共にでした[1][P175]!。もちろん、彼にとっては、私はこの世界に加わっているにちがいなかったのです。その世界では、私の元学生たち(あるいは少なくとも彼らのうちのいく人か)が指導的な位置を占めており、故人となっている師に対してと同じ無遠慮さでもって、死後の学生からもりゃく奪していたのでした。もし、私と私の元学生たちの間に相違があるとすれば、唯一のものは、私は故人となっており、彼らはピンピンして生きていて、決定的な仕方でそのことを示していたことでした…。

よこしまなシンポジウムのあとでさえ、ゾグマンは、起こっていることをかなりはっきりと彼に教えている、彼の健全な器官の示す証言を信じるのは、なおむずかしかったことが想像されます。一九八四年一月になってやっと、B・テシエと彼の「いわゆるボスの」ヴェルディエの署名のある、シンポジウムの記録の例の序文を入手したのでした。三年近くのあいだ明白なことを認めないできたあとだけに、ショックはそれだけ激しいものだったでしょう。私はそれが理解できるように思えます。その二か月後の三月末に、私はノート「私の孤児たち」と「遺産の拒否――矛盾の代価」を彼に送って、再び連絡をとったのでした――さらにその一か月後に、彼はついに「秘密を明かし」、「よこしまなシンポジウムの欺瞞」を私に知らせる決心をしたのでした。

注 (1) ゾグマンはこの時には彼の元ボスについて実に否定的な意見を持つようになっており、ヴェルディエが一九六〇年代におこなったすべてのこと（ノート「信用貸しのテーゼとなんでも保険」（No.81）の注［P180］でこれらを検討します）は多かれ少なかれ私から書き取りをしたものか、あるいは少なくとも私からそっと教えられたものであると確信するようになっていました。

10 友人たち *79 (78′)

さて、ゾグマン自身が犠牲となっているりゃく奪をめぐって、彼が保っていた、そしてそれから漠然とした利益を受けていた秘密に終止符を打つことになるこの省察を終えて、公表するところにきました(1)［P176］。おそらくこの省察は彼に歓迎されるものではないでしょう。また同じく、多分、わが友ピエールにも歓迎されないでしょう。ピエールには、これが出来あがり、清書され、印刷に付されるや、私の手で直接に手渡しにゆくつもりです(2)［P176］。わが友ゾグマンにも、わが友ピエールにも私の提供できる最良のものを、おそらくこの双方とも、災禍として、あるいは侮辱として、これを最悪のものとして受け取るかもしれません。さらに悪いことには、私のこの証言は公表されるものだということです――それは、双方の沈黙がおおやけの行為であったこと、そして彼らが一方の人を引き入れつつ、他方の人をも引き入れているのと同じです。

彼らが私の証言を拒否するか、それとも歓迎するかは、彼らの選択するところです。ジャン・ルイ・ヴェルディエに対しても同じです。私は彼を今日のゾグマンとピエールと同じように、私の友人の中に入れていました。これらの選択は私に大いに関わることですが、それは私の選択ではありません。彼らの選択を予想してみる気はまったくありません。私はやがてそのことを知るにちがいありません。これからの数週間、数か月が私にもたらしてくれるものを強い興味をもって、判断を中止したままで――しかも苦悩の影をもたずに、待っています。私の唯一の心づかいと責任は、私の提供するものが、たしかに私が提供できる最良のものであること――つまり真実であることです。

私が友人という名で呼んでいる人たちを手心を加えずに語っていることに驚く人も多分いることでしょ

う。また、この友人という名詞の中に、形だけのきまり文句をみたり、さらにはそこにはないのですが皮肉な語調をみる人さえいることでしょう。私がゾグマン・メブク、あるいはピエール・ドゥリーニュを「友人」として引きあいに出すとき、書いている時点で私の中にある共感と愛情と尊重の感情を想起しているのです。この尊重の感情が、私に「手心を加えて」はいけないのと同じく、友人に「手心を加え」てはならないと私に告げているのです――私と同じく、この控え目な真実に出会うにふさわしい人たちだし――私と同じく、手心を加える必要はないでしょう。

ジャン・ルイ・ヴェルディエを「友人」として引き合いにださなかったのは、彼をわが友ゾグマンやピエール、あるいは私自身よりも、「よい」ものではない、または「価値のある」ものではないと考えているからではなくて、人生のまわり合わせによって、相互に遠ざかることになったからです。十五年以上も前に、私を彼と結びつけていた共感や愛情が、年とともに多かれ少なかれ消えてゆき、多少とも個人的な接触によって生命をとりもどす機会がなかったのです。このような接触を再び取り戻すために私がおこなったいくらかの試みは、反響を見い出せませんでした。この省察を読むことで、動かなくなっていた関係に再び生命が与えられるかどうかはわかりません。しかし私にとって現在のところ「友人」ではないからといって、私自身あるいは私の友人たちと同じように彼に手心を加えなかったことで、彼に対して敬意を欠いているとは思いません。この逆のことをおこなうことで、彼にとっても誰にとっても役立つことはないことがよくわかっているからです。もし万一彼もわが友ピエールも、思い切って自分自身をみつめてみることよりも、「自己を防衛」したり（あるいは攻撃しよう）とするならば、手段にも支援にもこと欠かないことは言うまでもありません。人を落胆させたり、ふみつけたりする可能性を持った時点で、双方とも、一度ならず、手心を加えず、容赦なく、人を落胆させたり、ふみつけたりしたことも言う必要はないでしょう。

注

(1)　（五月三十日）この省察は、わが友の中の、現在では乗り越えられたように思われる態度から着を得たものです。（ノートNo.78に付した五月三十日付の二つの注(12)、(13)と比較されたい[P171、172]）。

(2)　しかし私に残された年月のうちに、首都[パリ]に数日間でも戻る機会がまたあるとは考えていませんでした。だがわが友ピエールは十年以上のあいだかなり頻繁に移動し、へんぴな田舎の奥まったところまで私に会いにやってきました。したがって、この特別な機会に、私が移動し、同時に、再三言われながら、まだ一度も恩恵に浴していない招待に応じたいと思っています。

11　分厚い論文と上流社会（あるいは取り違い…）（五月九日）　80

さて、リーマン－ヒルベルトー（ドゥリーニュ、彼の名は挙げられていません）――アダムとイヴ――神さま――（そして特にメブクではない）という例の定理(1)［P 179］の出典を与える時だと思います。この定理は（私自身を含めて）すべての人が大いに取り上げていますが、みるからに、それがどこで証明されているのかという問いを提出することをまだだれも考えなかったものです。わが友ゾグマンから、この「記念すべき定理」は、彼の学位論文の中に見い出されることを知らされましたので、この学位論文の目次の中にたしかに、第三章、第三節、75ページに、「カテゴリーの同値」という名（たしかに平凡で、粗野な感じがします）のもとにみつかりました。さらに不運なことに、「定理」という名さえ与えられておらず、「命題3、3」と呼ばれているのです（そして、もっと悪いことに、この同じページに私の名があり、しかも強調されているのです）。それを確認するために、その前の75ページを読んでいませんので、これがたしかにそうだと完全に確信したわけではないことを告白しなければなりません――ゾグマンはそうだと言いましたので、彼を信頼することにします(1)［P 179］。証明（と思われるもの）は、この学位論文の第五章でなされています――この論文は、一九七九年二月十五日にパリⅦ大学でD・ベルトラン、R・ゴドマン、C・ウゼル、レ・ドゥン・トラン、J・L・ヴェルディエからなる審査委員会をパスしました。著者の心遣いでまだ一部受け取っていない、関心のある人（当っているかどうかは別として関心を持ちそうだと思われたすべての人に、著者は彼の学位論文を送りました）は、彼に頼めばよいでしょう、彼は喜ぶことでしょう…。もちろん彼はコホモロジー専攻の私の元学生たちのおのおのに一部送りました。だが誰からも音信がなかったそうです。彼らはこの間にきっとテーマを変えたにちがいありません、運がわるかったのでしょう…。

ゾグマンは、たしかに、彼の商品を売り込む上で、これを明快で、人の気を引くような仕方で押し出すという器用さを持ち合わせていなかったと言わねばなりません――これは習得される事柄です。私の元学生たちが、時間を惜しまない、この仕事のある大家から器用さを習得したようなチャンスに彼はめぐまれませんでした。だが嘆くことはありません。彼は「三度の会談」を得ていますし、おそらく「傑出した人たち」のだれかが彼の不消化な分厚い本を受領したという通知を出すという考えをいつかは持つことになるでしょう。とは言うものの彼自身この厚い本が（たとえリーマンやヒルベルトのために価値を落としてしまわないとしても…）知られないままでいることを考慮に入れないわけにはゆきませんでした。そこで彼は科学アカデミーの報告にノートを書きました。とにかくそれはより短いものですが、彼の例の定理に注意をひきつけるにはあまりにも的をえているとは言えないタイトル「ヒルベルトーリーマンの問題について」なのです！私はよく知っていますが、わが友ピエール・ドゥリーニュは私と同じくらい歴史に通じていませんが、年代の順を正して、気のきいた、民間伝承的な名称である「対応（コレスポンデンス）」をつければ十分だったのです。これでいたずらは完成しました。ゾグマンはこれについて本当にこの意味を詮索してみただろうか…。このノートは一九八〇年三月三日付で、シリーズA、pp415—417にあります。

ヴェルディエはこの定理について、彼のいわゆる学生に同意した「三回の会談」のどれかで（あるいは学位論文の口頭審査の折に）知ったはずですが、おそらくそこに何もみとめなかったにちがいありません。ドゥリーニュの方は、いつであるかはわかりませんが何かに気づきました。だが確かなことは、一九八〇年十月には彼は知っていたことです。彼自身の言うところによると、ベルンシュタインとベイリンソンも知っていたということです。さらにメブク自身、彼の得た結果をベイリンソンとベルンシュタインに（彼らが読みづらい場合を考えて）説明するためにモスクワへ行きました。彼ら、あるいはドゥリーニュが、この学位論文またはそのあとに出た科学アカデミーの報告に載ったノートを読んだかどうか私は知りません。しかし翌年のリュミニーでの「記念すべきシンポジウム」が、まったくの偶然であるかのごとく、ちょうどこれをめぐってなされていることから考えると、彼らはその中に書いてあることをきっと理解したのでしょう。

要約すれば、私に資料を提供してくれた人が伝えてくれた最新の情報を考慮するならば、状況について完全に通じており、いわゆる「よこしまなシンポジウム」の欺瞞に参加した人が少なくとも五人いました。つまり（関与者をアルファベット順に記すと）A・A・ベイリンソン、J・ベルンシュタイン、P・ドゥリーニユ、J・L・ヴェルディエ、そしてZ・メブクです——さらに、大人たち、もちろんすぐれた才能の数学者たちで、みるからに好んで欺瞞されたり、ひどい取り違いをした人びとからなるシンポジウムの全体です(2)[P180]。再びここでわかりましたが、高名なメダル受賞者から埋もれた無名の学生に至るまで、私たち数学者は他の人たちと寸分ちがわず、間が抜けているわけでもなければ、賢くもないということです。

注 (1) (一九八五年四月十七日)結局、「神さまの定理」($\mathcal{D}$-加群の用語での)の一般に用いられている形は、ここで挙げた($\mathcal{D}^\infty$-加群の用語での)定理の形ではなく、同じ方法で証明されている似かよった形のもののようです。(このテーマについては、ノート「あるビジョンの開花——侵入者」(No. 171_1「暫定版、p1036」)、そしてとくに、そこにある今日の日付のある注(★★)1047ページ「暫定版の」をみられたい)。

(一九八六年二月二十一日)一九八四年五月九日に「彼を信頼することにします」(ゾグマン・メブクを、彼の学位論文の中にある定理は、たしかに例の「よこしまなシンポジウム」においてあらゆる仕方で問題にされている定理であることについて)と書きましたが、この信頼は通用しませんでした。メブクは不承不承ながら、このことについて私の誤りに気づかせるのに一年近く手間取りました(したがって、一九八五年四月十七日付の前にある修正をぎりぎりで挿入することができたのです)。二つの定理は非常に似かよっており、またメブクは、これら双方とも一九七六年に引き出したこと、双方の発表されている唯一の証明(一方は一九七八年、他方は一九八一年付で)は、彼の筆になるものであることを私に頑固に確言しましたので、このあいまいさは重要なものではないと思われました。だが疑いの余地のまったくないつぎの事実を最近知りました。a $\mathcal{D}$-加群に対する、いわゆる「リーマン－ヒルベルトの」定理のアイデアは、カシワラによるものであり、メブクのものではありません。b メブクが私に述べたのとはちがって、$\mathcal{D}$-加群に対するリーマン－ヒルベルトの定理のもうひとつの証明が文献の中にあり、カシワラの署名で一九八四年に出ています。その準備的な素描は、一九七九年にグラウイクーシュヴァルツ・セミナーに発表されているようです(もっと詳しくは、『収穫と蒔いた種と』の第四部に書きます)。

これらの諸事実は、私があやまって過小に評価しようとした、この「重要なものではないあいまいさ」の意味に新しい光を投げかけています。これらの新しい事実をまだ持っていなくとも、少なくともメブクは私を誤りに導いたことは明らかであり、これだけでもここで立ち止まってみる価値はあったし、（一九八五年四月十七日付の）「結局…の形のもののようです」といった調子の無造作な注によってこのことを回避しようとするよりも、少しばかり同じ方向にある他の事実とこれとを突き合せてみる価値がありました。

カシワラは、シンポジウムの記録の中に、メブクと同じく（あるいは私と同じく）取り上げられておらず、さらに他の突き合せをしてみるとき、「よこしまなシンポジウムの欺瞞」は結局**二重の作戦**であったことがわかります。この作戦は、「ドゥリーニューヴェルディエ」の二人（**先人の埋葬**を代表している）とベルナール・マルグランジュ（**アンチ日本**を代表している）との思いがけない連帯（心が通いあっていないとしても、理由があって）によって、「わなをかけて」**同時に**、メブク（グロタンディーク流であるという罪のため）とカシワラ（日本流であるという罪のため）とを消してしまうことをめざすものでした。このテーマについてさらに付け加えますと、この極端に選別的なシンポジウムでは、参加者は**招待のあったものだけ**であり、カシワラも彼に近いフランスの協力者であるピエール・シャピラも招待されなかったのです！メブクに関しては、たしかに招待されましたが、結局彼との間には気まずくなることはないことを、「人は」知っていたからです。

要するに、そこでは、心穏やかに「家族の中で」（非常に大きな）お菓子を分けあったのでした…。

(2) （六月三日）実際、このシンポジウムのすべての参加者は、例外なくその場で状況を知っていたと思います。このテーマについては、今日書いたノート「シンポジウム」（No.75'）をみられたい［P144］。

VIII 学生——またの名はボス

1 信用貸しの学位論文となんでも保険（五月八日）

81(63''')

前の二つのノート（ノート48と63'''［P30、85］）の中で「余勢をかって」話しただけの「幽霊の学位論文」の件についてより詳しく述べる時点だと思います。それほど注意を払っていない読者、あるいはあまり好意的でない読者は、私の元学生J・L・ヴェルディエに対して、二つの矛盾する事柄について私が同時に非難していると考えるかもしれません——つまり、導来カテゴリーを「埋葬し」、かつそれを(SGA $4\frac{1}{2}$ において)「発表し」、その作者としての資格を誇っているということです。P・ドゥリーニュに対して、モチーフを「埋葬し」、かつそれを(レクチャー・ノート900の中で)発掘したとして非難していると思われるのと同様です。したがって、一九六〇年から今日まで、状況を振り返ってみることは、多分無駄なことではないでしょう。

一九六〇年または一九六一年ごろ、私はヴェルディエに、学位論文にする研究として考えられるものとして、ホモロジー代数の新しい基礎を発展させることを提案しました。これは、これに先立つ数年間に、スキームの枠組みの中での連接的な双対性の定式化の必要性から私が引き出し、用いていた導来カテゴリーの定式を基礎にしたものでした。私が彼に提案したプログラムの中では、見通しとして、深刻な技術上の困難はなく、とくにその出発点は得られている、概念をつくる仕事で、おそらくカルタンーアイレンバーグの基礎の著作に匹敵するほどの大きさの、かなりの展開を必要とすると思われるものでした。ヴェルディエは、提案されたこのテーマを受け入れました。彼の基礎の仕事は満足すべき仕方ですすんでゆき、一九六三年に、導来カテゴリーおよび三角化カテゴリーについての「0状態」として実現され、高等科学研究所(IHES)からパンフレットとして出されました。これは50ページのテキストで、(ノート(63″)で述べましたように)一九七七年にSGA $4\frac{1}{2}$ の付録として転載されました[1][P85、184]。

口頭審査が一九六三年ではなく、一九六七年におこなわれたのは、これからおこなわれる基礎の仕事の萌芽である、この50ページのテキストが、国家博士論文となりうるとは考えられなかったからです——もちろんこのように問題が提出されることさえありませんでしたが。同じ理由によって、一九六七年六月十四日の学位論文の口頭審査の折(C・シュヴァレー、R・ゴドマン、それに主宰した私自身を含む審査委員会において)、この仕事を学位論文として提出することは問題になりませんでした。審査委員会に提出された、十七ページ(プラス文献表)の文書は、そのとき執筆中の大きな仕事への**序文**であるとされていました。それには、この仕事の基礎にある主要なアイデアが素描され、これらを使用する数多くの枠組みの中に位置づけていました。その10、11ページには、この基礎の仕事のために予定されている章と節が具体的に述べられていました。

理学博士の称号が、それらは彼のものではないと彼自身が言っている[2][P185]アイデアを素描している17ページのこの文書に基づいて、J・L・ヴェルディエに授与されたのは、この時明らかに審査委員会と彼との間につぎのような誠実な契約があったからでした。つまり、彼がすばらしい序文を提出していたこの仕事を最後までおこない、すべての人の手に届くようにすることを約束したということです。この契約は候補者によって守られませんでした[3][P186]。彼の予告していたテキスト、その真価が明らかになっていた新しい観点からのホモロジー代数の基礎に関するテキストは一度も発表されませんでした。

一九六一年と一九六七年の間のヴェルディエの仕事が、一九六三年のこの骨子だけの「0状態」を書いただけだとすれば、審査委員会はこの「信用貸しの学位論文」を受け入れようと思わなかったことは明らかです。このとき、彼の仕事の執筆は十分に進んでおり、1年あるいは2年のあいだに完成する見通しだったにちがいありません。また実用上の理由から、その根拠となる仕事が完成するのを待たずに、ヴェルディエが称号を持つことは時宜を得ているように思われました。

付け加えれば、一九六四年と一九六七年の間に、ヴェルディエは双対性の定式に関していくらかの興味深い寄与をしていました（81$_1$）[P188]。これらと、彼がおこなうと考えられた基礎の仕事とを合わせるとき、彼に与えられた信用は正当なものだと考えることができました。双対性についての彼の寄与の全体は、やむを得なければ、ほぼこれだけでも、十分に学位論文となりえたでしょう。しかしこのような学位論文は、私が通常提案していた仕事のスタイルの中にはまったく入っていませんでした。私の提案する仕事は、すべて、私がその必要性と緊急性を感じている理論を系統的に、最後まで展開するというものでした（81$_2$）[P188]。ヴェルディエがこのような「すでに発表された論文のタイトルだけからなる学位論文」を提出するという問題を提起したかどうか、私には覚えがありませんが、もしそうだとしても私は受け入れなかったのではないかと思います。このような学位論文は、導来カテゴリーというすばらしいテーマを、スケールの大きな基礎を発展させるということで、彼に託したとき、彼と私との間でなされた「契約」とまったく対応していなかったからです。

まだなされていない仕事にもとづいて、博士の称号を彼に与えた（私がおこなった保証を信用したC・シュヴァレーとR・ゴドマンと共に）私の軽率さに対しては、J・L・ヴェルディエの学位論文の指導者として、また審査委員会の主宰者として、まったく私の責任であることを認めます[4][P186]。私の軽率さから生じたいくらかの果実を今日みることになっても私は文句を言うことはできません。だがそれでも、私はおおやけにこれを確認することができますし、私の元学生のJ・L・ヴェルディエの行為は、他のだれのものでもなく、彼ひとりの責任に帰する部分をもっています。

私に対して、また彼を信頼した審査委員会に対して契約を守らなかったことは、私が導入し、彼が大きな仕事によって基礎をつくることを受け持った導来カテゴリーという観点を葬り去るひとつのやり方でした。この仕事はおそらくおこなわれたのでしょうが、一度も使用する人の手もとに届けられませんでした。これは、彼自身が発展させるのに力を貸したアイデアの全体を「×印にする」ひとつのやり方でした。

メブクの仕事によって導来カテゴリーの概念が再び取り上げられたことに対して、ヴェルディエから（さらに、コホモロジー関係の「傑出した人物」となっている他の私の学生たちのだれからも）いかなる励ましもありませんでした。導来カテゴリーに対してなされたボイコットは、一九八一年ごろまで[5][P186]、それらが、突然の必要性に押されて、リュミニーの「記念すべきシンポジウム」（ノート(75)をみられたい［P139］）において力強く復帰してくるまでは、完全なものであったように思われます。

しかしながら、ヴェルディエの「学位論文」の0状態は、すでにその四年前の一九七七年に、SGA $4\frac{1}{2}$ の付録としてあらわれています（ノートNo.63‴をみられたい［P85］）——つまり彼の学位論文の口頭審査の十年後であり、この時点で、（私の知るかぎり[5]［P186］）メブクはただひとりこれに先立つ七年間の流行に抗して、彼の仕事の中で導来カテゴリーを用いていたのでした。あやまりがあるかもしれませんが[5][P186]、すでに挙げたシンポジウムでの例の「リーマン－ヒルベルトの対応」をめぐって大きな「ラッシュ」がおこる時点まで、彼はただひとりこうした状態のままでした。このシンポジウムでは、ドゥリーニュまたの名はリーマン－ヒルベルトは、このいわゆる「対応」の父の姿となり、ヴェルディエは（彼の心のひろい友人によってふんだんに取り上げられた、天の恵みの0状態でもって）導来カテゴリーおよび西暦紀元二〇〇〇年スタイルのホモロジー代数の父の姿をとっているのです。そこでは私についても、ましてやメブクについても言及されておりません[6]［P187］。

　これらの出来事に照らしてみるとき、「見つからなくなっていた」(と、SGA $4\frac{1}{2}$ の序文の中で、いつもの友人によって言われている)、そして(おそらく)せいぜいゾグマン・メブク以外のだれも当時「見つけ」ようと思っていなかったこの0状態の思いがけない発表の理由が理解できるように思います[7]［P187］。したがって、これで何を論じようとしているのか正確に知られることなく、自分の片隅で、万難を排して、過ぎ去った時代に属するこれらの概念を執拗に用いようとしているこの不運な人物がちょうどいたのでした――あまりの頑固さに、人はついに、この人物はいつか重みのある事柄を出してくるのではないかという疑念を幾度となく浮かべはじめたほどだったのです…。いずれにしても、不用意に、(その師の作品以外に)彼の着想の源泉のひとつとして参照することになった人物［グロタンディーク］は、その昔これでもってさまざまな事柄を証明したり、見つけ出したりしていたのでした。それらの事柄の作者を忘れてしまったとしても、これらすべてを忘れ去ったというふうをするわけにはゆかない事柄です――ジャン・ルイ・ヴェルディエという師自身、ごみ箱に棄ててもよいとされるこれらすべての概念がなかったとすれば、書くだけでも多くの労力を必要とした――証明するとなるとさらに難しかったろう――「レフシェッツ――ヴェルディエ」の公式によって、名声へ向かって出発することができなかったでしょう…。

　ほぼ十年前から(あるやっかいな手続きをやめてしまって以来…)、わが影響力のある元学生は、導来カテゴリーの**負けに賭け**、そして(例のシンポジウムの)時点Xまで賭けつづける一方、ある「証拠としてのテキスト」(もちろんいつか学位論文となると考えられていた大きなスケールの仕事ではありません)を発表することで、生ずるかもしれない出来事に機先を制する、つまり「なんでも(オールリスク)保険をかけ」ておいた方がよいと大事をとって判断したにちがいありません(なにが生ずるかわかりませんから…)。このテキストは、「…の場合のための」、一種の証拠書類であり、好んでカゼをひかせ、出来事がおこるまでは、否認しつづけていた、**ある孤児**に対する父としての資格を証明することになるものなのです[8]［P187］。

注　(1)　このテキストだけでは、才能にめぐまれた若い研究者の二三年間の仕事としては少々貧弱な結果にみえるかもしれません。しかし当時ヴェルディエのエネルギーの大部分は、とくに私のセミナーにしたがって、そして二人で向きあっての仕事によって、ホモロジー代数と代数幾何学の不可欠な基礎を獲得することにさかれていました。双対性の定式に対する彼の寄与はこのあとのことです（以下の文をみられたい）。アルティンと一緒に、私がSGA（一九六三／六四年）でエタールの双対性の定式を詳しく発展させたあと、彼に（導来カテゴリーの基礎の仕事の傍らで）、「通常の」位相空間とこれらの空間のスムーズ化できる射の枠組みの中でこの同じ定式を発展させることを彼に提案したのでした。

私が、ヴェルディエから、また同時にジャン・ジロー、ミッシェル・ドゥマジュールから接触を受けたのは、（一九六〇年に）SGA1でもって、私の「代数幾何学セミナー」のシリーズをはじめた時点ごろでした。彼らのために私が仕事を持っていないかと問われたのでした——彼らはその時うってつけの相手と出会ったのでした！すでにノート「私の孤児たち」（№46［P6］）を書いた時点から、私の心を打つある偶然の一致があります。つまり彼ら三人が私に接触したとき、彼らは「孤児たちのセミナー」と呼んでいた（保型関数をテーマとした、全力をあげて計算するというやり方の）セミナーをつくったばかりでした。彼らのボス（国立科学研究所（CNRS）への推薦者？）が突然に一年間彼らを空腹にしたまま、少々空虚の中におきざりにして発ってしまったからでした。この空虚はかなり早く満たされました…。

(2) 学位論文の冒頭はつぎのようなものです。

「この学位論文は、A・グロタンディークの指導のもとでなされました。これに含まれている基本的なアイデアは彼によるものです。出発点における彼の着想、絶えざる援助、実り多い批判がなかったならば、私はこれを完成することはできなかったかもしれません。ここで私の深い感謝の意を表したいと思います。

クロード・シュヴァレーに対して、私の学位論文の審査委員会を主宰していただいたこと、またこの文書を読むという忍耐を示していただいたことに感謝いたします。

私に数学の手ほどきをしていただいたことで、R・ゴドマンとN・ブルバキに感謝いたします。」

「この学位論文」という語は、企てられた基礎の仕事全体を指しているとはとうてい言えません。提出された文書は、序文であり——したがって仕事は、口頭審査の時点では、厳密に言って「完成して」いませんでした。

(五月三十日)このつじつまが合わないことは、ひとつの状況のあいまいさを確かに反映しています。この状況については、学位論文を指導したものとして、また(私の手もとにあるこの学位論文の一冊の表紙を信ずるかぎり)審査委員会の委員長としての私に第一の責任があります。私には、才能のある学生に対して、「厳格さ」の欠如、へつらいがありました。これは、私がドゥリーニュに対して示し(ノート「特別な存在」(№67′)をみられたい[P101])、同一の果実をもたらすのに寄与したのと同一の方向にあるものです。

(3) 同じく注目すべきことは、J・L・ヴェルディエは一九八三年十二月にコントゥーカレールの学位論文の審査委員会に、ジローと、そして研究の指導をつとめた私自身と共に、加わるようにという私の提案を拒否したことです。それは、この学位論文(完全に執筆を終えており、J・ジローによって入念に読まれた)と審査委員会は、十分に信頼できるものであるという保証がなく、**パリ**の大学(原文のまま)の学位論文委員会に付託されているものではないからということでした。

(4) この責任に加えて、私はさらにこれにつづく二年間(私が数学の舞台を去る前)、ヴェルディエがおこなった契約がたしかに履行されていることを見守らなかったことに対する責任があると言わねばならないでしょう。私のエネルギーは、モチーフなどについての考察に加えて、私自身が受け持っていた基礎の仕事を追求することにあまりにもさかれていましたので、他の人に課せられていた義務をその人に想起させるという不快な仕事についてそれほど考えなかったにちがいありません。70年代のはじめに、私は、ヴェルディエが予定された仕事の発表を放棄すると決心したことを知ったにちがいありません。その時、私はまったく数学に取り組んでおらず、これに「反応する」という考えは浮かびませんでした。

(5) (五月三十日)少しばかり疑いを表しているこうした文体は、実際のところ適切ではありません。ゾグマン・メブクが私に確言したように(彼は犠牲を払ってこのことを知ったのですが)、「グロタンディーク・スタイル」のホモロジー代数に対して与えられた地位に関して疑いを示す形で私が述べたことは、たしかに現実に合致しています。

(一九八六年二月二十二日)最近ピエール・シャピラが親切に私に伝えてくれた情報と文献を知

って、わが友によって与えられた「確言」はいくらか傾向的であったことがわかりました。導来カテゴリーの使用は、一九七三年のM・サトウ、T・カワイ、M・カシワラの論文（マイクロ関数と擬微分方程式、数学レクチャー・ノートNo.287、pp265—529）によって、解析学の日本スクールにとって日常的なものになったようです。例えば、この論文のp269に、つぎのような文があります。

「今後、導来カテゴリーという概念を絶えず使用します。導来カテゴリーに関しては、ハーツホーン［1］を参照します。」一九七三年と一九八一年のよこしまなシンポジウムの間には、導来カテゴリーの使用は、解析学の日本スクールと、直接にこれから着想を得ていた西欧のいく人かの解析学者（シャピラは、彼自身、ラミス、それにメブクを挙げることができると言っています）に限られていたようです。シャピラとの文通が確証するように、一九七〇年以後の日本スクールにおける𝒟-加群の理論の新しい飛躍において、私が導入したいくつかのアイデアが基本的な役割を果たしていますが、日本のすべての文献の中に、私が少しでも挙げられているところを見つけ出すことは困難であり、また導来カテゴリーと私とがなんらかの関係があるとされているところは全くありません（そこでの天の恵みの参考文献は、ハーツホーンのよく知られている本『留数と双対性』です。そこには、50年代に私が発展させた連接の場合の双対性の理論が述べられています）。

(6) ノート「あい棒」および「不公正——ある回帰の意味」（No.63″と75）の中の解説と比較されたい［P85、139］。

(7) とにかくこの「0状態」の発表を私が知ったのは、四月末ごろに受け取ったばかりのメブクの一論文の文献表に目を通していたときでした。ずっと昔のこの文書の存在さえ忘れていたのでした…。

(8) J・L・ヴェルディエが、七年間埋葬されていた導来カテゴリーの哲学（ヨガ）を本当に知らせたいと望んだならば、発表した方がいいと考えたのは、だれも関心をもたない、しかもこの哲学（ヨガ）と数多くの応用を背景としたときにのみ関心をもたれる、技法上のこのテキストよりも、彼の学位論文となっている序文だったでしょう。しかし、50ページのこの証拠文書に、特に名を挙げてはならない人物の役割について困惑させられる文を含んでいる17ページの彼の学位論文を付けようとは全く思わなかったことは理解できることです…。

(81$_1$)　ここでのヴェルディエの寄与とはつぎのものです：

1）局所コンパクト空間の枠組みにおける双対性の定式の基礎　2）（J・テイトと協力して）ガロア加群の定式　3）いわゆるレフシェッツ－ヴェルディエの**不動点の公式**　4）局所コンパクト空間における双対性。

2）と3）の寄与は、それまでに知られていたことと比べるとき「思いがけないもの」となっています。最も重要な寄与は、3）だと思います。彼の証明は、（「離散」係数に対する、また「連続」係数に対する）双対性の定式から容易に出てくるものです。にもかかわらず、これは、コホモロジーについて私たちが持っている「用途の広い」公式の装備一式の中の重要な要素となっています。この公式の存在は、ヴェルディエによって発見されました。それは私にとって（こころよい！）驚きでした[1]。

局所コンパクト空間の枠組みの中の双対性の定式は、基本的にはスキームのエタール・コホモロジーの枠組みの中で私がおこなったことの「当然なされるべき」翻案であり（また、すべてを再びおこなわれねばならないという状況に固有の困難さはありませんでした）。だが彼はここでひとつの興味深い新しいアイデアをもたらせました。$Rf_!$ の右随伴として関手 $f^!$ を（f をあらかじめスムーズ化することなしに）直接に構成するというものです。これには、鍵となるひとつの存在定理が伴っています。この手法は、ドゥリーニュによってエタール・コホモロジーの中で再び取り上げられ、スムーズ化という仮定なしで、この枠組みの中で $f^!$ を定義することを可能にしました。

これらの解説から明らかなように、一九六七年にはヴェルディエは独創的な数学研究のための能力を示していました。もちろんこれが、彼になされた信用貸しのための決定的な要素だったのです。

注 (1)（一九八五年四月十九日）この美しい公式、そして埋葬の過程でのその役割とその奇妙な有為転変については、本書の第四部の三つのノート「真の数学…」、「…そして「ナンセンス」」、「裏取引と創造」（No.169$_5$、169$_6$、169'$_6$）で述べます。

(81$_2$)　別の実例として、六つの演算と導来カテゴリーの「用途の広い」定式の精神に沿って、局所コンパクト空間の枠組みでの双対性の定式の詳細な展開を挙げることができます。これに関する、ブルバキ・セミナーでのヴェルディエの報告は、ひとつの萌芽をなすものと言えるでしょう。私の知るかぎり、単なるトポロジー**多様体**の枠組みにおいてさえ、ポアンカレの双対性の定式の満足すべき参考文献が相変らずありませんでした。ヴェルディエは、局所コンパクト空間の枠組みにおいては、写像の局所的スムーズ化可能という仮定が不必要であることを明らかにしました（これは、ひとつの驚きでした）。にもかかわらず「局所コンパクト空間という枠組み（つまり、局所コンパクトでないような「パラメーター空間」を除外してしまう）はみるからに窮屈です。より満足すべき枠組みは、ヴェルディエによって選ばれたものと、私が予想していたものとを同時に統括するようなもの、つまり位相空間（さらにはトポス？）は（多かれ少なかれ？）任意で、写像f：X→Yは、1）分離的、2）「局所的にコンパクト化できる」、つまりXは、局所的に、Kをコンパクトとして、Y×Kの中に埋め込まれる、という制限にしたがう場合です。

（六月五日）ヴェルディエが**信用を受ける**に十分なほど強力な仕方で開始していた仕事を最後までやりとげることは有益だと彼が判断しなかったさらに二つの方向があることを、私は残念ながら認めることができます（つまり、離散係数と、局所コンパクト位相空間の枠組みの中での双対性の定式をスタートさせていたことです）。その基本的なアイデアは、彼によるものではありませんが、（私が三つのセミナーSGA4、SGA5、SGA7においてそうするようにつとめたように）ひとつの**仕事の奉仕者**となって、完全な定式を使用する人たちの手に届けるということに彼は関心を持ちませんでした（導来カテゴリーの場合と同じく）。

私が予想し、彼に発展させることを提案した双対性のプログラムは、一般の位相空間（必ずしも局所コンパクトではない）で、それらの間の写像が「分離的」で、局所的には「スムーズ化できる」（つまり、Yを行き先の空間としたとき、起点の空間は$Y \times R^n$の中に局所的に埋め込まれる）という枠組みの場合でした。これは、**任意の**スキームのエタール・コホモロジーの枠組みとのアナロジーが明らかに示唆していることです。この枠組みの中では、「認められる」写像のファイバーは、任意の局所コンパクト空間になるでしょう。もうひとつの道として、XとYを、位相空間とする代わりに、「トポロジー多重体」（つまり、「局所的に位相空間」であるトポス）、さらには任意のトポスであって、ファイバーが**局所コンパクトな多重体**となって、必要ならば補足条件（おそらくサタケのG—多様体の観点に近い）、例えば（最も厳しくして！）局所的には（X、G）の形になる——ここでXは**有限の**作用素群Gをもつコンパクト空間とする――もの、に従うように適切に（はっきりと述べて）写像を制限しておくことでしょう。私の知るかぎり、「通常の」ポアンカレの双対性でさえ、スムーズなコンパクト・トポロジー多重体（スムーズ：局所的にトポロジー多様体になる）のケースにおいて発展させられていないようです。有限群の分類空間の場合が示しているように、ねじれを差し引いて、もっと具体的に言えば、**Q**-多元環である係数環を用いてしか（絶対的にグローバルな）双対性の定理を得るということは期待できないようです。この制限をした上では、この枠組みの中で、ポアンカレの双対性（「六つの演算」スタイルの）はそのまま実現されるとしても私は驚かないでしょう。ドゥリーニュとヴェルディエを先頭として、コホモロジー専攻の私の学生たちによって開始された、多重体という概念そのものに対する全般的なボイコットを考えるとき、だれもこれを考えてみなかった（葉層構造の「葉の空間」からコホモロジーをみるという立場をとっている、心を改めていない微分幾何学者たちを除いて）としても驚くにあたりません。

要するに、つぎのようなタイプの基礎の考察が欠けているのです：任意のトポスとその上の「離散」係数の層の文脈の中で、二つの演算 $Rf_!$ と $Lf^!$ が、六つの演算の定式の通常の性質を持ちうるような仕方である意味を有する（一方は他方の随伴である）ように、トポスの「許容できる射」$f: X \to Y$ の概念を引き出せるよう、トポスの射に対する「固有性」、「スムーズ性」、「局所固有性」、「分離性」といった概念を（もしそれができるならば）叙述することです。ここで、（少なくとも最初のうちは）環付トポスの射 $f: (X, \mathcal{A}) \to (Y, \mathcal{B})$ は、$f^{-1}(\mathcal{B}) \to \mathcal{A}$ **が同型である**ようなものと仮定して、トポスは環付きでないもの、あるいはおそらく（必要ならば、定数、あるいは局所定数であると仮定された）**環**をもったものとが考えられます（81_3）［P191］。これまで述べた考察が示唆するところによると、標数0の係数の環（つまり、**Q**-多元**環**）に制限するとき、「許容できる射」の概念にとっては、通常の（位相的あるいはスキーム的）「空間」よりも、かなり広いもので、例えば（位相的あるいはスキーム的）多重体となる「ファイバー」をも含むものでしょう。

この方向での最初の口火は、（私によって扱われた場合、そのあと同じモデルにもとづいてヴェルディエによって、扱われた場合を別にして）、テイトとヴェルディエによって、離散群あるいは副有限群の枠組みの中で切られました。この口火についての思い出に鼓舞されて、私は昨年この方向における考察を、ホモトピー・

モデルとして役立つ小カテゴリー（離散群を一般化した）の枠組みの中でおこないました。ずっと遠くまでゆくまでもなく、この考察によって、小カテゴリーのカテゴリー（Ｃａｔ）の枠組みの中で、六つの演算の完全な定式が存在するにちがいないと、私は確信することができました。（このテーマについては、『園（シャン）の探求』、第7章、第136、137節をみられたい）。（Ｃａｔ）、さらにはＰｒｏ（Ｃａｔ）(＊)の中でのこのような理論の展開は、位相的あるいはスキーム的空間および多重体の枠組みの中でのこのタイプの理論と同じく、私にとって、一般のトポスの枠組みの中での「離散な双対性」のよりよい理解へ向かっての第一歩であるということで主要な関心事であると言えるのです。

　イリュジーが昨年私に語ったところによると、彼は、半単体空間（あるいはスキーム）の場合の双対性のとまどいを覚える複雑さと取り組んだそうです。このことは私にとっても常に同じことでした――あるケースにおいて六つの演算の定式の存在を明るみに出し、それを理解するに至るまではそうです。しかし、どうも、私の元学生たち――少なくともコホモロジー専攻の学生たちのおのおのは、基礎を考察するという見通しだけで、いや気をおこすようです。私が彼らとうまくゆかなかったのは、彼らが私と一緒に行ったまさにその地点に（概念をつくる仕事の観点からみて）ぴったりと止まってしまうことはなく、新しい状況によって、彼ら、および彼らの仲間たちが私と共におこなった仕事が不十分であることが示されるごとに、腕を組んで絶望してしまうことはないだろうという確信を私がもっていたからでしょう。人のおこなう概念上の仕事は常にいつかは不十分なものになります。数学が進歩するのは、この仕事を再びおこない、さらに前へとすすみながらであって、他の仕方によってではありません。一九五五年と一九七〇年の間、毎年、その前の年月に私がおこなったことは必要とされることを満たしていないことを新たに実感しました。そして、少なくともだれか別の人（例えば、マイク・アルティンが、彼の意味での「代数的空間」の観点でもって）すでにはじめていなければ、私はさっさとこうした仕事を新たにはじめました。しかし、私の学生たちは、私および私の作品と共に、私が彼らに与えたこの実例をも埋葬してしまったようです。

（81$_3$）　私の記憶によりますと、(例えば)エタール・コホモロジーにおける6種類の定式において、係数として役立っている環の層が局所定数であるという仮定は不必要であり――基本的な仮定は、これが剰余標数と素なねじれの層であり、**かつ** $f^{-1}(\mathcal{B})\to\mathcal{A}$ が同型であることです。この後者の仮定を棄てるとき、「空間的に離散な」双対性と、（係数**環**とそれらの準同型に関して）「連接な」双対性とを「混合させた」理論（私の知るかぎり、まだ一度も叙述されたことがない）へ入ってゆかねばなりません。すると、スキーム（あるいはもっと一般にトポス）X、Y上で、係数**環**$\mathcal{A}$、$\mathcal{B}$を、X、Y上の相対的スキーム（必ずしもアフィンではない）X′、Y′によって、環付きトポスの射$(X, \mathcal{A})\to(Y, \mathcal{B})$を、

$$\begin{array}{ccc} X' & \to & X \\ \downarrow & & \downarrow \\ Y' & \to & Y \end{array}$$

のタイプの可換な図式によっておきかえ、このタイプの枠組みの中で「六つの演算」の定式を考えるということが予想されます。X、Y、…が点トポスであるとき、通常の連接の場合の双対性が再び見い出されるにちがいありません。

（＊）カテゴリー（Ｃａｔ）の射影対象、つまり「プロカテゴリー」からなるカテゴリー。ＳＧＡ４報告Ｉ８の定義にしたがう［訳注］。

2　すばらしい参考文献（五月八日）　82（78′）

Ｊ・Ｌ・ヴェルディエの論文「ひとつのサイクルに関連したホモロジー・クラス」について語ります。これは一九七六年に、「アステリック」誌 №36（フランス数学会）、ｐｐ101―151に発表されているものです。かなり信じがたい（しかし、私を驚かせるものは何もないにちがいない）この論文は、ある観点からみれば、ドゥリーニュほかによる「よこしまな論文」と対をなしています。ある留保をした上でですが、この論文は、ほんの少しばかり異なった枠組みの中で、私が十年あるいは十五年前に縦横に発展させた概念、構成、推論を実質上50ページにわたって**ひき写した**ものです――そこでは用語と記号はすべて文字通り同じです！一九六五／六六年におこなわれたセミナーＳＧＡ５のひとつの会合に戻ったのではないかと思えるほどです。このセミナーでは、これらの事柄が（みるからに、参加者がうんざりするほど[1]［Ｐ196］）まる一年にわたってはっきりと述べられたのでした。少なくともこのセミナーのあとは、これらの事柄のすべては、多少とも事情に通じている人たちにとっては、「よく知られている」領域に入りました[2]［Ｐ197］。もちろんヴェルディエは、

ドゥリーニュと同様、これに出席していました。(これはドゥリーニュが私のセミナーに足を踏み入れた最初でしたが[3]、彼だけは内容についてゆけないということは一度もありませんでした［P197］——これはだれにでも出来ることではありませんでした——)。ところが、オドロキですが、一九七六年に、このセミナーにうんざりしていた「いわゆる有志」による、その「いわゆる執筆」が長引いて十年もたっていました——今ではわかりましたが、これらの「有志」のひとりが、一九七七年のSGA5の刊行の前に、彼流に「執筆」を受け持ってはいたのです！この不運なセミナーの有為転変は、この総崩れの状況から彼なりの仕方で利益をひき出していたドゥリーニュだけに好都合だったわけではないと思われます。だがこの時点で、ドゥリーニュは、SGA5を解体して、当然であるかのように、このセミナーの鍵となる報告のひとつを、彼のSGA $4\frac{1}{2}$に付け加えながらも、なお（ひとつのサイクルに関連したコホモロジー・クラスについての）彼の執筆の中で、「グロタンディークの報告にもとづく」と書きとめる配慮をしています。(もちろん、その代わりに、私を彼の「協力者」として描き出すという利点を見つけだしていますが！——ノート「逆転」No.68′をみられたい［P109］)。

ひとつのサイクルに関連した**ホモロジー**（混同しないでいただきたい！）・クラスに戻りますが（これは、題名によると、ヴェルディエの論文の対象となっています）、私は口頭でのセミナーにおいて、数多くの報告を通じて、実に詳細にこの定式を発展させました。もちろんこれが難しそうであったある聴講生の前でです（相変らず、ドゥリーニュだけはいつもはつらつとし、生き生きとしていましたが…）。それは、この年にエタールの枠組みの中での双対性の定式について私が展開した数多くの「長い練習問題」のひとつでした。徹底的に理解する必要があると思われたすべての点の完全な把握に至る必要性を感じていたからです。ここでの関心事は、必ずしも正則ではない全（アンビアン）スキームの上で有効な定式を得ることでした——正則の場合における**コホモロジー・**クラスへの移行と、台を持ったコホモロジーを用いた、即座にカップ積との可換性を与える、私の古い構成法との関連は直ちに出るものだったからです。また、セミナーのこの部分が、刊行された版の中に取り入れられなかったものの中で大きな部分を占めていることに気づきました——おそらくイリュジー（彼の上に、人前に出せるような（ふうむ！）版の準備の仕事全体が降ってくることになったのでした）は、ヴェルディエが、必要な変更をほどこして（つまり、ここでは、何も変えずに！）これを受け持つことになって大いに満足だったにちがいありません。

いまや認められている慣用句にしたがえば、「ほとんど言う必要もない」ことですが、私の名は本文にも文献表にもありません（いつもの参考文献であるSGA4として暗黙のうちに含まれていることを除いて。このSGA4も取り替えねばならないものでしょうが…）。略号SGA5に対応する「代数幾何学セミナー」への言及は全くありません。これについて、著者は聞いたと思うのですが――しかも私は、彼がおとなしくノートを忙しげに取っている（すべての人と同じく、もちろんドゥリーニュを除いて…）のを見たという記憶がはっきりとあるのですが。

もっとも、本文の中に私の名がないと言った中には、ほんの少しだけ誇張がありました――38ページの3・5節「基本コホモロジー・クラス、交叉」（ここで問題の核心にきます！）に、ただ一度だけ、不思議で簡潔な形で現われているのです。出所の指示は、謎めいた一文からなっていますが、その意味は私にはわかりません。その文とは、「重さ複体（？？？またいやな重さです！）を系統的に用いるというアイデアは、グロタンディークによるものであり、ドゥリーニュによって形をととのえられたものです」――私がアイデアを得たという、だが私はここではじめて聞くこの不思議な「重さ複体」については他に説明がありません。そのつづき全体の中でこれは問題にされていないようです（もちろん前の37ページでも問題にされていませんでした）。それでも出来ることなら理解してみることにしましょう！上で述べた節の内容について言えば、十年前にあったセミナーSGA5をコピーしているだけです（しかも十年前の時点で、この構成はすでに五、六年古くなっていたのです。これについては、ノートNo.68′をみられたい［P109］）。このセミナーは用心して挙げていません。ドゥリーニュ（彼がまだ高校生だったときに、すでにあったアイデアを「まとめた」とされる！）についての言及は、ひとつの「花飾り」です。彼に言及するという考えが著者に浮かんだのは、おそらく、若くて、新しくやってきたドゥリーニュがこのテーマについての私の報告の執筆をたしかに受け持つことになっていたからでしょう（ところが、ドゥリーニュは、よく知られている利益のために、これを行なうことを十一年間放棄したのです、上に挙げたノートをみられたい）。この「花飾り」は、この離れがたい友人同士の間のすばらしい手法のやりとりの一部となっています。

しかし（多分）新しい、非常に興味深い一結論がこの論文の中にあります（定理3・3・1・、9ページ）。解析的に構成可能な離散層が、解析的で固有な射による高階順像によって安定であるということに関するものです。ヴェルディエは私の口から十五年前にあらゆる角度から構成可能性に関する諸概念を学びました。また、50年代のおわりごろ、彼と知り合いになって喜ぶ前に、私が提出していた安定性についての予想（聞きたい人には話しました）についても同じく私の口から学びました。この論文を読むとき、事情に通じていない読者（事情に通じている人が数少なくなりはじめています…くり返して言いますが、私はこのことを心配しているのです）には、著者はいま発見したばかりのほやほやの概念や命題を用いているのではないという考えは浮かばないでしょう。当然そう受け取られるのですから、それは彼のものだと言う必要がないのです。これが例の「タイムをとって」「行間を読ませる」文体であり、みるからに流行となっているものです。

こうした細かなこと（これは、数学者という仕事の新しい規範に合致しているようです）を除くと、とにかく、（50ページのうちで）10ページほどがこの興味ある結果に関するものです。これは、著者個人の仕事です。とくに私の心を打つのは、ドゥリーニュにあってと同じく、ヴェルディエにあっても、大小の差は別にして、すばらしい数学をおこなうことが完全にできるということです。この悲しみをさそう論文の中でさえ、上に挙げた定理を通じて、この能力のしるしが透けてみえます。しかし（彼の友人にならって）墓掘り人としての姿勢を維持することで、彼の威信のある友人と全く同様、自分の才能のほんのわずかな部分にもとづいてしか仕事をしていないのです。これほどのコツと直観力のあることを示していた一数学者にあって、みるからに凡庸さを示したひとつのしるし（これに私は啞然とさせられたのですが）は、彼の「いわゆる学生」であるメブクの仕事がもつ重要性を感ずる直観力が全くなかったことです。彼自身これに匹敵するほどの深みと独創性をもった仕事を一度もおこなうことが出来なかったせいか、メブクを彼のもつ権威の高みから見下すのを好んだのでした(4)［P 197］。彼が、メブクあるいは私ほどのことが出来ないだろうと言っているのではありません。しかし、彼は大きな事柄をおこなうチャンスをつかまえる、つまりある情熱にすべてをゆだねたことは一度もありませんでした——むしろ、数学とか彼の才能を、目をくらませ、支配し、あるいは相手を打倒するための**道具**として用いたのです。相変らず現在まで、うまく出来あがっている肥沃な概念と観点をそのまま取り上げることで満足しています。たしかに、**数学上の創造**ということの意味を完全に喪失してしまったようです。

彼が私と共に仕事をしていたとき、このセンスはまだあったことを思い出すことができます。彼の外にあるどんなものも、このセンスを再び表面に出させることはできません。彼の友人におけるのと全く同じです。彼の友人においても、私はしばしば、同じうぬぼれによってふさがれてしまっている、ある生きた、微妙なものの同じ衰退を感じました。

名声の高い一雑誌に発表された、50ページのこの信じられない論文は、私にとって、「ノート――新しい倫理」（第33節）［『数学者の孤独な冒険』、p 281］で述べた事件に新しい光を投げかけるものです。それは、科学アカデミー報告（CRAS）へ投稿した**数ページの**ノート――非常にすぐれた才能をもった若い一数学者の、重要な（私の意見によると）テーマについての、**二年間にわたる仕事**の成果である、しっかりとした、しかも**独創的**な研究を要約したものです――が、二人の傑出した人物によって「おもしろみがない」として拒絶された事件です(5)［P 197］。この傑出した人物のひとりは、ピエール・ドゥリーニュでした――ところがこのドゥリーニュ自らが私の学生のひとりの学位論文をすっかりコピーすることを平気でおこなっているのです（もっとも、彼は出典を挙げる義務を果たしていますが）。（威信のあるサインによって価値を高められているこのコピーは、これも威信のあるコレクションの「記念すべき著作」レクチャー・ノート900の中の最も大きな論文となっているのです！このテーマについては、ノート(52)、(67)の末をみられたい［P 49、93］）。

たしかに、この「慣習の描写」は、私の奥まった家から出て、あっちこっちへ行って「高貴な社会」に首をつっこむこともなく、日ごとに豊かになってゆきます。よく選ばれたいく冊かの「立派な著作」に目を通しながら、ここかしこで数時間ついやすだけで、私は十分に実際のところを知ってゆくようです…。

注 (1) この方向での解説については、ノート「青信号」(№68)、「逆転」(68′)をみられたい［P 104・109］。そこでは、このセミナーの執筆にまつわる奇妙な有為転変、そしてこれとドゥリーニュの「操作SGA $4\frac{1}{2}$」との関係について検討してあります。このあとの省察から、この有為転変と、ヴェルディエとドゥリーニュの連動した処置による、もとのセミナーの解体の思いがけない、もうひとつの側面が明らかになりました。この解体のためになされた、二つの論文の発表は、一九七六年と一九七七年です――これらが、ＳＧＡ５（ドゥリーニュがＳＧＡ$4\frac{1}{2}$の中で述べていますが、「いくらかのものは非常に興味深いが、一連の脇道とみなすことができる」）の刊行を（十一年たったあと…）準備する上で、イリュジーに与えた「青信号」をなしています。

(2) 「性急な」この印象について再びおこなった省察に関しては、ノート「沈黙」（No.84）をみられたい［Ｐ202］。

(3) このセミナーの年は、私がドゥリーニュと知りあった年でした(と思います)。彼はこのとき十九才だったと思います。彼は非常に早く「事情に通じる」ようになり、前年のエタールの双対性に関する私の報告（彼は私の説明とノートによって知らねばなりませんでした）、それに、ひとつのサイクルに関連したコホモロジー・クラスに関する報告を執筆することをも引き受けました。これについては、上に挙げたノートNo.68′（「逆転」）で問題にしました［Ｐ109］。さらに再びそこで少しばかり取り上げることにします。彼の持っている才能と、このテーマを完全に理解していることをもってして、この執筆をするのに十一年待ち、私に知らせることなく、彼のＳＧＡ$4\frac{1}{2}$に入れたという事実から、いま、後から振り返って、つぎのことがわかります。つまり、一九六六年から（私が想定した一九六八年からではなく――ノート「追い立て」（No.63）をみられたい［Ｐ72］）――したがって、私たちが出会った最初の年から、私に対するわが友の関係の中にある深いあいまいさ（両義性）があって、この時点でそれは非常に明確に現われていたのでした。このことを私は今日まで知るのを控えていたのでした！

(4) 啞然とさせられる、この直観力の欠如は、この同じ機会に、ドゥリーニュにもあらわれました。彼は一九八〇年になってやっと「風」（メブクのアイデアの重要性）を「感じた」ようです。ところがメブクはこの方向で一九七四年から仕事をしていたのです。私は一度ならずわが友のもとで、うぬぼれによって彼の天性の直観力がさえぎられているのを観察する機会をもちました。とくにそれは一九七七年（あるいは一九七八年）以後のことです。この年は最初の「転換点」となったようです（このテーマについては、ノート「二つの転換点」（No.66）、「葬儀」（No.70）をみられたい［Ｐ91、114］）。

(5) このテーマの詳細については、ノート「ひつぎ4――花も花輪もないトポス」（No.96）をみられたい［P297］。

3　〔冗談――「重さ複体」〕（五月八―九日）　*83

ヴェルディエの記念すべき論文の「タイムの文体の出典指示」の中にある「重さ複体」について再び考えてみました[1]［P201］――突飛で、まったく無意味な感じの出典指示です。この奇妙な出典指示が目にとまった瞬間から、ある連想が浮かび、私の頭を去来しつづけました。もちろん、あらゆる合理的な説明に挑戦しているかのように見える、みたところ奇妙な事柄の前に立たされたのは、これがはじめてではありません――ところが、この事柄の意味は、型どおりの論理とはちがったレベルにおいては、実に鮮明であって、はっきりと感知されるものなのです。私の人生のほとんどすべてを通じて、意識されたレベルでおこなっていたことは、ただこの型どおりの論理にもとづくものでした――その結果、私はつねに、「奇妙で」、理解できない出来事によって乗り越えられてしまい――これらの手ごわい奇妙さの中で苦悩するのでした！（やがて十年になりますが）私のもつ能力のもっと広い範囲に依拠して生きはじめた時点から、私の人生は大きく変わりました。あらゆる奇妙さ、すべてのいわゆる「ナンセンス」には**ある意味**があり――問題はただそれを知ることであり、このときには、ナンセンスの背後にある意味に興味をもち、しばしばこのナンセンスのもつ明らかな意味に目が開かれるものだということが、私にはよくわかるようになりました。

「重さ複体」というこのナンセンスの中に、私は、「よこしまな層」[2]［P201］という呼称の中にあるのと同じ性質の**挑戦的な言動**が感じられるように思います――この場合、みるからに奇妙なことを、名声のある雑誌の中で、また標準的な参考文献[3]にしたいと考えられている文書の中で、述べることが**許される**ということ、そして、**だれも**あえてこれについて質問さえしようとしないことを自分で確かめる喜びです！［P201］この挑戦的な言動の中に含まれている賭け、この論文が発表されて以来八年間、この賭けは今日までは**勝っていた**と確信しています。著者にこの素朴な問いを提出したのは、きょうの私がはじめてだったでしょう。

もちろん、ひとつの奇妙さが現われる時点（あるいは場所）、ここではまさに私についてのただひとつの出典指示があるその時点は、偶然では全くありません。ここで、論文全体のテーマとはまったく関係のない、「重さ」というあるタイプの概念を示唆することによって、また、一度も存在したことのない「重さ複体」という複合概念のもつ即興性によってこの奇妙さがとる形についても全く偶然とは言えません！私に直ちにあらわれた連想が、挑戦的な言動、権力の誇示を超えたところにある、この奇妙さのさらに具体的な意味のカギをはっきりと与えてくれるようです。それは、ノート(49)の冒頭で挙げたドゥリーニュの論文の中にこれもまた謎めいた、同じく形式的な（しかし、まだ奇妙さという補足的な側面をもっていない！）さりげない言及とのつながりです[4]［P 201］。「重さ」という語が全くなく、セールか私以外の人はだれもこのことがわからないような場所の中での、この仕事の主要な結果（もっと一般的でない形で――と彼ははっきりさせています）を私が予想することに導かれた「重さについての考察」に対する漠然としたほのめかしでした。もっと詳しいノートである「追い立て」（No.63）［P 72］で説明しましたように、このまったく形式的なほのめかしの背後に、私の果たした役割と、彼がただひとりその受益者になりたいと考えているアイデア（「重さ」に関する、そしてこれらとコホモロジー一般、とくにホッジ・コホモロジーとの関係に関する）とを**隠そう**とする意図が透けてみえます。この意図はヴェルディエによっても同じように感知されたにちがいありません。彼自身が同じ音域の上で「機能している」からです（少なくとも、私に対する関係についてです。これは、また、この二人の切り離せない友人の間の主要なきづなのようにみえます）。双方の場合ともに、正直な表現は、主要なアイデアの源泉を、また、論文の動機となった問題の源泉を明確に指摘することから、論文をはじめることだったでしょう。

ここまで想起したあと、この見かけ上のナンセンスという象徴的な言語の背後に私が感知する意味はつぎのようなものです。つまり、私［ヴェルディエ］は、まったく気詰まりな思いをすることなく、すべての人の前で、ひとつの明らかな**ナンセンス**をおおっぴらにし、また同時に、「重さ複体」という非常識な言及――出典指示を挙げることで、このナンセンスを通じて、私の真の意図を表現することが出来るということです。それは、この仕事の中での、Gr.［グロタンディーク］の役割についてわかるようにしておく意図を私は全く持っていないという意味です。それは、ドゥリーニュが、「重さについての考察」という空虚な言及をおこなうことで、グロタンディークの役割について言及するという意図を持っていないのと同じです――このときには、ドゥリーニュのこのような言及は、読者にとって意味を持たなかったのと同じく、さきほどの理由のために、また私の楽しみのために考案したばかりの「複体——**重さ**」への言及は読者にとって意味のないものなのです！——こういった意味なのでしょう。

昨日書いたこのノートをいまきれいに書きなおしたばかりです——さきほどヴェルディエからの電話で中断されました。彼とは、日中に、質問するために連絡をつけようとしたのでした。私は、彼に、遅くなったが、少しばかりコホモロジーについて、彼はよく知っているが、私には全く理解できなかった事柄について学ぼうとしていること、メブクが私に彼［ヴェルディエ］の古い論文、メブクが長い間座右の書としていた仕事を渡してくれたと説明しました。いまなんとかこれを読もうとしていること、しかしそこには謎めいた出典指示があること——はっきりと私を挙げてくれているのはありがたい——しかしこれについて彼が言おうとしていることは全く理解できないと彼に言いました。

彼のこの古い論文から私が年をとってからこのようにコホモロジーを学ぶことになったのを聞いて、満足しているようでした、少しばかり気をよくしてさえいるようでした。温情にみちた陽気さからあふれる大きな微笑が感ぜられました。コホモロジーについて私が全く理解できないことを彼はよく知っている、と私が言ったとき、これに異を唱えるという考えが彼をかすめるとは予想していませんでした——明らかに、これはずっと以前から当然のことだったのですが…。例の「重さ複体」については、電話の向こうに私は再び彼の大きな微笑を感じました（私が作り話をしていると言われるかもしれませんが！）。だれかが（そして、その上、その受け手自身が）非常に長い間隠されていた事柄をやっとみつけたことを喜んだのでしょう。同時にそこに少しばかりの困惑がありました——答えることが出来なかったというよりも、ある喜びを隠しておくことが出来なかった（少しばかり猥褻な話をしたときの喜びのような）ことからくる（と思われる）困惑でした。私と同じく、彼も何のことだか理解できないようでしたが、このことについて彼は気にかける様子は全くありませんでした！躊躇することなく、ドゥリーニュについて語り（私の方はドゥリーニュの名を挙げませんでしたが）、彼の論文のひとつで証明をしていること、そこではさらに私の名を挙げていると言いましたが、それがどこだかもうはっきりと覚えていないこと——いずれにしても、たしかに重さがそこで問題にされていたが、もちろん少々忘れてしまったこと——だがたしかに数論的な重さではないこと、ここでは私の言うことがもっともで、同じものではなかったこと…。

口調は陽気で、かつ有無を言わせぬものでした。すでに私にかなりの時間を与えたということを感じさせました――温厚で、少しばかり保護者的な調子がなくなったわけではありませんでしたが、少々急いでいるような様子でした。少しばかり突飛な質問のために、このように邪魔をしたことをわび、説明してくれたことに対して礼を言いました。私のわびは心からのものであり、お礼も心からのものでした――私が知りたいと思っていたことのすべてを彼はたしかに教えてくれました。(5)

注 (1) 前のノート「すばらしい参考文献」をみられたい［P192］。

(2) ノート「よこしまさ」（No.76）をみられたい［P150］。

(3) このテキストは今日たしかに標準的な参考文献のようです――いずれにしても、数年間これはゾグマンの座右の文献のひとつでした（彼は最近これを私に送ってくれました）。とくに、（彼の定理の中で基本的な役割を演じている）構成可能性という概念を学んだのは、この論文においてでした。また長い間彼にとって非常に決定的なこの概念の天才的な発明者は、ヴェルディエだと確信していました。

(4) これはノート「かん詰めにされた重さと十二年にわたる秘密」のことです［P36］。ここで関心を持っている観点からの、このドゥリーニュの論文のより詳しい検討については、あとで挙げられているノート「追い立て」（No.63）をみられたい［P72］。

(5) 私は理解できない様子をしていたとはいえ、これでコメディーを演じているという感情はまったく持っていませんでした（私はこうしたことを演ずる才能をもちあわせていません）、これは全く自然なものでした――実際のところ、やがて十五年になりますが、もはや操ったことがないこうしたことに少しばかり**うとくなっているのです!**しかし、私が、たとえぼけて、霊きゅう車に乗るに適したものになったとしても、なお空のクルミとなかの詰まったクルミとの相違を感ずることができると思っています…。

IX　私の学生たち

1　沈黙　（五月九日）　84

昨日、「すばらしい参考文献」（ノート(82)をみられたい［P192］）の中で、元学生の著者が破廉恥にもコピーしたものは、「多少とも事情に通じている人たちにとっては『よく知られている』領域に入るものでした」と書いたとき、私はおそらく少しばかり余勢に乗りすぎだったようです。私としては、これらの「多少とも事情に通じている人たち」とは一体どうであったのかをはっきりと述べてみようとしたのでした――そして、それはちょうど、一九六五―六六年度の**このセミナーSGA5の聴講者たち**、そしてすでに述べる機会がありましたように、多くの場合多かれ少なかれテーマが頭の上を素通りしていた聴講者たちと**一致する**と結論したのでした。また私が熱意の欠如を感じとろうとしなった有志たちの手によるこのセミナーの執筆をめぐる有為転変から判断するかぎり、この「多かれ少なかれ」は、多くの場合「多かれ」の方に傾いたものでした(もちろん、ここでもドゥリーニュを例外として)。実際のところ、SGA5が執筆され、刊行されて、人びとがこれを読んで「事情に通じる」ことが出来るようにならないかぎりは、「事情に通じた」他の人びとが出てくることはありえませんでした！実際に、私のもっとも親しい学生でかつ戦友の中の二人による二つの「記念すべき発表」の**あとに**、このセミナーは刊行されたのでした(偶然は多くのことをなすものです)。この二つの発表とは、一九七六年のヴェルディエの問題の論文であり（そこでは、彼の手で、はじめて発表される、彼の展開しているアイデアの起源については一言も述べられていません）、もうひとつは、すでに多くを語りましたドゥリーニュによるSGA $4\frac{1}{2}$ です(1)［P205］。このあとで、イリュジーに対して、残りの発表の仕事にたずさわるように心を込めて頼んだのでした！

このセミナーの参加者はだれとだれであったのか――例えば、アルティンがいたのかどうか――詳しいことはもう覚えていません。いずれにしても、第一期の私の学生のほとんどすべては、たしかにいたと思います――例外としては、シンさんとサーヴェドラ（この時点ではまだ出会っていませんでした）と、おそらくアキムさんがいます。さらに、ビュキュル（その後なくなりました）、ウゼル、フェランがいました――セールは入れないことにします。セールはコホモロジーの大きな装備一式を好んだことは一度もありませんでしたし、慎重になってだんだん足が遠のいていったからです。ドゥリーニュを除くと、だれもこれらすべてはどこへ向かって進んでいるのか非常に良く理解しているというわけではなかったでしょうが、それでもこのセミナーには十人から十二人の聴講者がいたにちがいなく(非常に熱心な参加者だったとは言えませんが)、彼らは少なくとも「事情に通じている」とみなされるに十分なほどにはついてきていました。

昨日から私の頭を去来している考えですが、コホモロジーの専門家とみられている、これら「事情に通じている」人たちすべての中で(イリュジーやベルトゥロのような、みるからにその力量を示している「コホモロジーに関する」学位論文をもっている「傑出した人物」でなくとも)、そしてヴェルディエやドゥリーニュを別にしても――とにかくヴェルディエのこの論文を手もとに持っている人がかなりいるはずです！ヴェルディエのある種の態度からして、何か多分おかしいことがあることを彼に一度でもほのめかした人がだれもいなかったと私は確信しています。またよく知っていますが、この事について私の注意を喚起した人はだれもいませんでした――私はこの論文の存在を今日からちょうど一週間前の五月二日にメブクから教えられたのでした。メブクはもちろん数年前からこのだまし取りを知っていました。

このことは、十日前におこなった(ノート(74)[P132])(私という人間を埋葬することでは)「全員一致」であったという陶酔状態の中での確認に対して実に具体的な意味を与えています！この一致の中には、「一九七〇年以前」の私の学生の(すべてとは言わないまでも)かなりの数が含まれます――つまり、今日数学の世界で手本となっている人たちのうちのかなりの数が含まれているということです。そしてこれにはわが友ゾグマン自身も含まれている(あるいは含まれていた)ということです。ゾグマンは、上流社会から下女のように扱われながらも、すべてに逆らって一種の「私の作品に対する忠誠」(彼自身の表現による[2][P206])を示すことに固執し、無鉄砲にも、執拗に、時折このことを表明したのでした。これによって、人の知るような結果を生んだのですが。さあ、ここで何かを理解していただきたい！

結局のところ、このような名声のある雑誌が、「よく知られている」ことをコピーするだけの、一種の空虚な論文を発表したと述べたのは、私のあやまりでした。著者が、(すべての人とは言わないまでも)数多くの証人が見ていて、知っている前でコピーしたものは、(私がずっと以前に発表した、連接層の枠組みの中でのサイクルのコホモロジー・クラスを除いては）発表されてもいず、「よく知られた」ものでもありませんでした。それらは、また、多くの出席者たちの前で、一セミナーでの一年を通じてこれらのアイデアや他のアイデアを展開して時間を無駄にしたと判断していなかったのですから、私にはそれらを過小に評価する資格のないアイデアだったのです。おそらく、ヴェルディエのこの論文は、まさに多少とも「多様体」という名に値する対象に対してコホモロジー（あるいはホモロジー）を用いる人の日常のパン、「よく知られている」ものからなる領域に入るようにと、私が発展させたアイデアと技法のきわめてわずかな部分の有用で、よく出来た「ダイジェスト」なのでしょう。したがって、この観点からすると、ヴェルディエはおこなって有用だったことをおこなったのでした[3] [P206]。したがって私には結局不満を持つ理由はありません。しかし、今日もなお、この友人で元学生から電話で感じたことによって、また彼について感ずることが出来た他の多くの事柄を通じて（その中の最も「大きな」、あるいは少なくとも最も「人目を引く」ものは、よこしまなシンポジムという欺瞞です）——私ははっきりと、**何かおかしいことがある**のを感ずるのです。この記念すべきシンポジウムは、数学という面では、多くの点において、たしかに非常にすばらしいものでした。「おかしいこと」は、これとは全く異なったレベルにあるのです。このことを私は言葉を用いて浮き立たせてみることもできるでしょうが、大した意味を持たないだろうと感じます。このシンポジウムや、欺瞞も何もなくとも他の多くのシンポジウムの中におかしいことを感じない人は、私がこうした「浮き立たせる」という試みをおこない、これによって私の方は完全な満足を味わったとしても、ほんのわずかもそれを感ずることはないでしょう…。

私にとって未解決のままである問題は、おそらく今日では比較的月並みなものであろう（他の人の未発表のアイデアを自分のものとして提出する一著者という）この三面記事が表わしているこの「兆候」——この兆候は慣習の全般的な退廃の兆候なのか、したがって、今日の数学の世界における「時代の精神」の典型的な一兆候にすぎないのか、それともそれはむしろ私という人間について——私がかつてあったもので、私の学生であった人たちの私に対する態度を通じて、私にいま戻ってきているものについて、ある教訓を私にもたらしているのだろうかということです。

これら二つのありそうな意味は、相互に排除しあうものでは全くありません。元学生たちの私に対する関係は、もしある慣習の状態が彼らをこの方向に押しやることがなかったならば、このような表現をとることはなかったでしょう。さらに私はこの「兆候」より前に、「慣習の描写」のレベルではさらにあざやかなものに思えた他の多くの事柄を見ていました。ところがこの兆候の中でとくに私の目を引いたのは、他のすべてのものとは異なったつぎの特殊性です。つまり、**私の元学生たちの大多数が一度に関わっている**らしいと言うことです。

　こうした状況は偶然であるとは言えません。これをそっくり（たしかに現実にある）「慣習の退廃」のせいにするだけでは、私の元学生たちのおのおのを引き入れていると同じく、私をも引き入れている、これがもつより個人的な意味を回避してしまうことになるでしょう。この兆候のもつ実際の大きさを超えたところにいるように思える「おのおの」と私が言うとき、私は言葉を選んでいるのです。なぜならこの兆候は、ちょうど良い時に、私の元学生のだれかが少なくともこの種の状況に立ち会わなかったということはほとんどあり得ないことを私に想起させてくれるからです。ここ数年来私が別れた数学者たちの世界において吹いている、私に関するある「風」を感じていました（今でははっきりと、その由来と理由がわかる風——と思います）。彼らのだれも、この墓掘りの役割をもつ論文の発表のようなひとつの「小事件」のときであれ、あるいは全く別の機会であれ、この風が吹いているのを一度も感じなかったということはあり得ないことです。当事者がそれを望むと否とを問わず、このような機会は必ずやその人に仕事を教えた私との関係という問題を提出した（あるいはあらためて提出した）にちがいありません。そしてここへ私を導いてきたばかりの兆候を超えて、いま確認できる兆候は、**私の学生であった人たちのだれからもこのことについて知らせを受けなかった**ということです[4][P206]。ここに、まだその意味は私にはわかりませんが、ひとつの「一致」があります——意味のないものではありえない「一致」です（84_1[P206]）。

　夜が明けはじめました——ここで止める時だと思います。いまは、『収穫と蒔いた種と』の中で、この注目すべき一致の意味についてさらに先にすすむ時点でも場でもないと思います。それは、今夜の省察が、私の学生であった人たちのだれかのもとで反響をわずかにでも生みさえすれば、おそらくまたの日になされる収穫でしょう。

↓85［P209］

注 (1)　とくにノートNo.67、67′、68、68′をみられたい［P

93―109]。

(2)　（六月七日）ゾグマンは、最近の訪問の折、埋葬に関するノートの全体を読んで、「私の作品に対する忠誠」という彼が用いたこの表現は、彼の考えをうまく表現していないと指摘しました。むしろ彼は自分自身の判断力と自分の数学上の直観を信頼していたこと、これらが、私の作品は彼が必要としているアイデアのいくつかをもたらすことを告げていたということでした。したがって、ここには、**自分自身に対する**忠実さがあり、たしかに、これは、真に革新的な作品をつくる上で基本的なことです。

(3)　たしかに、もとのセミナーSGA5を「解体」しながら、彼はこれをおこなったのです。彼はドゥリーニュと共にこの解体の主要な立役者であり、かつ「受益者」だったのです。

（六月七日）三日後の五月十二日の省察（ノート「虐殺」、No.87をみられたい［P225］）によって、イリュジーは、ヴェルディエよりももっと直接的な形で、解体というよりも「虐殺」として現われてきたものに協力していたことがわかってきました――たとえイリュジーはその「受益者」でなくとも、そして他の人の利益のために活動したとしても。

(4)　（五月三十一日）興味あることですが、埋葬の存在について私にほのめかせた唯一の人は、十年ほど前に第三期課程の博士論文を私と一緒におこなってパスしたアフリカの友人です（したがって、「一九七〇年以後の学生」であり、地位は高くありません）。彼とは友好的な関係を保ちつづけていたのでした。彼がこのことをほのめかせた手紙は、二三年前で、その時はこれには私はまったく驚きませんでした。この時には、彼の印象について詳しいことを尋ねませんでした。彼の印象の詳細についてはほんの最近になってはじめて伝えてくれました。

（84_1）　（五月十六日）　私に対するこの完璧な沈黙ということでの、私の元学生たちの間でのこの非の打ちどころのない一致は、他の兆候と軌を一にしています。そのひとつは、エピソード「外国人たち」（第24節をみられたい［『数学者の孤独な冒険』、p249］）を迎えたときの完全な沈黙です――この沈黙については、すでにノートNo.23_5の中でいくらか考えてみました［『数学者の孤独な冒険』、p368］。他方では、数多くの抜き刷りを送ってくれたベルトゥロと、（50ほどの発表のうち）4つを送ってくれたドゥリーニュ、それにイリュジーからひとつ送られたのを別にすると、元学生の他のだれからも抜き刷りを受け取りませんでした。このことは、私に対する彼らの関係の中での両義性について多くのことを語っています。抜き刷りを送るということは、たとえ私が自分の仕事の中でそれを利用する[1]［P208］かどうかがあやしいものだとしても、彼らの仕事を教えた人に対して、彼らの手中にあるこの仕事が眠っていないこと、生きており、活動していることを知らせる最もはっきりした方法だったでしょう。だが、少なくとも彼らのいく人かにとっては、彼らの発表は、暗黙の埋葬への彼らの参加をも証拠づけることも確かでしょう。仕事に関するものであれ別の事であれ、この暗黙の埋葬を予定より早い故人に知らせない方がよかったのでしょう…。これに対して、クリスタル・コホモロジーについて研究している多くの著者から数多くの抜き刷りを受け取りました[2]［P208］。さらにまた、ほとんど名前しか知らない解析学者の同僚たちから、彼らが、三十年前あるいはそれ以上前に私が提出した問題を取り上げたとき（そして、時には、解決したとき）、かなりの数の抜き刷りを受け取りました。私が立ち去ったこれらのテーマに戻ることはなく、また「実用的な」観点からは、これらの抜き刷りは浪費であることは明らかだったのですが。しかしこれらの同僚たちは、私の学生たちが感じたがらなかった何かを感じていたにちがいありません——もちろん、一九六〇年代には、私の学生たちは、私の発表したもの——論文やＥＧＡ（代数幾何学の基礎）、ＳＧＡ（代数幾何学セミナー）という大きなシリーズ——を最も役立てた人たちでした。彼らのひとりひとりは（シンさん、それに多分サーヴェドラを除いて）一九五五年から一九七〇年に発表された私のすべての作品（一万ページを超えるでしょう）を持っていると思います。

たしかに私の元学生たちは良き同伴者を持っていました。数学の「高貴な社会」の私の昔の親しい友人たち——その作品が私の作品に非常に緊密に結びついていた人たち、あるいは一九六〇年代において私の研究プログラムの発展の中である役割を演じた人たちも含めて——のだれも、共通の場から私が去ったあと、抜き刷りを私に送りつづけることは有益だとは判断しませんでした[3]［P208］。さらに最近では、『あるプログラムの概要』（これは、とくに、十五年間の中断のあと、かつて私たちが共に追求していたテーマに緊密に関連している研究テーマについての、激しい研究活動の再開を告げるものでしたが）を送った十五人あるいは二十人の昔の友人たち（いく人かの学生を含めて）の中で、二人だけ（マルグランジュとドゥマジュール）が、感謝を示す数行を書いてよこすという労をとりました。もう少し具体的な(そして、さらに、熱気のある)いくつかの反響は、少し以前から知っている若い数学者たちから、そして昔からの友人ニコ・キュイペールからやってきました。しかしキュイペールは私がおこなっている事柄については全くの門外漢です。彼は人を通じてこの文書を知ったのでしたが、思いがけない私の「復帰」に大いに満足していました[4]［P209］。

注 (1)（五月三十一日）これは、一九七六年までは除外した方がよいようです。70年代のはじめには、数学活動を再開することは考えていないと、私はかなりはっきりと言っていたからです。一九七六年、高等科学研究所（IHES）での「分割ベキ乗をもつド・ラーム複体について」の講演は、私が数学に興味を持ちつづけていることをかなりはっきりと示すものでした。

(2)（五月三十一日）私が個人的に知らない若い著者たちのことです。彼らはベルトゥロの例に従ったのだと思います。彼らにとってベルトゥロは先輩なのでしょうから。ここで少しばかり奇妙なことは、少なくともここ二年来（一九八二年九月六―十日のリュミニーのシンポジウム以来）、ベルトゥロは私を埋葬するのに積極的に協力していることです（このことについては、ノート「共同相続者たち…」、№91に付した五月二十二日付のノート(91_1)ノートをみられたい［P274］）――これは、彼の私に対する関係における最近の転換を意味するのだろうか？クリスタル・コホモロジーとその関連事項についての概説―論文――私の名には触れていない――の抜き刷りを受け取ったという記憶はありません――これを私に送るのを控えたにちがいありません！

(3)（五月三十一日）もちろん、彼らが私に抜き刷りを送ろうとさせる心理的な動機は、私の学生たちの場合よりも強いものではなかったでしょう――しかし、素朴に考えて、それは、解析学の私の同僚たちよりも、また、個人的には知らないか、ほとんど知らない、抜き刷りを受け取った数多くの代数幾何学者におけるよりも、はるかに強いものだったでしょう。明らかに、共通の場から私が立ち去ったあと、友人であったという事実によって、数学の世界での私の昔の友人たちのもとで、拒否という自動的反応が呼びおこされたか、強化されたのでした。このことを確認する機会がすでにありましたが。（『収穫と蒔いた種と』の中のあちらこちらで通りすがりに言及しましたが、こうした態度については、五月二十四日のノート「墓掘り人――会衆全体」、No.97をみられたい[P303]）。

(4)（五月三十一日）これは、私の「復帰」に同意を与える方向で、昔の友人たち（あるいは私の元学生たち）からきたほとんど唯一の反響です。故人の出現が、葬儀の正常な進行を場違いな形で乱すのですから、たしかにこのことは全く驚くことではありません…。

（六月十七日）だがつい最近マンフォードから熱のこもった手紙を受け取るという喜びを得ました。彼は『あるプログラムの概要』の中で素描されているアイデアに「スリルをおぼえ」、「非常に興奮させられた」と述べ、タイヒミュラー塔についての私の組み合わせ論的な描写のために私が必要としている技法上の鍵となる結果は、たしかに立証されていると伝えてくれました。一九七八年以来、私の昔の友人のひとりが、私の「アーベル的とは限らない場合」についてのアイデア――その特別な重要性（モチーフのヨガ（哲学）に匹敵する）は私にとって当初から明らかでしたが――を摑んだのはこれがはじめてです…。

（一九八五年三月二十八日）これらの行を書いて以来、『概要』に対する返事として、I・M・ゲルファントからも（一九八四年九月三日付の）非常に熱のこもった手紙を受け取りました。

2 連帯（五月十一日） *85

不幸なセミナーSGA5に関するこの出来事は、私の頭の中を去来しつづけています。「すばらしい参考文献」(1)［P216］は、たしかにこの出来事を新しい光で照らし出し、その結果輝かしい「操作SGA$4\frac{1}{2}$」にも新しい意味を与えています。

このことを考えれば考えるほど、SGA5に関するこの出来事は一層**大きなもの**に見えてきます。ほんの数週間前ですが、これに「取り組み」はじめた時の私の最初の印象（ノートNo.68、68′をみられたい［P104、109］）は、一九六五／六六年度におけるこのセミナーの気の毒な元聴講者たちのもとでの壊走の状態は、わが友ピエールによって、彼の例の操作のために利用されたこと、そしてこの操作の中では他のだれも全く利益を得ていないということでした。そして、SGA5にとって不運なことには、ピエールでも他のだれでもなく、残念ながら私が聴講者で有志の執筆者たちにすすんで仕事をさせるように出来なかったこと、また、彼らはすばやく行なうと言いながら、執拗に行なおうとしない仕事を彼らに替わって私がおこなうことが出来なかったことだと考えていました。そのあとここ最近になって、十年たって情熱がよみがえった人がとにかくひとりいることがわかりました。他の「有志たちのだれも相変らず執筆しはじめようとしていない時点[2]」で、自分の利益のためにすばらしい参考文献をつくるということで、セミナーから取りたいところを取って（セミナーについては言及せずに）発表するためでした。［P216］

昨日から私にますますはっきりとしてきたことは、単に二人の「わる者」がいるだけではなく、**「コホモロジー専攻の」私の学生のひとりひとり**が、このセミナーをめぐって生じたくすね取りに直接に関わっているということです。私に誤りがあるかもしれませんが、このセミナーに出席した彼らのひとりひとりです——つまり（「コホモロジー専攻の」学生が現われた年代順に言えば）：ヴェルディエ、ベルトゥロ、イリュジー、ドゥリーニュ、ジュアノルーです。（この中に、ジャン・ジローを含めません。彼は、とくにSGA5あるいはその前のSGA4で取り扱ったものとはかなり異なった分野で仕事をしたからです）。

このセミナーは、なによりも**私の学生たちのために**おこなったものです、彼らは時折はもう勘弁してくれという様子さえしていましたが——**私はこれはくだらないものだったとは考えていません**。彼らのおのおのは、この年度のあいだに、「コホモロジーを用いる数学者」という彼らの仕事のかなりのものを学びました！私が最初連接という枠組みの中で発展させたさまざまなアイデアを、エタールという枠組みの中で、はるかに詳しく取り上げて、彼らにおこなったこれらの事柄——これらは、彼らのためにおこなったこのセミナー以外のどこにも見い出すことの出来ないものでした。私以前にだれもこれらをおこなうという労を取ったことは一度もなく——そして、私以外のだれもそこにおこなうべきことがあること、そしてその理由をさえ感じたことがなかったからです。（ここでもドゥリーニュを除外してです。彼は、このセミナーにおいても、他の人たちよりもより早い理解力でもって、月を重ねるにつれて学んでゆきました）。彼らがその後双対性の定式について「事情に通じた」ものになり——しかも、彼ら**だけ**がそうなったのは、このセミナー（およびその前のセミナー）に出席したからであり、彼らがこれについてなにがしか勉強をしたからであって、他のものによるのではありません。**この特権**は、彼らに対して、**ひとつの義務**を生み出したと思います。つまり、この特権が彼らの手中だけにとどまらないようにすること、私の口から学び、その後今日まで彼らの仕事全体の中で不可欠な知識となったものをすべての人の手に届くものにすること、そしてそれをしかるべき、通例に従った期限内に——長くとも一年以内に、どんなにかかっても二年以内におこなうということに気を配るということです。

このことに気を配るのは、ほかでもなく私ではないかと言うのも一理あるでしょう。しかし学生たちや他の聴講者が執筆のための援助を申し入れたとき（執筆は、これに真剣に取り組む人たちにとっては、彼らに非常にためになったことでしょう）、私が率直にこれを受け入れたのは——私に降りかかってきた仕事を彼らがおこなっている間、私が暇を持て余すためではありませんでした。私の方は、デュドネあるいは他の人（しかも、一九六六／六七年度にはベルトゥロとイリュジーがこれに含まれます）の援助を受けながら、やはり緊急のものに思われた、そして当時私に代わって、あるいは私の援助なしには他のだれも出来ないであろう、基礎に関する著作を書きつづけていました[3][P216]。これらの著作自体が、私の「コホモロジー専攻の学生たち」に対しても不可欠な参考文献となりました。これらの学生たちは、すべての人と同じく、必要なときにこれらの中にすでに出来上がったものを見い出すことができて大いに満足していることでしょう。

彼らが私と接触しながらおこなった自分たちの仕事を通じて、また出席したり、参加したりした私のセミナーを通じて獲得したコホモロジーについてのアイデアと技法をもってするならば、彼らが協力しておこなえば、このセミナーの執筆は、例の「数学共同体」に対しておこなう奉仕ということ、さらにはまた、その後、私に対して彼らが感じていたであろう恩義を考えるとき、わずかな量の仕事だったでしょう。すでに述べましたように、私にとっては（援助してくれる人がいるとき）このセミナーの全体を書き上げるのは数か月の仕事だったでしょう。仕事を五つに分けて、これらの年月の間に各人が得た執筆の経験をもってすれば、私の手書きの詳しいノートがあることを考えると き、各人がおこなう投入は、一ヵ月、せいぜい二ヵ月ぐらいだったでしょう。彼らは、他の執筆者に比べると、これをおこなう上ではるかに準備が整っていました。他の執筆者たちの中の、例えば、ビュキュルには、みるからに彼を超えたところにあった仕事を、より若い、より直接的な動機付けを持っている人々の手に託すことは願ってもないことだったでしょう。

私が近くにいる間は（つまり、そのあとさらに三年の間)、この件において私に頼るという反射運動が生じたとすれば、それはもっともだと思います――「有志」たちを調整して、なんとかやってゆくと考えられていたのは、私だったからです。彼らのひとりひとりに二三の報告を短い期間につくることを私がもとめ、私も同じようにしながら、仕上げてしまうことにしたとすれば、彼らはその仕事を拒否することはなかったでしょう。私が数学の世界を去った時点から、この状況はすっかり変わりました。このとき、彼らは、暗々裏に(遺書がありませんので)、かつきわめて具体的な**ある遺産の唯一の保持者**となったのです。たしかに、実際上は、私の別れは、**死去**に等しかったのです――彼ら以外に、この遺産を知っていて、これを利用したり、その運命について考えたり(最良のもののために、あるいは最悪のもののために…)する人はだれもいなかったと言う意味で、私は完全に「故人」なのでした。

私の別れのあと七年間、この遺産が(一九七六年の「すばらしい参考文献」[P192]を除いて!)隠されたままになっていたのは、**私の学生たちがこの期間全体にわたって、それを公表するという務めを果たさなかった**からです。大小の差を別にすれば、この状況は、「モチーフの哲学(ヨガ)」に関する状況とかなり似ていると思えます。このヨガは、結局のところ(私以外は)ドゥリーニュだけに知られていました。ドゥリーニュはこれを自分だけの利益のために手もとに持っていても良いと考えたのでした。一見したところ異なっているように見えるのは、このモチーフの場合には、五人ではなく、ひとりだけ「受益者」がいたこと、そして、ひとりによって秘密にされたものの深さと、五人が共同して秘密にしたことの深さとは比べることが出来ないからです。

たしかに私は各人の深い動機について知りません――ドゥリーニュの場合においてさえ、その理解はばくぜんとしたままであり、おそらくこれからもばくぜんとしたままでしょう。しかし「実際上」のレベルでは、(操作ＳＧＡ $4\frac{1}{2}$ およびその他という)ドゥリーニュの手の内は実にはっきりとしています。またこれも明らかなことですが、これらの操作は**すべての人の連帯なくしては**おこなえなかったと言うことです。だがジュアノルーはこの事情にそれほど通じていないようです――彼は「傑出した人物」という姿を取っていないようですし、ずいぶん前からコホモロジーの泥沼を去っているという印象を受けます(85_1 [P217])。しかし、イリュジーとベルトゥロがＳＧＡ $4\frac{1}{2}$ と「すばらしい参考文献」を手に持っていないと言うのは考えにくいことですし、また彼らは私と同じく読むことが出来るし、私と同じくらいには鈍くはないはずです。

　ヴェルディエが自分の分を取り、ドリーニュも自分の分を取り、ドゥリーニュが彼の例のSGA$4\frac{1}{2}$（この著作と彼の全作品が生まれてきた二つのセミナーを当然のことのようにけなしながら）のための補給基地を必要としていたちょうどその時点で、イリュジーが突然SGA5の刊行にたずさわったこと、そして、イリュジーはこれをおこなうのに十年かかったことは、たしかに偶然ではありません。私が一九六六年におこなった、未解決の問題と予想についての締めくくりの報告が、「オイラー・ポアンカレの公式およびレフシェッツの公式をさまざまな枠組み（トポロジー的、複素解析的、代数的）の中で検討している、非常に美しい序論的な報告とともに[原文のまま]、残念ながら文章化されなかった」のは、これもたしかに偶然とは言えないでしょう——これは実に明らかな埋葬です。またこのセミナーのカギとなる報告のひとつをセミナーから削除して、無造作にSGA$4\frac{1}{2}$の中に入れたことが、イリュジーとドゥリーニュにとって（そして「些細な変更」の中で通りすがりにこれを指摘するだけでよいとして）自然なものに見えたのも、もちろん偶然ではありません(4)[P216]。

　ドゥリーニュに対してと同様に私が愛情をいだいていたし、そして（ドゥリーニュと同じく）いつも私に対して非常な心のやさしさを示してくれていたリュク・イリュジーが持っていた意図（意識の上での、そして無意識の）がどのようなものであったのか私にはわかりません(5)[P217]。しかしドゥリーニュの傍らにあって、彼が**破廉恥な欺瞞**の共同の立役者であったことは確認できます。つまり、一九六五／六六年度の母体であるセミナーSGA5（ドゥリーニュが、はじめて、スキームについて、エタール・コホモロジーについて、双対性や他の「脇道」について聞いたのは、このセミナーです）を、八年後に書かれた見かけ倒しのSGA$4\frac{1}{2}$という名をもった文集の、一種の不完全な、いくらか嘲笑すべき付録とみなすという欺瞞です。そしてこのSGA$4\frac{1}{2}$は、（題名にある数字によっても、レクチャー・ノートの中の刊行の号数によっても、そして、「その存在（SGA$4\frac{1}{2}$の）によって、SGA5を**そのままの形で**刊行することが近々可能となるでしょう」——強調は私による——という、著者のやや突飛な解説によっても）SGA5よりも前のものであるかのような姿を取っているのです——さらには、このわずかな文集全体が生まれ出てきた仕事を隠すことのない軽蔑でもって取り扱おうとしているのです。

　このようにみごとな無造作さで取り扱われています

が、これらの仕事がなければ、ドゥリーニュの大きな仕事――それは彼のきわめて当然の威信に根拠を与えているものです――の**どれも**現在までに書かれていなかったでしょうし、おそらく百年後にも書かれていないでしょう（このことは、イリュジーと他のコホモロジー専攻の私の学生たちに対しても同じでしょう）。この「操作SGA $4\frac{1}{2}$」の精神の中には、ある**厚顔無恥**さがあります。イリュジーは、この厚顔無恥さの（おそらくこれについて考慮することさえなく）保証人となっています。これはまた**あるコンセンサス**による暗黙の同意あってのみこのように長々とくり広げることができたのです。ドゥリーニュ自身を除くと、このコンセンサスに関わりを持っている最初の人たちは、まさに、彼らの目の前で、つかみどり市の意のままにされ、軽蔑の対象とされた、ある遺産の主要な受益者および私の学生であった人たちです。

そして有無を言わせぬうぬぼれ、つい一昨日にも電話での会話で私の元学生において見ることが出来た保護者的で、温情主義的な態度[6][P 217]、またわが友ピエールにおいて、すばらしい二重の操作「SGA $4\frac{1}{2}$――SGA 5」(このことについて当時私は遠いところにいて、なお七年の間推測することさえ全くしませんでした）の直後から見ることができた、さらにひそやかな尊大な態度――これらの態度は、人けのないところで生まれたもの**ではなく**、はっきりとあるコンセンサスの兆候です。そしてこのコンセンサスは**一度も問題に付されたことがない**のです。こうした態度は、ヴェルディエとドゥリーニュについてばかりでなく、私の学生であったすべての人についても、なかでも（仕事のテーマによって、また彼らが日ごとに用いている道具によって）第一に関わっている人たちについて、なにがしかのことを私に語っています。

探すこともなく心に浮かんできた「欺瞞」という語から、同じおくめんのない態度がくり広げられている別の欺瞞をこの時思い出しました――いわゆる「よこしまな」シンポジウムのことです。今やこの二つは、**緊密に、解きがたく関連し合っている**ようにみえます――**この双方を可能にしたのは、同一の精神です。**「高貴な社会」にはもはやそれほど入り込んでいないジュアノルーを除いた方がよいでしょうが、コホモロジー専攻の学生たちは、この醜悪さについて共同責任があり、かつ連帯していると私は考えます。ベルトゥロとイリュジーに対しては、悪意や不誠実さがあったと判断するものは何もありません（この悪意と不誠実さがあったことは、ヴェルディエとドゥリーニュについては、まったく疑いの余地はありません）。しかし、少なくとも、健全な能力を用いるという上で、ある無分別、ある阻害が認められます。その深い理由については、もちろん私にはわかりません。もし彼らの中に無関心や軽蔑の意図がなければ、七十年代に私の作品を公然と援用している唯一の人であり、かつベルトゥロとイリュジーの双方に近いところにあるテーマ（彼らはそれに気がつきませんでしたが）を扱っているゾグマン・メブクは、少なくとも彼らがいくらか彼のおこなっていることを知るということから、最小限の「前もってもたれる好感」を確実に得ていたことでしょう。その時には、彼らは、一九七四年からメブクが歩んでいる方向に興味を持ったことでしょう。**当然の**興味です！ところが、二人とも、なおもグロタンディークに関係がありそうな姿をしている取るに足りない無名者からやってきたものを全く見ようとしませんでした。彼らはこの取るに足りない無名者から直接に彼の学位論文を受け取りました。彼らがそれを開いてみたかどうか、また何が扱われているかを説明しているさらに短い、ダイジェスト的な文書に目を通したかどうか私は知りません――いずれにしても受け取ったという通知さえ出しませんでした（みるからに手本を示しているドゥリーニュも同じです）。

　にもかかわらず、彼らは、記念すべきシンポジウムの他の参加者たちと共に　、注目すべき「リーマン―ヒルベルトの対応」を興味をもって知ることになったことは確かです[7][P 217]。その起源について、またどれが証明したかについて、また（しっかりした数学者として）少なくともそれがどこで証明されているのかについて少しも問いを提出しようと考えずに（85′）[P 219]。だが、そこで、彼らのような人にとってはたしかに全く明らかであるこの証明を、ドゥリーニュは彼らによろこんで手際よく説明したものと私は思います――それは、まさに彼らがずっと以前に、ほかでもない私から学んだ、ヒロナカ流の特異点の解消を用いておこなうという証明なのです（85_2）[P 218]。リーマン―ヒルベルト、ヒロナカ―アブダカダブラという呪文でもって――うまくひっかかってしまったのです！

　みるからに、彼らは、ヴェルディエ、ドゥリーニュと同じく、**数学上の創造**とはどんなものであるのかを全く忘れてしまいました。つまり月を重ね、年を重ねるにつれて徐々に明確になってくるビジョン、そしてだれも見ることが出来なかった「明らかな」事柄をあかるみに出し、だれも考えてみなかった「明らかな」命題という形になるのです（ところが、このテーマでは、ドゥリーニュはまる一年の間考えてできなかったことなのです…）――そのあとでは、だれでも、思い出そうとしない（あるいは記憶にとどめていない）ずっと昔のセミナーの席に坐って学ぶという特典をもった、全く出来上がっている技法を用いて、5分間で証明することが出来るのです…。

ベルトゥロとイリュジーについて容赦なく語ったのは、（まず彼らの二人の友人と決着をつけたあと）とくに彼らに恥辱の責任を負わせようとしているわけではありません。彼らは「最悪」でもなければ、彼らの同僚の大多数や私より愚かであるわけでもないことを私は知っています。さらに、このケースにおいて彼らの中に認められる、直観力および健全な判断力の欠如（そしてまた時折、他の人に対して当然あってしかるべき尊重の欠如…）はずっと以前からある根深いものでは全くなく、**ひとつの選択**に由来するものであることも私は知っています。おそらくこの選択は、彼らの気に入る**「見返り」**をもたらせたでしょう――そしてまた私の省察とともに彼らにやってきたこのもうひとつの「見返り」は、この二人にとっては多分歓迎されないものでしょう。もしそうだとすれば、それは単に**同じ**選択をくり返すことであり、とんでもない取り違いをし、むなしく（いかがわしいあい棒の）空のクルミと（取るに足りない外国人の）実の入ったクルミを混同するのを覚悟の上で、彼らのもつ能力のほんのわずかな部分に依拠して動くという選択でもあるのです。自分の欲することが何であるかを知るのはその人に属することですが！

（→86、87［P220、225］）

注

(1)　ノートNo.82をみられたい［P192］。

(2)　（一九八六年二月二十二日）これは正しくない主張です。一九七六年には、難破していた二・三の例外を除くと、セミナーのすべての報告は何年も前から執筆しおわっていました。

(3)　一九六〇年と一九七〇年の間、私は年に平均千ページのリズムで文書（EGA、SGA、論文）を書いていたことになります。これらすべては、あるいはほとんどすべては、日常的な参考文献となりました（このことは、これらを書きつつあったとき、私には実に明らかなことでしたし、また私の支援によってこれをおこなっていた協力者を勇気づけたのでした）。

(4)　（五月十六日）実際のところ、その翌日に発見することになったように（ノートNo.87をみられたい［P225］）、ヴェルディエ、ドゥリーニュ、それにイリュジーの手による、母体としての（あるいは父の）セミナーSGA5の真の「虐殺」がありました。

(5) 一九七〇年の私の別れ以後も、イリュジーは私に対してこまやかな心づかいをしてくれました――さらに長い間年末の祝日の折に非常に美しいカードを送ってくれました。これに感謝して、近況を伝えることを私としてはきわめてしばしば怠ったのではないかと思いますが――こうした誠実な友情のしるしは、はるかに遠くにみえて、接触を失ってしまっていたある過去からのメッセージのように私にやってきたのでした。

（五月十六日）これに対して、数学のレベルで接触をつづけたり、回復したりしようという意志は、イリュジーには全くありませんでした。昨年にも、（数学の問題のために連絡をとったとき）私は彼のためらいを感じました。私の別れ以後の十四年のあいだに、一九七九年の日付がついた抜き刷りをただひとつ受け取っただけです。

(6) この会話については、ノート「冗談――重さ複体」（No.83）をみられたい［P198］。

(7) （六月十二日）そのあとで、この双方とも（一九八一年六月の、リュミニーでの）このシンポジウムに加わっていないことを知りました。しかしながら、ノート「欺瞞」No.85′をみられたい［P219］。

(85$_1$) ジュアノルーは、ヴェルディエと共に、自分の学位論文を発表したいと思わなかった唯一の私の学生です。それは、彼が発展させた基礎の仕事、つまり導来カテゴリーの観点からする、ℓ-進コホモロジーに関する仕事に対する興味の喪失の兆候のように思えます。このテーマについての彼の仕事は大部分私の別れの**あとに**あったため、したがって、ドゥリーニュとヴェルディエを先頭に、私の学生たちが、ホモロジー代数において私が導入したアイデア、とくに導来カテゴリーというアイデアに対して全般的な興味の喪失の兆候を示していた時点ですから、ジュアノルーが自分の仕事と一体化し、これを発表するという（大いに価値のある）栄誉を与える方向に、状況は勇気づけなかったのです。この同じドゥリーニュとヴェルデイエが、ゾグマン・メブク（（ヴェルディエの）無名の学生であり、（グロタンディークの）死後の学生でもある）の仕事の流れの中で、導来カテゴリーの重要性を（大騒ぎして、互いに宣伝しあいながら）発見することになったので（ノートNo.75、77、81をみられたい［P139、153、180］）、ジュアノルーの軽蔑されていた学位論文は、よこしまなシンポジウム以来、その今日性を回復しました。もしスキームのコホモロジー理論が、一九七〇年の私の別れ以後、正常に発展しつづけていれば、一度も中断したことがないと思われる今日性です。私の別れ以後にドゥリーニュがとった選択におけるある大きな「方向転換」を示している、目をひく小事実ですが、ジュアノルーに、研究すべきものとして、ℓ-進三角化カテゴリーの形のととのった定義のための技法上のカギとなるアイデア、つまり彼の学位論文の中で発展させられることになったアイデアを提供したのは、ドゥリーニュ自身だったということです(ドゥリーニュは、三角化カテゴリーの枠組みの中でℓ-進コホモロジーの定式化を展開することの重要性を非常によく理解していたのでした)。(このテーマについては、ドゥリーニュの仕事に関する一九六九年の私の「報告書」の第8節をみられたい)。

(五月三十日)　また、ジュアノルーの仕事については、ノート「共同相続者たち…」、No.91をみられたい[P267]。

(85_2)　意味深い「一致」ですが、エタール・コホモロジーにおける二重双対性についての定理(特異点の解消を使える場合に)を証明するためにも、またfについての固有性の仮定なしで、$R^if_!$に対する有限性定理、さらには$\underline{RHom}$, $Lf^!$に対する有限性定理を証明するためにも使用できる、この証明の原理をすべての人が学んだのは、まさにこの同じセミナーSGA5においてだったと言うことです。(これらの有限性定理も、SGA5の刊行された版ではなくなっており、SGA$4\frac{1}{2}$へ組み入れられました。イリュジーは彼の序文の中でこのことについて言及する方が適切だと考えることさえなく――これらの行を書きつつあるとき、はじめてこのことに気がついたのです!)。このセミナーに出席することはできなかったゾグマンは(その代わり、「すばらしい参考文献」を持っていました)、この手法を別の場所で、つまり私がこの手法を(C上のスムーズなスキームに対するド・ラームの定理に対して)用いていた場所で学びました。

さらに彼は「すばらしい参考文献」の中でもこの手法を学ぶことが出来ました。そこには、私の証明は、SGA5の私の学生たちや聴講生がそれ以来「ヴェルディエの双対性」と呼ぶのを好んでいるものを立証するために、解析的な枠組みの中でコピーされています。(この「ヴェルディエの双対性」は、まだ彼を知るという喜びを得る以前から私には知られていたものです)。みるからにすべてが相互に関連しあっているのです!(私から、その命題と共にコピーした)その**同じ証明**が、解体され、軽蔑の対象となったこのセミナーSGA5の中でまさにヴェルディエが学んだ双対性に対する作者の資格として、彼に役立っているのです――そしてそれが、重要な発見に対する功績をメブクから破廉恥にも奪い取るための（暗黙の）口実および手段として（その「明らかさ」そのものによって）メブクに**対して**用いられているのです。

（五月三十日）私がはじめてヒロナカ流の特異点の解消を用い、証明の道具としてのこの解消のおどろくべき力を理解したのは、複素解析空間のある種の有限被覆上の複素解析構造を描いているグラウエルトーレンメルトの定理の「手ばやい証明」、そして $\boldsymbol{C}$ 上の有限型のスキームの場合における類似の命題の「手ばやい証明」だったと思います。（この原理は、このケースにおいて、セールから示唆を受けたということはありえます）。この後者の結果は、エタール・コホモロジーと通常のコホモロジーとの間の比較定理の証明の主要な内容となっています（証明の残りは、$Rf_!$ の形式的な性質による分解（ネジはずし）と、さらに $Rf_!$ から Rf_* へ移行するための少しばかりの解消だけになります…）。

3　欺瞞　（六月三日）　!85′

たしかに、ベルトゥロは一九八二年二月に、イリュジーは一九七九年にすでに（メブクの学位論文の口頭審査の年）メブクの口から神さまの定理を知らされていたのに、彼らはこの作者の資格について問題を提起しなかったことを知りました。彼らは問題のシンポジウムにどちらも参加していなかったにもかかわらず、このシンポジウムで生じた欺瞞に連帯責任があります。とくに神さまの定理についてのメブクの作者としての資格をめぐってなされたかすめ取りを、彼らが知らなかったということはあり得ないからです。また、このシンポジウムのすべての出席者と共に、彼らは、その友ヴェルディエとドゥリーニュの手によって仕組まれた集団的欺瞞に最初に大急ぎでだまされたのだと思います（この欺瞞には、私の5人のコホモロジー専攻の学生のうち4人が連帯していたのです）。少なくともイリュジーについては、昨年の夏メブクが私を訪ねてきたあと、彼との電話での会話の折、彼がみるからにメブクを軽視しているのに私は驚きました——私が代数多様体のコホモロジー理論の再スタートの中で、メブクに主要な位置を与えているのを知って全く驚いている風でした（彼の古い師から、もっとよい判断を期待していたのに、ほとんど心を痛めているようでした）。驚くべき力をもったコンセンサスが、メブクを取るに足りない無名の者の中に位置づけることに決めていたのです。そしてわが友イリュジーは、まったく問いを発することなく、無造作に、つぎのような三重の矛盾と共に生きているのです。つまり、神さまの定理とこれが伴っている哲学が持っている第一の位置を占める役割について、これらの事柄の作者の資格をめぐるごまかしについて（彼自身が多くの人と共に加わっているごまかしです）、そしてメブクの重要性と役割に対して彼が持っている貧弱な評価についてです（彼はメブクがこれらの事柄の一度も名を挙げられたことがない著者であることを確実に知っており、しかも、これらの事柄は、イリュジー自身が傑出した人物という姿を持っている、数学の一領域を革新していたのです）。

ここでもまた、科学上の問題についての判断と見掛け上同じくらい個人のかかわらない事柄においてさえ、良識と健全な判断力の完全な阻害があるのをみる思いです。すでに一度ならず触れる機会があった阻害ですが、新たに出会うたびに私は面食らうのです。イリュジーの（またもちろん他の多くの人の）メブク――私の「死後の学生」――に対する関係の中に認められるこの矛盾は、たしかに、私との関係の中にある、さらに決定的な矛盾の数多くの結果のひとつにすぎません。とくにイリュジーの中にある、そして同じく私の他の学生たちの中にあるこの矛盾は、埋葬の、私の昔の学生たちからなるこの葬列をなすノートの中で追求された省察において次第に明らかになってきました…。

4　故人（五月十一日）　*86

非常にしばしば生ずるように、「SGA5――SGA$4\frac{1}{2}$――よこしまさ」というテーマについてのこの新たな省察をはじめたときには、いくらかのためらいがありました。もう十分にいく度も検討したように思えたからでした。「これは、もう十分に聞いているのだから、読者をうんざりさせるにちがいない、嘆かわしい印象を与えることだろう、SGA5やSGA$4\frac{1}{2}$について、詳細なことの中にまた入ってゆくのは、全くエレガントではないだろう。これらすべては過去のことであり、さらに長々と述べるに値しないだろう…」と。

幸せなことに、明らかに「そんなことをするに値しない」、成り行きにまかせるしかないという口実のもとに、事柄の奥底まで私を行かせまいとする（少なくとも、すぐその場で行くことが出来るところへ行かせまいとする）、よく知られたこの種のブレーキによっておじけづくことはありませんでした…。私が有益で、重要だとみなす事柄を発見することになるのは、つねに、「理性」の声、さらには「節度」の声として現われてくるものを聞かずに、「関心を呼ばない」、あるいは貧弱な見かけをもった、さらにはくだらない、あるいはそぐわないとみなされている事そのものを見てみようという、私の中にある礼儀しらずの欲求にしたがってゆく時点においてです。私の人生において、さえぎろうとする年来の反射作用に抗して、なんらかの事柄をより近くで見て後悔したということを一度も記憶していません。こうした抑制の反射作用は、この『収穫と蒔いた種と』においては、他の機会よりもさらに強いものでした。この省察は公表することにしており、(第三者のことに触れる時)いくらか控え目にするという制約を受け、(読者に対して)簡潔であるという制約を受けるからです。しかし結局のところ、これらの制約は、私が取り組みたいと考えた事柄を取り組めなくさせたり、これらの事柄を私の望むだけ深めてみることを妨げたりしたことは一度もなかったという印象を持っています。ある時点で例外的なケースと思われたときに、こうした確信をもってさらに前へと進みましたが、私の無遠慮な省察から「出てくる」ことは、いつも『収穫と蒔いた種と』の中に含めないという方策をとることにしていました。これらの「例外的なケース」はもれなく他の人を巻き込むことをためらったときであって、私自身が関わっているものはひとつもありませんでした。しかし第一の他の人を巻き込みたくないという場合においてさえ、この「方策」を用いねばならなかったことは一度もありませんでした（これはひとつの驚きでした）。つまり、『収穫と蒔いた種と』の文は、私の省察のすべてを表わしています——あるいは少なくとも、この省察の、表現するために文章化する方途がみつかった部分です。

前のノート[1]［P225］の短い省察で、状況は著しく明確になったと感じます。つまり、ことさらに雑然とさせられていた、「テーマ」（SGA5——SGA$4\frac{1}{2}$——よこしまさ）という三重の名で取り上げた、状況のある基本的側面が、私に白日のもとに現われてきたと言うことです。この時までは、なおばくぜんとしか見えなかった「連帯」という側面、「黙許」という側面です。このことは、少なくとも七人：ゾグマン・メブク（ある意味では、ある状況を「明かす人」として行動した）、コホモロジー専攻の私の5人の元学生、そして私自身を、直接的に、そして特に明確な形で巻き込んでいる複雑な状況を突き動かしている隠れた力、有為転変に探りを入れ、すべて理解したと考えているわけでは全くありません。さらに、この「不幸なセミナー」が持たれてからやがて二十年になりますが、それ以来、この状況「ＳＧＡ５など…」との関係において、私自身の中で働いていた、すべての隠れた力と動機を見ることができたと得意になっているわけでもありません！しかし、このテーマについて、少なくとも主要な当事者のだれかから私にもたらされるだろう――これを望んでいますが――反響を理解し、位置づける上で、昨日より（あるいは今朝よりも）ずっとよい条件の中にいると感じます。

私に提出されている主要な問題（これは、すでに省察の別の段階で現われていたと思いますが、今や新しい力を持って再び現われてきました）は、つぎのようなものだと（思われます）：（ほぼ）全員で、私の学生たちによってなされたこの埋葬と共に生じたことは、私自身と私の特異な運命（十五年ほど前の数学の舞台からの私の別れ、これを取り巻いていたさまざまな状況など…）のもつ、ある特殊性に結びついた、**典型的**とは全く**言えない**事柄なのだろうか？それとも、その反対に、「誘惑の種があれば悪事に走りかねない」という原理にしたがって――単に状況が重なり合って生じた「まったく自然な」事柄なのだろうか？現在のところ、その「師」と、師を援用したり、その作品が明らかに師の刻印を持っている（けれども「私の学生たち」のものではない）人たちとを埋葬する上で、私という人間のどの特別な側面が、私の昔の学生たちのあいだで、これほど完璧で、これほど一致した**合意**を生みだす力となったのかを今のところ識別したり、かいま見ることさえできないため、判断をためらっています。すでに語る機会のあった、私という人間を取り巻いている、父としての「独特の雰囲気」によるのだろうか？それとも、私の別れというただひとつの事実が、彼らのひとりひとりに問題を提出したのだろうか？現在の時点で、これを見ることができる目を持っていないので、私は何とも言えません…。おそらくこれからの数か月の間に、このテーマについてなにがしかのことを学ぶことが出来るでしょう[2]［P225］。

ここ三週間の間に、一度ならず、奇妙なもうひとつの「一致」について考えてみました。つまり、「まがうことなき」埋葬の発見（四つの時：レクチャー・ノート900――ＳＧＡ $4\frac{1}{2}$――ＳＧＡ５――よこしまなシンポジウム、ついでＳＧＡ５とＳＧＡ $4\frac{1}{2}$ への回帰）は、数学者としての私の過去と、私の学生たちとの関係についてのより深められた省察がまさに終わった時点でなされたということです。それは、したがって、多くはもやのようだった記憶がよみがえらせた、その時私に知られていた諸事実が可能にさせた、私の能力の最良の状態で、この過去が「私自身に明確になった」時点だったのです。あるいは別の言い方をすれば、ちょうど、ついに私がこうした事柄を知り、これから有益なものを引き出す**準備がととのった**時点だったのです。

「偶然」は多くのことをなすもので、めい想において中断さえなかったのです。私が導入した概念の中で最も重要なもの（私の感じにしたがって）をみまった運命についての短い回顧からはじまった省察[3]［P225］（いくらか不鮮明なままでしたが、ある種の基底をなす音調だけは力づよく浮き出た省察です…）は、この四月十九日木曜日に実に自然につづけられてゆきました。それはたしかに、「記念すべき著作」レクチャー・ノート900を読んで、「厚顔無恥だ」という印象（さきほど用いた表現を用いますが、これはまたその時私が感じたことをうまく表現しています）によって呼びさまされた感情に押されておこなわれたものでもありました。

「同一の」省察のこの新たな出発の中での主な原動力は、「ボス」でした——私の自尊心は傷つけられ、私のもつ礼節についての感情に触れるものがありましたが、その心の動きを描きながら、ある程度はこれから解き放たれました。このあとの十日間みるからにこの動きをリードしていたのは「私」であり、「ボス」です——微笑も笑いもなく、裂け目のない深刻さの刻印をもった日々でした。省察が離れていた中心へ——つまり私自身へと戻る前に、おそらくこの道を、この十日間の迂回を経由する必要があったのでしょう。この回帰がもたらした心の安らぎを今も覚えています——トンネルを出て、新たに日が現われてきた時のように！　このとき、再び笑いと微笑を見い出しました——一度もこれから去ったことがなかったかのように。それは、四月二十九日のことでした。翌日の三十日、月の末日、幸せにもついに省察のこの最後の段階に終止符を打つことができました。

それは、また、今度はわが友ゾグマンの心づかいで送られてきた、つぎの「小包」を受け入れる用意がついに整った時点でもありました。翌々日に受け取った「シンポジウム」に関する小包です。この包みの内容になじむための仕事をはじめてから今日で十日になります。しかしこの段階においては、いく度も新展開をみせてやまないこの展開に切りをつけたいといういらだちを、やっとのことで抑えてきましたが、この中で一日として微笑があいさつもせずに立ち去るということはありませんでした。そして今日が本当に終止符を打つ日だと思います（たしかに、いく度もこう思ったものですが！）。

終わりに達した、あとは整理の仕事しか残っていないということの感情を持ってからすでに五日たちます。あちらこちらにいくつかの注をつけて、削除の個所があまりにも沢山あるページを新しく打ちなおすこと（これはいくらか混乱したままであった思考のいつものあらわれであり、この見かけ上機械的な仕事によってしかるべき形にすることが必要だったのです。しかしこの仕事から、文書はつねに新しい姿をもって出てきました…）。それは、今はノート「友人たち」（No.79）となっているものを書き終えたばかりでした。この「友人たち」は実に自然に「最後の調べ」へとつながってゆきました。しかし、このノートの冒頭の部分から、これらの調べを切り離すことにしました。すると、この整理の仕事は破裂してしまいました。行間なしに打たれた「注」は、かなりの大きさの（注では**ない**）本当のノートになりました。これらを行間に入れて再び打ちなおし、ついでどこかになんとか挿入しなければなりませんでした。「シンポジウム」と名付けられた葬列のあとに、もうひとつの葬列が作られつつあり、この行列に加わってゆくのが明らかになるには、さらに数日を必要としました――葬列の中の最後のものは（私の頭の中でそう決めていたように）前述のシンポジウムではなくて、**学生**によって導かれるものになるだろうこともわかってきました。そして、今日になって、たったひとつのノートしかなかった最初の葬列に、第二のノート（「不公正と無力の感情」）が付加されたとき、これを導いているのは、**「死後の学生」**であることもわかりました。こうして、ひとりの学生（死後の、そして彼の地味な地位にふさわしく、小文字の）が先頭に立ち、再びひとりの学生（これは地味なものでは全くない）によってしめくくられている行列がついに全部そろったように思われます！

これは、また、最初の「間違った終末」のあと、今日、五日前にはそうではなかったほどうまくやってきた最後の「深き淵より」の調べへと戻った時点でもあったと思います。これらの調べは、その時記したままのものであり、また現在の時点での私の感情を表現してもいるのです。

（五月三十一日）またしても、「間違った終末」でした――「最後の調べ」は今度もまた時期尚早でした！二十日が過ぎましたが、その間、「整理の仕事」は、それまで無視されていたあれこれの側面に関する省察をはじめることで、絶え間なく破裂してゆきました。行列をしめくくるものと考えられていた葬列「学生」にさらに六つのノートが加わりました。霊きゅう車が、学生のあとに現われ、墓掘り人に伴われて四つのひつぎを乗せていました。明らかに、だれも付き添っていないように思われた葬列を具体的なものにし、ある意味を与える上でそれらは欠けていたものでした。

　経験によって慎重になりましたので、私は、さまざまな出来事がやってくるのを待つことにし、行列はついに全員がそろったとか、忘れられていた葬列が、最後の儀式に間に合うように、最後の瞬間にもぐり込んでくることはもうないだろうと予測することはしばらくはしないことにしました(4)。

注　(1)　同じ日付のノート「連帯」(No.85)のことです[P209]。

(2)　(五月三十日)この方向での省察については、ノート「墓掘り人——会衆全体」(No.97)をみられたい[P303]。

(3)　三月三十一日のノート「私の孤児たち」と「遺産の拒否——矛盾の代価」(No.46、47)をみられたい[P6、25]。

(4)　(六月十二日)慎重さはたしかに必要でした。はじめ「学生」と名付けられた葬列から、新しい葬列「私の学生たち」が切り離され、「学生」の方は、「学生——またの名はボス」[P180]となりました。

5　虐殺　(五月十二日)(1)　[P231]　87(85)

いくらかでもコホモロジーに通じている読者のために、またとくに私自身のために、コホモロジー専攻の私の学生の二人の手で、そして他の学生たちのあたたかい目なざしのもとでおこなわれた、すばらしいセミナーのこの見事なりゃく奪の詳細を検討してみたいと思います(2)[P231]——このセミナーそのものから、彼らは、すべての人より十二年前に、労働者自身から直接に、彼らの名声をつくった仕事の基礎と奥義を学んだのでしたが。

　私の口頭での報告の二つは、どんな形のもとでも読者の手に届けられるようになったことは一度もありませんでした。ひとつは、未解決の問題と予想についてのしめくくりの報告ですが、大したものではないとみなされて、「残念ながら文章化されませんでした」——そして虐殺版の序文の著者は、これらの未解決の問題と予想とは**どんなものなのか**について言及することさえ必要としないと判断しました。これらは、問題(各人は自分流に提出するのは自由です*!*)と予想(証明されてもいない*!*)にすぎないのだから、どうしてそんな労を取る必要があろうと言うわけです(87_1)[P

234]。もうひとつは、このセミナーの冒頭にあったもので、一挙にこのセミナーをより広い枠組み（トポロジー的、複素解析的、代数的）の中に置き、オイラー―ポアンカレ、レフシェッツ、ニールセン―ヴェクセン型の諸公式を検討しています。これらの公式のいくつかは、このセミナーの主な応用のひとつとなっていました。「…また同じく…」と、序文の著者は話をつないで、遠回しな言い方で、この報告が紛失したことを述べています。この時、セミナーの著者が七年前から界隈から消えていたので、みるからに当然のようにあった**無造作な**姿勢がよく反映されています。

ひとつのサイクルに関連したホモロジー・クラス、およびコホモロジー・クラス（コホモロジーの場合には、正規なスキームの上の）の定式に関して私がおこなった一シリーズの報告があります(3)[P231]。これらは、公平な分配の対象となりました――ドゥリーニュにはコホモロジーを、ヴェルディエにはホモロジーをと――それでも少しばかりコホモロジーの方が多くなっています。したがつて、そのために、例の「重さ複体」(4)[P231]でもって、ドゥリーニュに対していくらかうやうやしくお辞儀をしています。（セミナーからそのままコピーして、RHomに対する有限性定理と二重双対性の定理をドゥリーニュがかっさらったことについては数に入れないことにしても――いずれにしても、獅子の分け前はドゥリーニュの方にあります、これは当然だったでしょうが…）。序文の著者は、ホモロジーについての報告に言及することだけでも有用とは考えていませんでした。実際、それをする必要はありませんでした。その前年、彼の友人のヴェルディエが欠落していた「すばらしい参考文献」を（セミナーにも、私にも触れずに）提供することを引き受けていたからです。

演算$R^!f_*$（fは固有ではない）に対する、さらにその系として、演算RHomと$Lf^!$に対する有限性定理についての口頭の報告がありました。そのカギとなる定理は、ヒロナカ流の特異点の解消の手法で（したがって、この解消が用いられる場合にだけ有効な）証明されていました。私が用いたこれらの推論は、このセミナー以来日常的に使われることになりました（ノート(85_2)をみられたい[P218]）。ドゥリーニュは、これらの有限性定理、さらに二重双対性の定理を、現在大多数の応用において確かめられる、ずっと使いやすい別の仮定のもとで証明することができました。ここで、彼がエタール・コホモロジーおよび、その後の彼の全作品の基礎となったアイデアと技法を学ぶ特権を得たこのセミナーの中にこれらの改良を含めることを彼が求めることが期待されえたでしょう。ところがこの状況は、セミナーから二つの部分を切り取るための「理由」として役立てられました。二重双対性の定理の方は、その結果イリュジーの手によって、(スキームの枠組みの中で)「ドゥリーニュの二重双対性の定理」となりました(報告Iの序文)。これは当然の成り行きでした。解析的な場合には、その前年、ヴェルディエがすでに作者の資格を自分のものにしていたからです(別の証明を見つけ出すために骨を折ることさえせずに)。

また「生成的なキュネトの公式」を展開している報告があります。これは、イリュジーによって文章化されました。その前には、「生成的には」、つまり基礎の生成点の近傍では、相対的スキームは、トポロジーの枠組みの中での「局所トリビアルなファイバー空間」のように振る舞うという直観からヒントを得たこの種の命題をだれもまだ考えたことはありませんでした。上に述べたドゥリーニュの証明に近いエレガントな証明によって、彼は、私がおこなっていた特異点の解消の仮定を取り除くことができました。これは売却されました——報告は削除され、いわゆる「その前の」セミナーSGA $4\frac{1}{2}$ の中のイリュジー自身の報告を参照するようにということに「取って替えられ」ました。

また、非可換の跡の定式に関する一シリーズの報告がありました。これは、それまで一度も取り扱われたことのないケースにおいてレフシェッツ-ヴェルディエの公式の局所項をはっきりと表現するための手段として発展させられたものです。これらの報告は、最終的には、ブュキュルによって文章化されたようです。その原稿は、思いがけない「引っ越しの折に紛失した」のです——ちょっとした芝居のようですが![5][P231]。イリュジーによって書かれた、SGA5の序文の中では、さらにこれらの報告は、「ストーリングズの理論(これらは**非可換**でした!)を[あざやかに]一般化した、**可換な**跡についてのグロタンディークの理論」となっています。この言いそこない[6]は、勘のわるい(あるいは良すぎる…)秘書のせいにすぎないかもしれません[P231]。この秘書は、わが友イオネル・ブュキュルの引っ越しをした人たちとぐるになっているにちがいありません。([あざやかに]という語は、私が挿入したものです。やはり思いがけない、この言いそこないによって、間違いなく連想させる考えをうまく復元するためです)。

イリュジーはこの仕事をやりなおして、つらい思いをしたのですから、私は文句を言うべきではないでしょう(しかも、彼の言うところによると、層の言葉でおこなったので「より込みいった」変種でさえあったのです——しかし、イリュジー、あなたは、私の時代の革新よりもさらに「込みいった」革新をおこなったように思えますが…）。このやり方をまとめるのに私は何週間も費やしたことを覚えていますから、彼もこの仕事をしながら誇り高い時を過ごしたにちがいありません。たぶん、私の原稿も例の思いがけない引っ越しの折に紛失したのでしょう。また、私の多弁な報告で頭がいっぱいになった聴講者のひとりが、少なくとも解読可能なノートを取ることが出来たかどうかは神のみぞ知ることです…。

今まで気づかなかった注目すべきことですが、彼は、この報告をそれが予定されていた報告XIの場所（これはおそらく口頭のセミナーでの場所にも対応しているでしょう）に入れずに、この場所を空白にしておいて、自分の報告を、「局所項の計算」と名付けられた、セミナー外の報告としていることです。ところが、この題名は、口頭のセミナーで私がおこなったと記憶しているものにちょうど対応しています――奇妙なことです。しかし、この報告の序文の第一行目から、著者は私たちに誤りを気づかせてくれます：「一九七七年一月に文章化されたこの報告は、**セミナーの口頭報告のどれにも対応していない**」と。それから話を、レフシェッツ－ヴェルディエの公式（だがこの名は私になにかを語ってくれます。私は、いくつかのケースにおいて「局所項」を計算するというまさにそのために、非可換の跡の理論をあらゆる角度から展開したと思っていましたが…）と、ついでラングランズの公式と一九六七年のアルティン－ヴェルディエの証明へとつづいています（一九六七年は、口頭のセミナーの最後の調べが終わってから一年たった時です。この二人の著者の二人ともとは言わなくとも、少なくともひとりは、このセミナーに出席していたはずですから、セミナーは彼らに影響を与えずにはおかなかったはずです）。そしてページの終わり近くで、通りすがりに、はじめに述べられていることとは反対に、「曲線の上のあるコホモロジー的対応に対するレフシェッツの公式を証明するために**グロタンディークによって用いられた方法から着想を得た**」（このニュアンスを鑑賞していただきたい）「ずっとはるかに技法的な（この表現をすでにどこかで読んだことがあります…）、この報告の第二の部分」もあることを知ります。そしてこれには、このセミナーの報告XIIと、とくに不可欠なSGA $4\frac{1}{2}$が参照すべきものとして挙げられています。みるからに、この報告を空白の場所に入れる理由はほんの少しもなかったのです――さきほど述べた「より込みいった」変種がものごとをもっとうまくやったからでしょう。さらにイリュジーとドゥリーニュは、「着想の」源泉として私を挙げたのは親切でさえありました。その前年に、彼らの友ヴェルディエの例は、このような気配りをすることはもう全く必要がないことをはっきりと示していたからです。

　SGA5という名で表わされているこの著作のイリュジーによる序文に戻ることにします。ここで再び、ドゥリーニュがSGA$4\frac{1}{2}$の序文の中ですでに告げていたように、このセミナーがついに刊行されたのは、まさに、**彼の友人のおかげであること**を知ります：

「報告IIIの新しい版において、レフシェッツ－ヴェルディエの公式の証明を文章化するように私を説得したP・ドゥリーニュに感謝します。**こうして、このセミナーの刊行の障害のひとつが取り去られました**」。

　再び私たちは茶番劇の真っただ中にいます――SGA5の序文で御しやすいイリュジーによってそのまま再びおこなわれた茶番です！セミナーが十年以上にわたって刊行されなかったのは、（一九七七年にドゥリーニュがこの状況を救うまでは）いわゆる（理由のあることですが）「レフシェッツ－ヴェルディエの」公式の証明を書くということはおそらく良いことだと、だれも考えなかったからだと言うのです（考えたことはこれだけでした）。だがこの公式については、ほかでもない彼の別れられない友で私の元学生であるヴェルディエ自身が、**少なくとも一九六四年以来**（87_2）［P241］、つまり私のセミナーが終わったときにすでに少なくともその二年前から誇り高くその作者の資格を保持しているのです、そしてすべての人の手の届くものにするための有志をもはや必要としていなかったのです！[7]［P232］。

　最後に、セミナーにはもうひとつの、最後の（？）削除があります。セールが「（セール－）スワンの加群」についておこなった美しい報告で、「ブラウアーの理論への入門」という題がついているものが消えています。幸いなことに、セールは、出来事がたどった成り行きをみて、良識を働かせ、自分の報告を彼の本「有限群の線型表現」（エルマン社、一九七一年）に含めて、数学の読者の手の届くところに置きました（87_3）[8]［P233、243］。

　これで、この情景を一巡したと思います。私自身の最良のものを投入したセミナーの運命に関する情景です（88）[9]［P253、234］。そして、これは、このセミナーから独占的な利益を得た人たちによって――あるいは少なくともこれらの人たちの三人によって、他のすべての参加者の同意のもとに、虐殺されて、見分けがつかなくなった状態で、二十年たって再び見い出したものです。

今回もまた、私の注意を徐々に強く引きつけたことをつきつめてみたことに後悔の念はありません。この「事態の回帰」[10]［Ｐ234］は、私の元学生のひとりに対する私の関係についての長い過去にさかのぼる省察のあとで確認されたものでした。このときすでに、この学生だけが「熱心に私を埋葬している」のではないことをはっきりと予感していました――ところが、その息づかい、その「におい」(このとき私の夢のひとつの中に現われてきた表現を取り上げたのです)――ある**暴力**の息づかいを知ったのは今がはじめてです。この息づかいは、非常に専門的な内容を提示している論述[11]［Ｐ234］(見かけ上は超然としていて冷静なものです)によって隠され、かつ同時にあらわにされています。なすがままにされた「遺産」を通して、この暴力の標的にされているのは、「師」であり、「父」であった人物そのものです――だが、すでにずいぶん前から「学生たち」は、渇望していた師の地位をどんな抵抗に出会うこともなく占めていた時点においてなのです。また、ずい分前から、彼らの中から、古い父に代わって、彼らを支配することを要請された新しい「父」を選んでいたのです。

私はこの息づかいを感じます。だがそれは私にとって外的で、理解のできないもののままです。これを「理解する」には、おそらくこの息づかいが私の中で生きているか、あるいは私の中で体験されたものである必要があるでしょう。しかし四年前に、私は、はじめて、私の人生の中のある事柄、一度も考えてみたことがなく、いつも私には当然のことのように思えていた事柄の重要性を感じ、考えてみました。それは、私の幼少時代において、父に対する私の一体化は、紛争の刻印を**持っていなかった**こと――私の幼少時代のいかなる時にも、**父を恐れたり、うらやんだりしたことがなく**、父に対し留保なしの愛情をいだいていたことです。この関係、おそらく私の人生を特徴づけた最も深いもの(四年前のこのめい想以前には、このことについて考えたことさえなかった)、幼少時代において、強くかつ歓迎すべき、もうひとつの私自身に対する関係としてあったこの関係――それは、分裂と紛争の刻印を持っていないものでした。非常にしばしば引き裂かれた私の人生全体を通じて、私の中にある力を認識することが生き生きしつづけ、またもちろん恐れからまぬがれていない私の人生の中で、人についても出来事についても恐れを味わったことがなかったのは、この目立たない事実にもとづくのです。だが50才を超えるまで、この事実は私に知られずにいました。この事実は非常に価値のある特性です。それは、自己の中にある創造的な力の内的な認識であり、この力のおかげで、この力の本性にしたがって、創造を通じて——創造的な生を通じて、自由に自己を表現することを可能にするからです。

そして紛争の中の最も深い刻印のひとつを私から取り除いたこの特性は、現在、私の人生経験の中で、ひとつのかせ、ひとつの「**空白**」にもなっています。埋めるのがむずかしい空白です。この地点で、他の多くの人たちは、感動、イメージ、連想からなる豊かな織り目を持っており、これらが彼らに（そうしようとする興味さえいだけば）さまざまな状況の中で彼ら自身について、また他の人についての深い理解への道を提供しているのです。私は（くり返しや、状況のつき合わせを通じて）なんとかこうした状況を理解するに至るのですが、これらを前にして、まだいやされていない知の渇望をもちながらも、外的な存在にとどまっているのです。

注 (1) このノートは、前日の省察「連帯」（No.85）［P209］につながっています。

(2) さらに省察のつづきから、これら「他の学生たち」のひとりは、他の人の利益のためのこの操作に効果的な助力をおこなったことがわかってきました。

(3) 詳細については、ノートNo.82「すばらしい参考文献」をみられたい［P192］。

(4) ノートNo.83「冗談——重さ複体」をみられたい［P198］。

(5) おそらくこの事情が、思いがけなくレフシェッツ－ヴェルディエの公式（これは「予想の段階にとどまっていた」ことを思いだそう！！！）の局所項が計算されてもいなかったという、SGA5に対するすばらしい批判をドゥリーニュに思いつかせたにちがいありません！（この批判の突飛さについては、ノート「一掃」、No.67をみられたい［P93］。これは、事情に通じている読者にとっては、前年のヴェルディエの例の「重さ複体」の突飛さに近いものです（ノートNo.83をみられたい［P198］）。したがって、こうした流行を作ったのは、ヴェルディエでしょう！）。

(6) この言いそこないは、「非可換」ではなく、「可換な」跡の理論（これは私に求められていたものではありません）の作者の資格を私に付与するものです。イリュジーは、私の学生の中で、おそらく、仕事を、最も細かなことに至るまで、一番丹念におこなった人なので、これが刊行された版にまで残されているのはなおさら注目すべきことです。

(7)　（一九八六年二月二十五日）
　イリュジーとの最近の手紙のやりとり（一九八五年十一月）からわかったことですが、たしかに、ヴェルディエは、「レフシェッツ－ヴェルディエの」と言われている公式の完全な証明を書く（あるいは、少なくとも発表する）労を取ったことは一度もなかったということです。私は口頭での報告において、この公式の証明の概略を与えておきました。ただ一・二のダイアグラムの可換性の検証（やっかいなものだと予想していました）だけは未解決のままに残されていました（ヴェルディエはこの仕事をおこなうにちがいないと思っていたのです）。この口頭報告（報告Ⅲ）は、セミナーの翌年に、（その前にあった二つの報告と共に）イリュジーによって文章化されました。セミナー全体の中では、レフシェッツ－ヴェルディエの公式は、（論理的には、これから独立している、**明示的な形の跡公式**を展開するための）発見的な役割しか演じていないという事実を考えるとき、この報告の最初の形は、セミナーの必要性にとっては全く十分なものでした（現在では、イリュジー自身もこのことを認めています）。レフシェッツ－ヴェルディエの公式を立証するために検証が残されていた可換性については、イリュジーが最終的に一九七四／七五年の冬におこないました。それから二年以上たった一九七七年にやっと、ＳＧＡ５は刊行されたのです。

　報告Ⅲ、さらにはⅠ、Ⅱ、Ⅲという一つづきの報告のかなり大きな欠陥は、これらが特異点の解消の仮定と純粋性についての仮定に依存していたことです。これらは、標数0の場合以外は、現在のところ、十分に望ましい一般性をもった証明は相変らずなされていません。にもかかわらず、これらは、セミナーの聴講者たち以外は、当時**だれも**知らなかった、きわめて重要なアイデアと技法を導入していたことに変わりありません（もちろん、標数0の場合を含めて）。「事情に通じて」いたすべての人たちの黙許のもとで、（ヴェルディエとドゥリーニュによって）おこなわれた、これらのアイデア全体に対してなされたりゃく奪は、ドゥリーニュの「完璧主義」（イリュジーの表現にしたがえば）が持っている真の意味をよく表わしています。これによって、ドゥリーニュは、口頭のセミナーに対応した状態の（だが入念に書かれた）報告Ⅰ、Ⅱ、Ⅲを含めてＳＧＡ５を刊行させるのをはばかったのでしょう。（こうした考えによって、決定的なもので、改良の余地のないものにみえるものしか発表に同意しないとすれば、なにも発表しないことになるか、死んだ知識を伝える文書しか発表しないことになるでしょう…）。

一九七四年、ドゥリーニュは、たしかに、報告I、II、IIIの主要な結果を、最も重要な応用のある場合に、特異点の解消についての仮定を全くつけずに、エレガントな仕方で証明しています（『収穫と蒔いた種と』、第四部、p841［暫定版のページ］脚注（★★★）参照）。イリュジーは、ブュキュルへの手紙（一九七四年二月十四日）の中で、「［SGA5］の草稿は、今年中にシュプリンガー社に送られると考えてもおかしくないでしょう」と書いています。実際には、SGA5は**その後さらに三年以上もたって**、大急ぎでにわかに作られた「SGA$4\frac{1}{2}$」と呼ばれる「のこによる切断」のような著作のあとでしか現われませんでした。しかも、報告IIは削除され（その実質的な内容は、由来についてなんの言及もなく、このりゃく奪版の本の中に入れられています）、代数的サイクルについての例の報告IVもありません（これは、私がドゥリーニュの「協力者」に昇進する手段として使われました…）。このノート「虐殺」の中で一巡した（『収穫と蒔いた種と』、第四部でみるように、完全なものではありません…）他の数多くの改竄（かいざん）については言うまでもありません。「完璧主義」（「新しいスタイル」）をしっかりと定着させるために、もっとうまくやることは難しいことだったのでしょう…。

(8)　（一九八六年二月二十二日）

イリュジーによると、この本の初版は一九六七年（一九七一年ではない）だと言うことです。したがって、セールは、「出来事」に機先を制していたのでした（たしかに、すべての人と同じく、彼もこれらの出来事を予見したわけではなかったでしょうが！）。彼の本の序文の中で、彼は心づかいをして私のセミナーの中にあるこの報告（№IX）を「転載するのを許可した」ことに対して私に感謝しています。しかし、これはもちろんSGA5の印刷された版の中の予定されている場所にこの報告を入れないという理由にはなりません。私の心の中では、これを入れないと考えたことは一度もありませんでした。しかし、生き生きとした、力強いセミナーであったものの廃墟を表現しているにすぎないものならば、この報告を含める場所がもはやなくなったとしても当然でしょう。この報告を、読者は一番近くの図書室へ走っていって、別のところに見い出すことができるのです…。

(9) この「私自身の最良のもの」という表現の意味については、つぎのノート「遺体…」、「…身体」(No.88、89)をみられたい[P253、256]。前者のノートは、セミナーSGA5を、これと切り離せないSGA4と合わせて、私の作品の中の「完全に仕上げられた」部分の中の主要部として位置づけています。

(10) 四月三十日付のこの名のついたノート(No.73)をみられたい[P126]。

(11) とくに、SGA5にある(イリュジーによって書かれた)、そしてSGA4$\frac{1}{2}$(ドゥリーニュによって書かれた)にある、序論的な文書の中にみられる論述のことです。

(87_1)(五月三十一日)

この締めくくりの報告――冒頭の報告とともに間違いなく最も興味深く、最も内容のあるもののひとつでしょう――は、すべての人にとって失われてしまったのではないことが、はっきりわかりました。マクファースンの論文「特異代数多様体に対するチャーン・クラス」(Annals of Math(2)、100、1974、p423―432)(一九七三年四月受理)を知ってわかったことです。そこに、この報告の中でスキームの枠組みにおいて私が導入した主要な予想のひとつが、「ドゥリーニュ－グロタンディーク予想」という名でみられます。それは、マクファースンによって、複素数体上の代数多様体という超越的な枠組みの中で取り上げられており、チャウ環はホモロジー群に取って替えられています。ドゥリーニュは一九六六年の私の報告においてこの予想[1]を学びました[P240]。この同じ年に彼はセミナーに現われて、このセミナーでスキームの言語とコホモロジーの技法に親しみはじめたのでした(ノート「特別な存在」(No.67′)をみられたい[P101])。この予想の名称の中に私の名を入れるという栄誉を与えてくれたことは実に親切なことでしょう――数年後にはすでにもはやこれはおこなわれなくなったのですから…。

(六月六日) この機会に、このセミナーにおいてスキームの枠組みの中で私がおこなった予想とはどんなものだったのかをはっきりと述べておきたいと思います。そこではもちろん複素解析的な枠組みの中の(さらには、剛解析的な枠組みの中の)明らかな変種も挙げてありました。私は、この予想を、連接的な係数の代わりに離散係数をもった「リーマン－ロッホ」型の一定理と考えていました。(ゾグマン・メブクの言うところによると、彼の$\mathcal{D}$-加群の観点は、リーマン－ロッホの二つの定理を、クリスタル的リーマン－ロッホの定理というひとつのものの中に含めることができるという。したがって、このクリスタル的リーマン－ロッホの定理は、一九五七年にひとつ、一九六六年にもうひとつ、私が数学に導入した、二つのリーマン－ロッホの定理の、標数0における、自然な綜合を表しているということです)。まず係数環Λを定めます(必ずしも可換ではないが、簡単化のためにネーター的であるとします。さらに、エタール・コホモロジーの必要性から、ねじれは、検討されるスキームの標数と素であるとします)。スキームXに対して、

$$K_{\cdot}(X,\ \Lambda)$$

を、Λ-加群の構成可能なエタール層からつくられるグロタンディーク群とします。関手 $Rf_!$ を用いると、この群は関手的に、ネーター的なXに対して、Xに、また分離的・有限型のスキームの射に依存しています。正規なXに対して、標準的な群準同型の存在を仮定しました――これは、連接的なリーマン－ロッホの定理における「チャーン指標」の役割を演じます――

$$(1.)\quad ch_X : K_{\cdot}(X,\ \Lambda) \to A(X) \underset{\mathbf{Z}}{\otimes} K_{\cdot}(\Lambda)$$

ここでA(X)はXのチャウ環で、$K_{\cdot}(\Lambda)$は、有限型のΛ-加群からつくられるグロタンディーク群です。この準同型は、正規なスキームの**固有射** $f : X \to Y$ に対して、「離散なリーマン－ロッホの公式」が成り立つことから一意的に決定されるにちがいないものでした。この公式は、トッドの「因子」を相対的全チャーン・クラスに取って替えた、連接的リーマン－ロッホの公式のように書くことができます：

$$(RR)\qquad ch_Y(f_!(x)) = f_*(ch_X(x)\, c(f)),$$

ここで$c(f) \in A(X)$は、fの全チャーン・クラスです。ヒロナカの強い型での特異点の解消ができる枠組みにおいては、リーマン－ロッホの公式からch_Xがたしかに一意的に決定されることは困難なくわかります(2)[P 240]。

もちろん、チャウ環が定義できるような枠組みの中にいると仮定しています。(体上有限型でない、正規な

スキームに対して、チャウ環の理論を書いてみることだけでもした人がいるかどうか私は知りません）。この仮定をしない場合には、連接の枠内での通常の「グロタンディーク」環 $K^\bullet(X)$ に関連した、普通の仕方でフィルター付けられた、次数つき環の中でも仕事をすることが出来ます（SGA6をみられたい）。さらに、$A(X)$を、偶数のℓ-進コホモロジー環、つまり$H^{2i}(X, \mathbf{Z}_\ell(i))$の直和で置きかえることも出来ます。これには、人工的なパラメーターℓを導入して、「純粋に数値的な」あまり精緻でない公式を与えるという不都合があります。チャウ環は連続的構造をもつという魅力があるのに、それがコホモロジーに移行することで壊されるのです。

Xが代数的に閉じた体上のスムーズな代数曲線である場合に、すでに、ch_X の計算にはアルティン―セール―スワン型の微妙な局所不変量が入ってきます。つまり、この一般的な予想は深いものであり、これの追求はこれらの不変量の高次元における類似物の理解と関連しているのです。

注　同じく、$K^\bullet(X, \Lambda)$を、有限ねじれ次元のエタールΛ-層のつくる構成可能複体でもってつくられる「グロタンディーク環」とします（Λが可換であるとき、この環は、$K_\bullet(X, \Lambda)$の上に作用します…）。このときも、準同型

(1˙)　$ch_X : K^\bullet(X, \Lambda) \to A(X) \otimes_Z K^\bullet(\Lambda)$

が得られるにちがいありません。この準同型も（必要な変更をほどこすと）リーマン―ロッホの同じ公式（RR）を与えるでしょう。いまCons(X)を、X上の構成可能な整関数の環とします。いくらか形式的な仕方で、標準的な準同型

(2.)　$K_\bullet(X, \Lambda) \to \mathrm{Cons}(X) \otimes_Z K_\bullet(\Lambda)$

(2˙)　$K^\bullet(X, \Lambda) \to \mathrm{Cons}(X) \otimes_Z K^\bullet(\Lambda)$

が定義されます。

いま**標数0**のスキームに制限するとき、（固有台をもつオイラー―ポアンカレの固有方程式を用いると）群Cons(X)は、ネーター的スキームの有限型の射に関して**共変**関手であり（さらに、環―関手としては、反変です、これは固有方程式とは独立に成り立つことです）。また上に述べた形式的な射は関手的です。（これは、「よく知られた」事実に対応していますが、口頭でのセミナーSGA5の中では、**標数0**の場合に、代数的スキームX上のΛ―加群の局所定数層Fに対し

て、

$$f_!: K^{\bullet}(X, \Lambda) \to K^{\bullet}(e, \Lambda) \simeq K^{\bullet}(\Lambda)$$

によるその像が$d\chi(X)$に等しいものに対してのみ証明されたと思います。ここで、dはFの階数であり、$e=\mathrm{Spec}(k)$、kは基礎の体で代数的に閉じていると仮定されています…)。これから直ちに示唆されることは、チャーンの準同型（1.）と（1˙）は、形式的な準同型（2.）、（2˙）と、「普遍的な」チャーン準同型（係数環Λとは独立した）

$$(3) \quad ch_X: \mathrm{Cons}(X) \to A(X)$$

とを合成することによって得られるにちがいないと言うことです。したがって、リーマン―ロッホの公式の「係数Λをもつ」二つの変種は、形式的には、構成可能な関数のレベルでのリーマン―ロッホの一公式――これも同じ形で書かれますが――の中に含まれるものとなると言うことです。

一定の基礎体（再び標数は任意とする）のスキーム、あるいはもっと一般に、一定の**正規な**基礎スキーム（例えば、$S=\mathrm{Spec}(\mathbb{Z})$）上のスキームについて考えるとき、（一九五七年以来、連接的枠組みの中で親しまれてきた）通常の書き方に最も合致したリーマン―ロッホの公式の形は、積

$$(4) \quad ch_X(x)\,c(X/S) = c_{X/S}(x)$$

を導入すると得られます。（ここで、xは$K_{\bullet}(X, \Lambda)$あるいは$K^{\bullet}(X, \Lambda)$の中にあります――どちらでもいいのですが）。この積は、**基礎Sに関するxのチャーン・クラス**と呼ぶことが出来るでしょう。xが$K^{\bullet}(X, \Lambda)$の単位元、つまり値Λをもつ定数層のクラスであるとき、$A(X)$の$A(X)\otimes K^{\bullet}(\Lambda)$の中への標準的準同型による、$S$に関する$X$の相対的な全チャーン・クラスの像が得られます。このようにすると、リーマン―ロッホの公式は、Sを一定にして、S上で変化する正規のスキームX（S上有限型の）に対する、これらの相対的チャーン・クラスを作ること

$$(5.) \quad c_{X/S}: K_{\bullet}(X, \Lambda) \to A(X) \otimes K_{\bullet}(\Lambda)$$

は、固有射に関して関手的であるという事実と同値になります。変種（5˙）として同じことが言えます。標数0の場合には、これは、対応する写像

$$(6)\qquad c_{X/S} : \mathrm{Cons}(X) \to A(X)$$

の（固有射に対する）関手性に還元されます。

マクファーソンの仕事の中にある予想は、S＝Spec(C)の場合の、絶対「チャーン・クラス」の写像（6）の存在と一意性に関するこの形のもとでです。そこでの適切な条件は（標数0の一般の場合と同様）a）固有射に対する（6）の関手性と、b）$c_{X/S}$（1）＝c（X/S）（いまの場合、「絶対」全チャーン・クラス）です。しかしマクファーソンによって述べられ、証明された形は、私のはじめの予想に対して、つぎの二つの点において異なっています。ひとつは、「より弱いもの」で、チャウ環ではなく、超越的な仕方で定義された、整係数コホモロジー環、あるいはもっと正確には、整係数ホモロジー群が用いられていることです。もうひとつは、「より強いもの」で、ここではおそらく、私のはじめの予想に対してドゥリーニュがある寄与をしたのでしょう（この寄与がマクファーソン自身によるものでないとして[3]［P240］）。それは、写像（6）の存在と一意性のためには、A（X）を整係数ホモロジー群に替えれば、正規なスキームXに制限する必要はないと言うことです。そうすると、一般の場合においても、A（X）（あるいは$A_{\bullet}$（X）の方がよいでしょうが）によって、ネーター的スキームXの**チャウ群**（これは一般にはもはや環にはならない）を指すことにすれば、同じようになると思われます。あるいは別の言い方をすれば、（xが$K_{\bullet}$(X, Λ)あるいは$K^{\bullet}$(X, Λ)の中にあるとして）不変量 ch_X (x) の発見的な定義には、基本的な仕方で、大枠としてのスキームは正規であるという仮定が用いられていますが、（Xが、定められた正規なスキームSの上の有限型のスキームであるとき）「乗数」c(X/S)をこれに掛けると、得られた積（4）は、Xについて正規性という仮定なしで、テンソル積

$$A_{\bullet}(X) \otimes K_{\bullet}(\Lambda) \quad \text{あるいは} \quad A_{\bullet}(X) \otimes K^{\bullet}(\Lambda)$$

（ここで、$A_{\bullet}$(X)はXのチャウ群とする）の要素としてある意味を保持しているようだと言うことです。（特異点の解消を用いない）マクファーソンの証明の精神は、$K_{\bullet}$(Λ)の中に係数をもつ、X上のサイクルを「迎え入れる」ために、Xの特異点をそのまま「用い」、（そのクラスがxである）係数層Fの特異点をも「用いて」、準同型（5.）を「計算によって」明示的な形で構成する可能性を示唆しているようです。これはまた一九五七年に連接的なリーマン―ロッホの定理の場合に、私が導入したアイデアの精神に沿ったものでもあります。そこでは、考察中のサイクルを「動かす」ことを控えながら、とくに自己交叉の計算をしたのでした。

(Xをスムーズな S-スキームの中に埋め込んで得られる)最初の明らかな還元は、Xが正規なスキームSの閉部分スキームの場合となるでしょう…。

特異の場合の(連接の)リーマン―ロッホの定理を発展させることは可能にちがいないという考えも、何時からかはわかりませんが、そしてこれを真剣に検証してみようとしたことはありませんでしたが、私には親しいものでした。私がSGA6(一九六六/六七年度に)の中で、$K^\bullet(X)$を用いるだけに満足せずに、$K_\bullet(X)$と$K^\bullet(X)$、それに$A_\bullet(X)$、$A^\bullet(X)$を系統的に導入することになったのは、(「コホモロジー、ホモロジー、キャップ積」の定式化との類似を別にすれば)いくらかこのアイデアによるものでした。一九六六年のセミナーSGA5の中でこの種の事柄についても考えたのかどうか、そして口頭報告の中でこのことについて触れたのかどうか覚えていません。私の手書きのノートはなくなってしまった(多分引っ越しの折に?)ので、私はおそらくもう知ることは出来ないでしょう…。

(六月七日) マクファースンの論文に目を通していて、「リーマン―ロッホ」という語がないことに気づきました――一九六六年にセミナーSGA5の中で私がおこなった予想を直ちに認めることが出来なかったのは、この理由によります。私にとって、この予想は、「リーマン―ロッホ」型の定理であったし、今もそうだからです。マクファースンは、彼の論文を書いている時に、この明らかな近親性を考えてさえいなかったように思えます。その理由は、私の別れのあと、ドゥリーニュは、この予想を彼の望む形で流布させ、出来るかぎり、リーマン―ロッホ―グロタンディークの定理との明らかな近親性を「消そう」としたことによると推測します。このように振る舞った彼の動機を感ずることが出来るように思えます。一方では、こうすることで、この予想と私との間のつながりを弱めることであり、現在流布している呼び名「ドゥリーニュ―グロタンディークの予想」をもっともらしく見せるということです。(注:この予想がスキームの枠組みの場合に流布しているかどうか私は知りません。もしそうならば、どんな呼び名で流布しているのかを知ることは大変興味深いことです)。しかしもっと深い理由は、最大限、私の作品と私の数学上のビジョンの深い統一性を否定し、破壊しようとする、彼の中の強迫観念にあるように思われます[4][P240]。ここには、並みはずれた才能をもった数学者のもとで、あらゆる数学上の動機とは全く無縁な固定観念が、どのように、数学上の「健全な直観」と私が呼んでいるものをくもらせるか(さらには完全に閉塞してしまうか）という驚くほどの一典型があります。この直観によれば、私の口頭の報告の中で必ずや浮き立たせていたにちがいない、「同一の」リーマン－ロッホの定理の「連続的なもの」と「離散的なもの」という二つの命題の間の類似性を認めるにちがいないものです。昨日指摘しましたように、この近親性は、（ゾグマン・メブクによって予想されている）形の整った一命題によって、近々確認されることでしょう。少なくとも、複素解析的の場合に、ある共通の命題からこの双方を導き出すことが出来るでしょう。ドゥリーニュがリーマン－ロッホの定理に対してとっている「墓掘り人的な」姿勢(5)［P241］においては、解析的な枠組みにおいてこれらをつなぐ唯一の命題を発見することはほとんどあり得ず、まして一般的なスキームの枠組みにおいて類似の命題についての問いを提起することはさらにあり得ないことです。同様に、このような姿勢においては、彼が埋葬しようとしていたアイデアから実に自然に出てくる、代数多様体のコホモロジー理論における$\mathcal{D}$-加群という肥沃な観点を引き出してくることが出来なかったのです――さらには、彼自身が失敗していた地点で成功した、メブクの豊かな作品を何年ものあいだ認めることさえ出来なかったのです。

注

(1) たしかに少しばかり異なった形でです。同じ日付のこのノートのつづきをみられたい。

（一九八五年三月）ドゥリーニュ自身によって与えられた説明については、ノート「詳細」、№164（II、1）をみられたい［暫定版P795］。

(2) （一九八六年二月二十三日） ここで「カッコよく」（そして記憶にたよって）書いた「困難なくわかります」というのは、少々不十分です！ひとつには、もちろん、標準化の条件 ch_x（1）＝1を付さねばなりません。この条件を付すと同時に、標数0の場合に制限せねばなりません。さらに標数0の場合以外に、検討している予想に対して生じる困難については、小ノート№87_6をみられたい［P252］。

(3) （一九八五年三月） たしかにマクファースンによるものでした。前の注(1)で挙げたノート№164参照。

(4) ノート「遺体」（№88）［P253］の中でおこなった、エタール・コホモロジーのまわりの私の作品の深い統一性を、この作品を発展させている、二つの切り離せない部分であるSGA4とSGA5との間に無縁な著作SGA $4\frac{1}{2}$を「無理やりに挿入する」ことにより、「技法上の脇道」からなる生気のない集まりとして、分解してしまうことをめざした、操作SGA $4\frac{1}{2}$の深い意味についての解説と比較されたい。

(5)

まさしくリーマン－ロッホ－グロタンディークの定理に対するこうした姿勢は、「弔辞」の中できわめて明白に現われています。ノート「弔辞(1)－おせじ」、No.104をみられたい［暫定版P447］。

(87_2)（五月三十一日）

この年［一九六四年］は、L関数の有理性について私がブルバキで報告した年です。そこで私は、ヴェルディエの結果（???）（そして特にこの種のケースにおける局所項の予想される形）を、十三年後にドゥリーニュの勧めによってイリュジーがこれを証明しようとするのを待つことなく、発見的な仕方で用いています。また、思いがけなくやってきた非常に一般的な公式をヴェルディエが私に示したとき、彼はこれを「六つの演算」の定式を用いて数行で証明したように思われました──これは（ほぼ）書き上げてゆくことが、すなわち証明となるという種類のものでした！もし「困難さ」があったとすれば、せいぜいひとつ、ふたつの可換性の証明のレベルでありうるだけでした[1]［P242］。さらに、イリュジーもドゥリーニュも、セミナーにおいて、跡についてのさまざまな明示的な公式に対して私が与えた証明は、**完全なもの**であり、これらはヴェルディエの一般的なこの公式に全く依存していないこと、そしてこのヴェルディエの公式は出来るかぎり一般的な場合に跡の公式を叙述し、証明してみるように仕向ける「始動装置」の役割を演じたにすぎないことを完全に知っていました。ここでのこの二人の不誠実さは明らかです。ドゥリーニュの場合、ノート「一掃」（No.67）［P93］を書きつつあるときにすでに私にはこのことは明らかでした──しかし事情に通じていない読者にとってはおそらく明らかではなかったでしょうし、事情に通じていても、自分の健全な能力を用いるのを放棄している人にとってももちろん明らかでなかったでしょう。

（六月六日）イリュジーに関して言えば、彼は、口頭でのセミナーは、すべての結果、とくに跡公式の、完全な証明を与えてさえいなく、あまりに技術的なものであるという外観を与えるために事態をごたまぜにしようとして、彼の友人のゲームの中に完全に入り込んでいます。ところが跡公式は一九六五／六六年度のセミナーで（はじめて）しっかりと証明されているのです。そしてイリュジーもドゥリーニュもそこでこれらの証明、これに伴うあらゆる微妙な技法を学ぶ特権を持ったのでした(2)。

このことから思い出しますが、もちろん私はセミナーにおいて、レフシェッツーヴェルディエの公式を証明する労を取りました(3)［P243］——これは事柄の中で一番小さなことでした、そして私が発展させることを提案していた局所的、大域的な双対性の定式のとくにあざやかな応用でした。ここ数日のあいだに生じた疑問なのですが、わが学生たちの手の中で文章化が立往生したままであった報告は10あまりあったのに(4)［P243］、したがってドゥリーニュとイリュジーはSGA5の刊行にとっての技術上のいわゆる「障害」を挙げる上で選択に本当に困ったはずなのに、一体全体どうしてとくに彼らのあい棒であるヴェルディエの定理を選んだのかということです。ヴェルディエはちょうどこの時にこの定理の作者としての資格を正当なものとして得ていたし、導来カテゴリーおよび三角化カテゴリー——これについても文章化する（あるいは、少なくとも読者の手に届くようにする）努力を一度もしなかったのですが——についての作者の資格も得ていたのでしたが。このばかげたことの中に（あるいは、この操作ー虐殺においてすべてが連帯していると私はみていますが、私のコホモロジー専攻の学生のグループの中にある一種の集団的なおくめんのなさの中に）ある種の**挑戦**があります。このことは、その前年にヴェルディエによって見事に発明された「重さ複体」を（この名をもつノート、№83をみられたい［P198］）、あるいは「メブク層」と呼んでしかるべき層に対してドゥリーニュが与えた「よこしまな」という名（ノート「よこしまさ」、№76をみられたい［P150］）という（きわめて不公正なケース）を想起させます。このような発明の中に私は数学共同体全体に対する支配と軽蔑の行為を感ずると同時に、ある**賭け**を感じます。この賭けは、故人の思いがけない出現の時点まではみるからに勝ちを得ていました。故人は、眠り込んでいる共同体の前でほとんど唯一の目ざめたものとして現われたのです…。

注

(1)（一九八六年二月二十三日）このテーマについての詳細は、ノート「虐殺」（№87）の注(7)をみられたい［P232］。

(2) SGA5の名で刊行された本の序文の第二段落において、イリュジーは、エタール・コホモロジーにおけるレフシェッツの公式をめぐる三つの報告III、IIIB、XIIを「セミナーの核心」として描いています。ところが、報告IIIBの序文の中では、「この報告はセミナーの口頭の報告のどれとも対応していない」こと、また報告IIIとIIIBの序文では、これらはSGA$4\frac{1}{2}$に従属していること、報告IIIは「予想の段階にある」！！という印象を与えるよう努めていることです（これは現実とは反対のことです）。実際、セミナーSGA５の全体は、技法上では報告III（レフシェッツ－ヴェルディエの公式）とは独立したものであり、この公式の方は、発見上の動機づけの役割を果たしたのです。また報告IIIBは、ブュキュルの引っ越しによってつくられた「空白」（報告XI）にほかなりません。引っ越しは、この補足的な解体のための歓迎すべき口実となったのでした。

イリュジーは、（彼の友ドゥリーニュに耳打ちされて）「技法上の脇道」であるセミナーという解釈に信用性をもたせるために、注意深く序論的な報告をはぶきました。この序論的な報告の中で、私は、このセミナーの中で発展させることになる主要な大きなテーマを準備的に素描したのでした。この素描の中では、跡公式は小さな部分を占めるにすぎません（これは、ヴェイユ予想の方向での、それらの数論的な意味のために特別な重要性を持つのですが）。これらの「大きなテーマ」の概観については、さらにあとの小ノートNo.87_5［P249］をみられたい。

(3)　（一九八六年二月二十三日）いく度も挙げたノート「虐殺」（No.87）の注(7)［P232］で説明されているように、この主張にはニュアンスを付与する必要があります。

(4)　ここで「10あまりの報告」というのは誇張です——もっと現実に合致した評価については、「連帯」（No.85）の注(2)［p216］をみられたい！

(87_3)（六月五日）

虐殺についてのこの総合評価のあと、SGA５と名づけられた著作の序文の2行目にあるイリュジーのつぎの言明をその意味に見合った評価をすることが出来るでしょう：

「もとの版との関係では、唯一の重要な変化は、報告II［生成的なキュネトの公式］——これは再録されませんでした——と報告III［レフシェッツ－ヴェルディエの公式］——これは完全に書きなおされ、IIIBという付録を付されました(1)［P244］——です。他の報告は、些細な点についてのいくらかの修正および脚注の付け加えを除くと、**そのまま**にしておきました」（強調は私のものです）。

ここでもまた、イリュジーは、彼の何とも形容できない友人の実に見事なもうひとつの冗談、つまりSGA$4\frac{1}{2}$の存在は「近々SGA5を**そのまま**刊行するのを可能にするでしょう」（ノート「一　掃」、No.67をみられたい［P93］）に対してへつらいの呼応をしています——またイリュジーは、彼の報告と序文の中で、このペテン（彼と彼の友人が自分たちの仕事を学んだSGA5が、それにつづく十二年の間熱心にあちらこちらから拾いあつめたり、くすねてきたものから作られた、りゃく奪版であるSGA$4\frac{1}{2}$に依存しているという）を、ページの変わり目ごとにSGA$4\frac{1}{2}$への参照を豊富に付すことによって、信頼性を与えるためのあらゆる努力をおこなっているのです…。

締めくくりの言葉は（当然のことながら）ドゥリーニュからやってきます。一ヵ月前（五月三日）、簡単な情報のもとめに応じて、彼は私につぎのように書いてきました（このことについては、ノート「葬儀」、No.70の冒頭をみられたい［P114］）：

「要するに、この著作SGA$4\frac{1}{2}$が刊行された時、あなたはもう数学をおこなわなくなって［?!］から七年たっていましたので、これが、**あまりに不完全であったSGA5を有用なものとしてそのままの形で刊行するための**長い遅れとただ単に［?.］対応しているだけです。この説明にあなたが同意されることを期待しています。」

これらには「同意」できないとしても、少なくとも私に何かを教えてくれました…。

注　(1)　これは「このセミナーの核心」に入るものとされています！（前の［87_2の］注(2)をみられたい［P242］）。

(87_4)（六月六日）

口頭のセミナーで発展させられた主要なテーマとはどんなものであったのかを素描するのにちょうど良い時だと思います。これらのテーマは、このセミナーの刊行されている版だけでは突き合せによってしかイメージをつくれないものです。

(I)　双対性の理論の局所的な側面。その基本的な技法上の内容は（連接の場合と同様）（「コホモロジー的純粋性」についての一定理によって補われた）二重双対性の定理です。局所的なポアンカレの双対性の定理についてと同様、この二重双対性の定理の幾何学的な意味は、口頭のセミナーにおいて私は十分に説明したのですが、私の学生であった人たちによってその後全く忘れ去られたという印象を受けます(1)［P247］。

(II) 跡公式。これには、(二辺が整数、あるいはもっと一般に、$\mathbf{Z}/n\mathbf{Z}$、あるいはℓ-進環$\mathbf{Z}_\ell$、さらには$\mathbf{Q}_\ell$のような係数環の要素である)通常の跡公式よりもさらに微妙な「非可換の」跡公式が含まれています。それらは、(前のカッコの中にあるもののような)適当な環の中に係数をもつ、考察中のスキームの上に作用する有限群の多元環の中に置かれているものです。この一般化は、通常のタイプのレフシェッツの公式においてもそうですが、「ねじれた」係数層に対して、当初のスキームを、係数の「ねじれをほぐす」のに役立つガロア被覆(一般には分岐している)で、この上に作用するガロア群をもつものによって置き換えることで、実に自然にもたらされたのです。「ニールセン－ヴェクセン」型の公式が、スキームの枠組みの中に自然に導入されたのもこのようにしてでした。

(III) オイラー－ポアンカレの公式。一方には、セール－スワンの加群を用いて、代数曲線に対する「絶対的な」公式の具体的な研究がありました(これは、より素朴なオッジーシャハレヴィッチ－グロタンディークの公式を与える、いくらか分岐した係数の場合を一般化しています)。他方では、「離散的な」リーマン－ロッホ型の未発表の、深いいくつかの予想がありました。そのひとつは、七年後に、交雑した形で、「ドゥリーニュ－グロタンディークの予想」という名で現われましたが、こちらの方は、超越的な方法でマクファースンによって証明されました(ノートNo. 87_1をみられたい[P234])。

これら二つのテーマ(レフシェッツの公式とオイラー－ポアンカレの公式)の間の深い関係について私がおこなったにちがいない解説も跡を残さずに失われてしまいました。(私の習慣だったのですが、私の手書きのノートをすべていわゆる有志の執筆者たちに渡しました。したがって、私のところには、口頭のセミナーについて書かれたものは何も残っていません。もちろん、手書きのノートは、いくつかは簡潔なものだったとしても、完全なひと揃いでした)。

(IV) ひとつのサイクルに関連したホモロジー・クラスおよびコホモロジー・クラスの詳細な定式。これは、双対性の一般的定式と、コホモロジー的純粋性についての定理を用いつつ、検討中のサイクルの中に「台をもつ」コホモロジーでもって研究するというカギとなるアイデアとから自然に出てくるものです。

(V) 任意の台をもつコホモロジーに対する、有限性定理(生成的な有限性定理を含む)およびキュネットの定理。

セミナーではまた、ねじれの係数から ℓ-進係数への移行の技法を発展させました（報告ⅤとⅥ）。これは、セミナーの中で最も技術的な部分でした。一般にねじれの係数を用いて研究されています。そのあとで、これから対応する ℓ-進的な結果を導くために「極限移行をおこなう」のです。この観点は、直接的に ℓ-進的な枠内で必要とされる定式を与える、ジュアノルーの学位論文を待ちながら（現在あい変らず発表されていません）の暫定的なやむを得ない手段だったのです。

いくつかの古典的スキームについての計算と、チャーン・クラスのコホモロジー的理論は「主要なテーマ」の中に入れていません。チャーン・クラスの理論の方は、イリュジーは序文の中でセミナーの「最も興味深いもののひとつ」だと持ち上げていますが。プログラムは盛り沢山だったので、口頭のセミナーではこれらの計算とこの構成に手間取る必要はないと考えたのです。十年前に、リーマン・ロッホの定理の折に、チャウ環の枠組みの中で私が与えていた推論を実質的に文字通り取り上げればよかったからです。他方では、エタール・コホモロジーを使用する人たちに使いやすい参考文献を提供するために、文章化されたセミナーの中にはこれらを含めねばならないことも明らかでした。ジュアノルーはこの仕事（報告ⅤⅡ）を受け持ちましたが、これを自分自身で使用するために基本的な基礎の技法を学びつつ、数学共同体に対しておこなう奉仕とは見ずに、うんざりする仕事と考えたにちがいありません。文章化するのに何年もかかったからです(2)［P247］。彼の学位論文についても同じことが言えるようです。これはあい変わらず、ヴェルディエの学位論文と同じく、幻の参考文献のままです…。「極限への移行」の部分もセミナーの「主要なテーマ」のひとつとみる必要はありませんでした。それは、特別な幾何学的アイデアに関連していないと言う意味でです。むしろ、それは、エタール・コホモロジーの枠組みにおける（超越的な枠組みとは違った）特別な技術上の複雑さを反映しているものです。つまりエタール・コホモロジーについての主要な定理は、まず第一に（剰余として出てくる標数に素な）**ねじれ**の係数に関わるものであり、標数0の係数環に対応する理論（ヴェイユ予想のためにこれは必要なのですが）を得るためには、係数環 $\mathbf{Z}/\ell^n\mathbf{Z}$ について極限移行して、「ℓ-進的」結果を得なければならないからです。

ここまではっきりさせたあとでは、口頭でのセミナーの五つの主要なテーマの中で、刊行された版の中で完全な形となっていると思われるものは、テーマⅠだけです。テーマⅣとⅤは完全に消えてしまい、SGA

$4\frac{1}{2}$に吸収されました。このおかげで、SGA$4\frac{1}{2}$をふんだんに参照することが出来るようになり、SGA5は、その前のものという外観を呈しているドゥリーニュの本に従属しているという印象を与えることが出来るのです。テーマIIとIIIは、刊行された版の中では、破損された形で現われており、相変らず文書SGA$4\frac{1}{2}$に従属しているという同じ欺瞞を持ちつづけています（ところが、現実には、このSGA$4\frac{1}{2}$は、母体をなすセミナーSGA4、SGA5からすべて出てきたものなのです）。

注 (1) 検証した結果、この幾何学的な解釈は少なくともイリュジーの執筆したものの中には保存されていることがわかりました。

(2) （六月十二日）問題のこの報告に目を通してみて、さらにジュアノルーは、他のコホモロジー専攻の私の学生たちと完璧な示し合わせをおこなっていることを確信することが出来ました。

（一九八六年二月二十四日）さて、さらに二年近くたちましたが、セミナーの全体の執筆プランの中に予定されていたが、刊行された版にはない、口頭のセミナーの報告の（たぶん完全な）リストを、要点を述べるという意味で挙げておきます。またこれらの「報告」の大多数は、ひきつづくいくつかの口頭報告をまとめたものです。例えば、報告IV（ひとつのサイクルに関連したホモロジー・クラスおよびコホモロジー・クラス）も、報告XI（非可換な跡、局所項の計算）も、三つか四つの口頭報告に対応するはずのものでした。私の見積もりでは、欠けている報告は、元のセミナーの「大きさ」の半分近くをなすにちがいありません。

セミナーの開始にあたっての報告。トポロジー、解析、代数の枠組みの中でのオイラー―ポアンカレ型およびレフシェッツ型の公式の概説。

序論的な報告0。いわゆる**「六つの演算」**の定式を集めたものを提出しています。（だがこの「六つの演算」という示唆に富んだ名は、一九六五／六六年の口頭のセミナーの後で現われたようです）。

報告II：任意の台をもったキュネトの公式、生成的な非輪状性、有限性の定理（特異点の解消および純粋性についての仮定をした上で）

報告IV：エタール・ホモロジー、ひとつのサイクルに関連したホモロジー・クラスおよびコホモロジー・クラス。

報告IX（J・P・セールによる）：ブラウアーの理論への入門（とくに「セール―スワンの加群」の理論を与えている）。

報告XI：レフシェッツの公式に対する非可換の跡および局所項。

セミナーを閉じるにあたっての報告XV：このセミナーにおいて取り扱われた諸問題によって提起された、かなりの数の未解決の問題を概観しています：純粋性、有限性、オイラー―ポアンカレ型およびレフシェッツ―ニールセン―ヴェクセン型の公式、さらには離散係数に対するリーマン―ロッホ―グロタンディークの公式に関連した諸問題と予想（ノート87_1参照［P234］）。

これらの報告は、報告0「六つの演算」を除いて、ノート「虐殺」（№87）においてすでに取り上げました［P225］。報告0については、その一年後にこれがあることがわかりました（『収穫と蒔いた種と』、第IV部、ノート「先人」（№171（i））のp942［暫定版のページ］の脚注）。イリュジーとの文通から、私の口頭報告は彼によって**「大域的な双対性の応用およびキュネットの公式」**という（あまり示唆に富んでいるとは言えない）名のもとで執筆されたことがわかりました（かれはそのコピーを送ってくれました）。イリュジーの言うところによると、この報告は、私の同意を得て、解体され、SGA4のXVIIとXVIIIに、そしてSGA5のIとIIに割り振られたということです（このIIは永久に消えてしまいました）。セミナーの残り全体の至る所に現われている、一種の「哲学」をテーマにしている決定的な一報告をこのように解体することは、セミナーの提示の仕方における巨大な誤りのように私には思えます。したがって、この過去をふり返ってみた報告でもって、この口頭のセミナーを私にはじめるようにさせた健全な直感に逆らって、私がこのように決定したということは信じがたいことです。この報告は、結局のところ、SGA4の仕事の（そしてある程度はまた、連接の双対性についての私の仕事の）精髄を、簡潔で示唆に富んだ定式でもって引き出したものでした。最近の私たちの文通におけるイリュジーの誠実さは全く疑いえないものですが、彼の記憶を裏づける書かれたもの、あるいは他の要素がまったくないこともあって、私はこの記憶は歪んでいるか、一部が欠けているのではないかと考えます。

セミナーの開始にあたっての報告および閉じるにあたっての報告については、イリュジーは、ひとたび「残りが準備される」や、私がそれらを執筆することになっていた、と言っています（一九八五年十一月六日付の手紙）―すると、私はこれらを執筆する状況にあったことは一度もなかったことになります！実際、「残り（文字通りの！）」が「準備された」とき、つまり一九七六年あるいは一九七七年に、イリュジーが、セミナーSGA5であったものの残骸を発表する用意を整えた時、これらの報告について彼が取った詳しいノートがなくなっていることに彼は気づきました。「これらがどうなったのか、どこへいってしまったのか、私にはまったくわかりません」。（おそらく、引っ越しのために？）「とにかく、文献がないので、これら二つの報告を、記憶にたよって、あなたに代わって執筆するのを、私はあきらめました」。わが学生かつ友人が断腸の思いでこれらの執筆をあきらめたとは思えません。いく度か私がノートを持っていないかと、彼が私に尋ねたという記憶はありません――さらに、ノートを取っていたのは、イリュジーだけではなかったとも私は記憶していますが…。

（操作「SGA $4\frac{1}{2}$――SGA5」の過程で）報告II（キュネト、有限性）、IV（ホモロジー、サイクル）、XI（局所項）の内容が被った有為転変については、「操作の四則」（第IV部、ノート168（i）―169_9）で立ち戻ることにします。これらすべてによって、二〇六六年の歴史家は元のセミナーを完全に再構成し、あまり寛大だとは言えないある世紀によって放置された廃墟の場所に、飽くなき好奇心をもった旅行者をいざなう上で必要とされるすべてを手中にすることと思います…。

（87_5）（一九八六年二月二十四日）（★）ビュキュルのこの報告のかなり不思議な紛失は、私にとって現在のところ、SGA5の有為転変の中で、まだはっきりしない、おそらく今後もはっきりしないでしょう、唯一のエピソードです。イリュジーは、SGA5への彼の序文において、つぎのように書いています（p vi）：

「I・ビュキュルによって執筆された報告XIはありません、引っ越しにおいて紛失してしまい、著者はそのコピーをもっていなかったからです」。

この断定的な主張は、かなり錯綜とした状況を（あるセミナーの廃墟を提出することですから、当然なされる無造作さでもって）おおい隠しています。一方では、イリュジーとのビュキュルの文通、他方では私とのビュキュルの文通から、つぎのような諸事実が出てきます。

a　ビュキュルはこの報告XIを一九六九年の間に執筆を終えて、私に送ってきました。私はたしかにこの報告を受け取りました、また「この報告はその時私の同意とドゥリーニュの同意を得ていました」（一九七三年二月四日付のビュキュルの私宛ての手紙）。

まず第一の不思議さは、もしこの報告が「私の同意を得て」いたとすれば、セミナーの他のすべての報告と同様に、なぜＩＨＥＳ（高等科学研究所）によって直ちにタイプ印刷されなかったのかと言うことです。一九六九年末から一九七〇年はじめの、ＩＨＥＳとの私の別れをめぐる波乱に富んだエピソードにむすびついた心の高まりによって、私はこの報告を印刷してもらうのを忘れたのだと考えることができるでしょう。しかしこの報告が取り扱っているテーマのような、ぎっしりと詰まっているテーマを注意深く読むために要求される心遣いと注意（このような読書をせずに「私の同意」を与えることはなかったでしょう）と、これを印刷してもらうために、この文書を担当の秘書に単に手渡すという日常的な行為との間には、共通の尺度がありません。

ｂ　ビュキュル宛ての、一九七三年一月二十四日付（したがつて、ビュキュルの手稿を受け取ってから、三年以上あと）の手紙で、私は彼の「巨大な報告ＸＩ」についてのニュースを彼に尋ねており、「私の書類の中にそれが見当りません―あなたのところにあるのでしょうか、それともシュプリンガー社でタイプを打ってもらったのでしょうか、どうですが？」と書いています。明らかに、この三年の間に、私は、エコロジーと反軍事の活動（順調な状況にあるとは言えない、わが地球を救うという話です…）に手がいっぱいで、ＳＧＡ５の刊行に関連した諸問題との接触を完全に失っていました。この刊行は具体的な日程にのぼっていませんでした。なぜなら、欠けていた報告（とくに、ジュアノルーが受け持っていた、代数的サイクルに関する報告Ⅳ、そしてビュキュルが受け持っていた、レフシエッツおよびニールセン―ヴェクセンの公式についての報告ＸⅡ）が、あい変わらず現われていなかったからです。この同じ手紙の中で、ビュキュルへ書くこの機会に、私はつぎのように言っています：「おそらくイリュジーとヴェルディエが、レクチャー・ノートの中でＳＧＡ５を刊行することに携わることでしょう、だがその前に（とくに報告ＸＩとＸⅡ―これらはビュキュルが受け持っていました）の執筆がどこまでいっているのか知らねばなりません」。

ｃ　ビュキュルは、一九七三年二月四日付の彼の返事において、またイリュジー宛ての同じ日付の手紙の中で、状況を説明し（上のａ）を見られたい）、さらに彼は**手稿を保持している**こと、もし私が彼が手渡したそのコピーを見つけられないのならば、再びタイプで打ち、われわれにそれを送ると言っています（注　東側の諸国ではタイプの増し刷りがありませんでした！）。

思いがけない「引っ越し」についてのイリュジーの証言（紛失したのは、私がそう理解していたようにビュキュルのものではなく、私のものであることさえはっきりと述べていない）は、気にかけずにおこなった、わが元学生で友人のおどけた思い付きのように見えます―実際、私と同じくらい、一九六九年にはそのままタイプ刷りされ、配布されたにちがいないこの報告が、どんなミステリーによって、跡も残さずに消えてしまったのか彼は知らないのです。しかしとくに序文の中での「著者はそのコピーを持っていなかった」という彼の主張は**間違い**です、ビュキュルの手紙から直接に彼自身知っていることです（彼は親切に私にコピーを一部よこしてくれていました）。彼の手に託されたセミナーが被った最も大きな損傷であると、現在の私にみえているものに対する口実として役立ったのは、このいわゆる取り返しのつかない紛失なのです（227―229ページを見られたい）。

イリュジーはさらに一九七三年三月十五日付の、ビュキュル宛ての彼の手紙のコピーを送ってくれました。そこでビュキュルに報告XIのコピーを送ってくれるように頼んでいます。この手紙からわかるように、報告XIは、代数的サイクルについての報告IV（ジュアノルーによってプランのままで残され、当時私が「執筆するものとみられ」ていた）と共に、理にかなった SGA5の刊行のために、なお欠けている唯一の報告でした。（報告XIIは、ビュキュルによって終えられており、ドゥリーニュにおくられました。ここで開始にあたっての報告と、閉じるにあたっての報告は除外しています、論理的にはこれらはセミナーの刊行にとって不可欠ではありませんでした）。イリュジーの言うところによると（一九八五年十一月六日）、ビュキュルは依頼した報告XIを送ってきませんでした。イリュジーはこのことにきわめて熱心だったようには思えません、ただビュキュルが彼の手紙をたしかに受け取ったかどうかを知ること、あるいは催促するだけにとどまっていたようです。この話のつづきがかなりはっきり示しているように、セミナーの決定的な報告のこの紛失によって、彼が困惑したことはなかったようです。（前の段落にある解説を見られたい）。もうひとつの欠けていた報告（代数的サイクルについての）に関して言えば、イリュジーは当時自分で受け持つことにしていたのですが、さきほど想起しましたように（p226―227）、ヴェルディエとドゥリーニュとの間の「公平な分配」の対象となりました。

注（★）日付が示しているように、この小ノート（および、次の小ノートNo.87[6]）は、『収穫と蒔いた種と』

の第Ⅰ部と第Ⅱ部が書かれたあと二年ほどたって、昨年の十一月にイリュジーが（『収穫と蒔いた種と』を読んだあとで）私に与えてくれたさまざまな指摘を考慮に入れて、書かれたものです。

（87₆）（一九八六年二月二十三日）（★）私は、クルール次元≦1のスキームの場合に離散係数に対するリーマン—ロッホ—グロタンディークの予想を証明したことを記憶していると信じていました。だがその時には標数0の場合に（おそらく暗黙のうちに？）限っていたにちがいありません。とにかくイリュジーが（昨年十一月四日）私に書きよこしたところによると、彼は、この公式は、（標数p＞0の）体のラディシエルな（向巾的）拡大の場合には、**次元0においてすでに成り立たない**ことが最近わかったと言うことです。

私の予想が標数0以外では「うまくいかない」ことがわかるのに二十年必要だったということは、かなり驚くべきことです—それは、私が彼らの若い時代に、ほやほやの時にゆだねた、みるからに決定的な諸問題に対して、私の学生たちのもとでの全般的な興味の喪失の状態のびっくりするようなイメージを与えています。一九六六年のSGA5を閉じるにあたっての報告の中でこの予想を述べる前に、私自身がこの誤りに気付かなかったという事実は、そそっかしさの印であると同時に、また私にとっては、予想は「賭け」（賭けに「勝つ」ことは名誉なことだと考えている）であったことは一度もなく、つねに私が本質的な、さらには決定的なものだと感じている**問題**であったという事実を示しています。いまの場合、「オイラー—ポアンカレ型の適切な公式」を与える、準同型ch_Xに対する完全に明示的な候補を次元1において有していたという事実（SGA5の報告Xを見られたい）によって思い違いをしたにちがいありません。この時私は、これはまた次元≦1の正規なスキームの有限な射に対してもうまくゆくことを、「まったく問題を引き起こさないにちがいないもの」として認めたにちがいありません—だがこれは否だったのです！

私の予想を適切に作り変えて、窮地を救うために数時間費やしました、だがうまくいきませんでした—非分離性をめぐる諸現象がたしかに大きな困難を作り出しているようです。したがって、ここには標数0において「親しみ深い」この公式から、標数について制限なく通用するような作り替えが可能なのか否かという興味をそそるミステリーがあります。この公式に対して要請している「道理にかなった」制約の種類が十分に具体的であることを考えるとき、残念ながら、このように具体化された問題に対する解答が否定的であることも、考えられないことではありません。(これは、奇妙なことに、さきほど言及しました、大域的なオイラーポアンカレの美しい公式の存在にもかかわらず、そうなのです…)。

ついでに想起しておきますが、標数0のスキームの枠組みにおいてさえ、マクファースンの結果があるにもかかわらず、私が提出している公式の妥当性の問題はあい変わらず未解決のままだということです。さらに明らかなことは、この公式は(すべての素数ℓに対して)「ℓ進的」な変種を持っているにちがいなく、さらには(ひとたびド・ラームの場合のクリスタル係数に関する適切な概念が引き出されるや、これについては『省察』の第IV巻で再び取り上げることを考えていますが)クリスタルの変種が得られるにちがいありません。もちろん「モチーフ的な」変種も考えられます。(このテーマについては、ノートNo.46[1]を見られたい[P19])。

(★) 251ページの脚注(★)をみられたい。

6 遺体… (五月十六日) 88

ひきつづく二つのセミナーSGA4とSGA5の全体(これは、私にとっては、ただひとつの「セミナー」でした)は、無から出発して、トポスという**言語**とエタール・コホモロジーという**道具**が表わしている綜合と発見の強力な手段を発展させています。エタール・コホモロジーという道具は、完璧に整備され、完全な有効性をもち、この時点ですでに、通常の空間のコホモロジー理論よりも、基本的な形式的性質に関してはずっと良く理解されていました[1][P255]。これら全体は、完全に最後までやりとげられた仕事という水準で、私が数学にもたらした最も深い、最も革新的な寄与を表わしています。そして同時に、この仕事は、そう欲したわけでもなく、各時点ですべては明らかな事柄のもつ自然さから出てきたのですが、数学者としての私の作品の中でおこなった、最も広大な、技法上の「力業」となっています[2][P255]。これら二つのセミナーは私にとっては切り離しがたく結び合っています。これらは、その統一性の中に、**ビジョン**と、**道具**——トポス、そしてエタール・コホモロジーの完全な定式——を体現しています。

このビジョンは今日なお拒絶されていますが、道具の方はその後二十年近くの間に、私にとってすべての中で最も魅惑的な側面——直観と、「幾何学的」性質の概念と技法上の知識によって把握された「数論的」側面――において代数幾何学を深く革新させました。

ドゥリーニュが、みかけ倒しの名SGA$4\frac{1}{2}$をかぶせるという動機を持ったのは、たしかに、単に、SGA5の部分に対して彼のコホモロジーについての「ダイジェスト」の方が**前である**ことを示すという意図だけではないでしょう――結局、どうせやるのなら、これをSGA$3\frac{1}{2}$と呼んでもいっこうにかまわなかったわけです！「操作SGA$4\frac{1}{2}$」の中に、私は、彼のすべての作品が由来している作品（彼の関心が薄れることのなかったこの作品！）を――二つのセミナーSGA4と（本当の）SGA5の全体の中に実に明白にみえる深いあきらかな統一性をもった作品を、無縁で尊大な文書を無理やり挿入することによって、**二つに切断されて、分裂した**もの（彼自身が分裂しているように…）であるとみせようとする意図を感じます。そしてこの挿入した文書の方を、彼が全く関与しなかった[3]［P255］ひとつの考えとひとつのビジョンの生きた核心、真髄として押し出そうとしているのです。そしてこの文書をとりまく二つの「部分」に対して、ドゥリーニュの手になる中心的で基本的なものであると僭称する作品への、漠然として珍妙な、一種の付録、「脇道」と「技術上の補足」の寄せ集めという外観を与えようとしているのです。そしてこのドゥリーニュの文書においては、私という人物は、（完全な埋葬をする前に）「協力者」の数の中に親切にも入れられているのです[4]［P256］。

「偶然」は、こうしたさまざまな事柄を実にうまくやったものです。この「意のままにされた遺体」――「執筆者たち」によってつねになおざりにされており、私の別れの折に私のコホモロジー専攻の学生たちの手中にあって、彼らの裁量にまかせられたままのこの「不幸なセミナー」――これは、その師の作品の中の**取るに足りない**部分ではなかったのです！それは、SGA1やSGA2ではありません（ここでは、私の片隅で、まだ予期することもなく、来るべき主要な作品の「離陸」のために不可欠な二つの補足的な技法となる道具を発展させました）し、SGA3でもありません（ここでの私の寄与は、とくに、スキームの「あらゆる方向にわたる」技法を「ならし運転」するために、絶え間なく、音階とアルペッジオ――時には骨の折れる――をつくり出すことでした）し、SGA6でもありません（リーマン－ロッホの定理と交叉の定式をめぐる、十年前の私のアイデアを系統的に発展させています）し、さらにはSGA7でもありません（これは、考察の内的な論理によって、中心となる道具の獲得、つまりコホモロジーの習熟から流れ出てくるものです）。少なくともある部分は、私のコホモロジー専攻の学生たちの手中に置いてゆき、その執筆が（彼らの世話にゆだねられたが…）未完のままになっているのは、まさに、私の作品の主要な部分なのです。彼らが虐殺することにし、その意味、その美しさ、その創造力をなしている統一性を忘れて、断片を横領したのは、ひとつの作品のこの**主要な部分**なのです[90]［P259］。

そして、雑多な道具を持ってはいるが、これらの道具を無から生んだ精神とビジョンを否定しているのですから、彼らの無関心と軽蔑に逆らって、再び生まれてきた革新的な作品を、それが生まれた時点でだれも認めることが出来なかったとしても、やはり偶然だとは言えません。その6年後に、ついにこの新しい道具がドゥリーニュによって理解されたときにも、彼らは全員一致で、孤独の中でこの道具をつくった人――ゾグマン・メブク――否認した師の死後の学生――を埋葬してしまうことにしたのも、もちろん偶然ではありません！ドゥリーニュの最初の飛躍（これは、数年の間に、新しいホッジの理論を力強く開始させ、ヴェイユ予想の証明へと彼を導きました）の降下のあと、彼の驚くべき才能にもかかわらず、そしてコホモロジー専攻の私の学生たちのもつすぐれた才能にもかかわらず、今日、なおすべてが行われるべきものとしてあるように思われる、驚くべき豊かさをもった一分野において こうした「どんよりした停滞」が認められても、それも偶然だとは言えません。また、やがて十五年になりますが、主要な着想の源泉と「大きな問題」のいくつか[5]［P256］が、そこにあって、一歩ごとにこれらに向き合うことになっているのに、十五年間絶えず埋葬することにしていた人からの使者のごとく、入念にゆがめられ、隠されたままになっているのも驚くにはあたりません。

注 (1) 三角形分割可能な空間のような、「多様体」に最も近い空間に限ってさえ、こう言えます。

(2) いくらかの困難な結果あるいは思いがけない結果が、他の人たち（アルティン、ヴェルディエ、ジロー、ドゥリーニュ）によって得られましたし、この仕事のいくらかの部分は、他の人たちの協力のもとでおこなわれました。このことは（少なくとも私の心の中では）私の作品全体の中でのこの仕事の位置についての私の評価の力をそぐものでは全くありません。さらにこの点については、『テーマの概要』への付録で、もっと詳しく触れ、みるからに必要となっている箇所では細かく明確に説明するつもりです。

(3) 青年ドゥリーニュが、舞台に現われ、一九六五年と一九六九年の間に、私と接触して、代数幾何学とコホモロジーの技法を学ぶ前に、この考えは、主要なアイデアと基本的な結果によって完全な成熟に達していました。

（五月三十日）このことについては、ノート「特別な存在」、No.67′をみられたい［P101］。

(4) ノート「青信号」、「逆転」、No.68、68′をみられたい［P104、109］。

(5) この「主要な着想の源泉」とは、もちろん「モチーフの哲学（ヨガ）」です。これは、ドゥリーニュの中にだけ生きていました。ドゥリーニュは、このヨガの基本的な側面のいくつかを拒絶しながら、その力の大部分をそいだ窮屈な形のもとで、自分だけの「利益」のために、自分の手中に保持したのでした。無視されたり、ひそかに信用を失墜させられたりした、このヨガから着想を得た「大きな問題」の中に、現在、私は（アウトサイダーとして）スタンダード予想と、「モチーフ」そのものに多少とも近い、あらゆるタイプの通常の係数に対する「六つの演算」の定式の展開がありますす（「モチーフ」の方は、「普遍的な」係数――他のすべてのものを生みだす係数――の役割を演じます）。このテーマについては、ノート「私の孤児たち」、No.46の中の解説と比較されたい［P6］。

7 …そして身体 （五月十七日） *89

私の中で生きていた、そして伝達したと思っていた、事柄についてのこの考え、このビジョンを、私は、生きた事柄を革新する力、懐胎し、生み出す力をもった、健全で、調和のとれた生きた身体のようにみえるのです。ところがこの生きた身体は**遺体**となっているのです、それぞれの人に分配され――ある部分はしっかりと藁（わら）を詰められて、ある人のもとで成功の記念品となり、またある部分は細かくされて、他の人のもとでこん棒のように、またブーメランのようになり、また別のものは、あり得ないことではないでしょうが、そのまま家庭の料理に用いられ（こうすることに、私たちはもう気にしなく平気になっているのです！）――残りの全部はごみ捨て場で腐るままにしてよいと言うわけです…。

これが、ついに私に明らかにされてきた情景です。これはイメージを用いていますが、事柄のある現実をうまく表現していると思えます。こん棒で、なんとか、あちらこちらで頭蓋骨を割ることは出来るでしょう(1)［P259］――しかしこれらのばらばらになった小片、記念品やこん棒や家庭のスープは、生きた身体がもつ実に単純で、実に明白な力、つまり新しい生命を創る、思いやりのある抱擁の力を持つことは決してないでしょう…。

（五月十八日）

生きた身体、そして四方八方へとちりぢりの断片にされた「遺体」というこのイメージは、この一週間を通じて私の中で形成されてきたものです。私の手ータイプによってそれが表わされたこの珍妙な表現は、このイメージが、文脈の勢いに乗って出てきた、**ひとつの発明**、少々不気味なもの、こっけいな即興を意味するものでは全くありません。このイメージは、文章化によって形のあるものになった時点で深く感ぜられた**ひとつの現実**を表現しているのです。この現実は、私の「別れ」以来の十四年間を通じて、またおそらくその前からさえ、すでに、時にふれて断片的に知っていたにちがいないものです。情報の断片は、まずはじめに、他のことに気をとられて、ぼんやりしていた注意によって、表層のレベルに記憶されました――だがこれらの断片はすべて同じ方向にあるものでしたし、もっと深いレベルで、あるイメージの形に集められたにちがいありません。その時私はほかにもっと大事な仕事が沢山あって、それを知ろうと思わなかった、形をなしていないイメージです。このイメージは、三月末から、つまりここ六、七週間つづけた省察の過程で著しく豊かになり、具体的なものになりました。もっと正確に言えば、散らばっていた情報の要素は、ついに、十分に覚醒した意識的な注意によって検討され、探りを入れ、調べる思考というより表面的なレベルで少しずつ**もうひとつの**イメージとして結晶してゆきました。これは、より深い層にあった、最初のイメージの存在とは独立しているように思われた仕事を通じてなされました。この意識的な仕事は、六日前「虐殺」という突然生じたビジョンの中で頂点に達しました――このビジョンは、省察全体の中ではじめてだったと思いますが、**ある暴力**[2]の「息づかい」、「におい」を感じたときに生じました[P259]。それはまた、すでに表相にずっと近い層の中で、たしかに「虐殺されて」はいたのですが、生きた、調和のとれた身体であったという感情が現われたにちがいない時点でもあり――より深いところの漠然としたイメージが、おそらくこのイメージを肉体を持ったものにするために、思考だけでは与えることが出来ない「におい」を浮上させはじめたにちがいない時点でもありました。

　この「肉体」という側面は、昨夜の夢の中で再び現われてきました――昨日書いた行にいま戻っているのは、この夢からの刺激によるものです。この夢の中で、私の身体の数多くの個所にかなり深い切り傷がつけられていました。まずは、くちびるに切り傷があり、口の中にもあり、大量に出血していました。鏡の前で、沢山の水を使って口をゆすぎました（水は血でまっ赤になりました）。ついでお腹に傷があり、ここでも大量の出血がありました。とくにそのひとつからは、まるで動脈であるかのように、血がどくどくと出ていました（私の心の中の夢みる人は解剖学的なリアリズムについては無頓着でした）。このまま出血しつづけると、私はその場に倒れてしまうだろうとさえ考えました。傷を手で押さえて、血を止めるために体をちぢこめました――大量の出血はたしかに止まり、血のかたまりと非常に大きなかさぶたがつくられました。そのあと、このかさぶたを気をつけながら取り除きました。微妙な形で傷はすでに治りはじめていました。指にも深い切り傷がありましたが、たいへん大きな包帯にくるまれていました…。

この夢のもっと微妙で、具体的な描写に乗り出して、ここで（あるいは他のところで）深くこの夢に探りを入れてみるつもりはありません。この夢が「そのままの形で」すでに強い力でもって私に明かしたことは、私が昨日語り、書きながら、私から離れていったもののように、そしてたぶん私が宿し、生みだしたが、自分に固有の道を歩むために世界へと出発した子供のように見ていたこの「身体」は、今日でもなお私自身の内的な部分にとどまっているということ、それは、血と肉からつくられていて、深い傷を負って生きのび、回復することができる生命力をもった**私の**身体だということです。そして私の身体は、おそらく、私と最も深く、最も切り離しがたく結びついている世界に属しているものでもあるのです…。

私の心の中の夢みる人は、「虐殺」と遺体の分割というイメージに至るまで、私についてきませんでした。このイメージは、私がつよく知覚していた、**他の人**の中にある意図と姿勢という現実を復元したものにちがいなく、私に強く結びついていた事柄を通して、私が対象とされていた、この攻撃、この切断を私自身が体験したものに基づいてはいませんでした。私がどれほどまでにこの事柄と結びあっているのかを、夢みる人は私にかいま見せてくれたのでした。これは、ノート「事態の回帰――無礼な言動」（№73）での省察において認めることが出来たこととつながります［P126］。「事態の回帰」の中では、その日の省察の過程で現われてきた、「ある事柄を生みだした人と、この事柄との間のこの深いつながり」という感情を多少とも浮き彫りにしてみようとしたのでした。四月三十日（ほんの三週間前）のこの省察の前には、私の人生全体を通じて、このつながりを私は無視するという風を装っていました、あるいは少なくとも現在通用している月並みな考えにしたがって、これを過小に評価しようとしていました。私たちの手を離れたこのような作品の運命の心配をすること、とくに私たちの名がこの作品にいくらかでも付されつづけているのかどうかを気にかけることは、狭量なこと、さもしいことと感ぜられていました——ところが、育て上げた（そして愛情をいだいていた）血の通った子供が、生まれたときに受けとった名を拒絶することになったとき、深く傷つくことは、すべての人にとって自然なことに思えます。

注 (1)　（五月三十一日）また「伝説的にむずかしいとされている」ある定理を証明するのにうまく役立つことさえあるでしょう！

(2)　（六月十二日）ここ数年、私の元学生のだれかのもとで、「私と共に埋葬された者」のだれかに対する、荒々しい意図を感ずることがありました。しかし、私の作品を通じて、私自身に向けられた、**集団的な**意図（ここでは5人からなる）に由来するものと感ぜられた暴力を感じたことは一度もありませんでした。

8　遺産相続者　（五月十八日）　90(88)

一九六〇年代を通じて、（ドゥリーニュを別にして）どの学生も、私と共に追求した範囲の限られた仕事を超えたところに、この基本的な統一性を感じとっていなかったかどうか私にはわかりません。おそらく彼らのいく人かは漠然とこの統一性を感じたことでしょうが、私の別れにつづく年月のあいだに、この知覚は永久に消えてしまったのでしょう。これに対して、ドゥリーニュは、一九六五年の私たちの最初の接触から、この生き生きとした統一性を直観していたことは確かです。広大な構図の中にあるテーマの統一性についてのこの微妙な知覚が、私が伝え、伝達したにちがいないすべてのことに対する、彼の中の緊張した関心の主要な刺激であったことは確かです。この関心は、一九六五年と一九六九年の間の、四年間の恒常的な数学上の接触を通して、一度も弱まることなく、現われていました(1)[P264]。この関心は、私たちの間の数学上の交流に並み外れた質を付与しました。この質についてはすでに語りましたが、他の数学者の友人との間ではまれな時期にしか知ることができなかったものです。私が教えることが出来たすべてのものを遊んでいるかのように学ぶことが出来たのは、基本的なものについてのこの知覚、そしてこの知覚が彼の中に生じさせたこの熱のこもった関心によるものでした。彼が学んだものは、技法上の**手段**（全力投入で発展させたスキームの技法、リーマン－ロッホと交叉についてのヨガ、コホモロジーの定式、エタール・コホモロジー、トポスの言語）および、これらに統一性を付与している全体的**ビジョン**、そして最後に、**モチーフに関する哲学（ヨガ）**です。モチーフのヨガは、当時、このビジョンの主要な成果であり、この時までに発見することをめぐって私に与えられた、最も強力な着想の源泉でした。

明らかなことは、ドゥリーニュは、ある時点に（一九六八年だと思いますが）、私が伝達したものの全体を、その多様な手段においても、基本的な統一性においても、十分に吸収し、自分のものにした――今日に至るまでの私の学生の中で――唯一の人であったことです[2]［P264］。彼が私の作品のうってつけの「正当な相続人」のようにみえることになったのは、もちろん、すべての人によって感ぜられたと思われる、こうした状況によるものでした。明らかに、この遺産は彼の邪魔になったり、彼を制限したりするものではありませんでした――これは重荷ではなく、彼に翼を与えるものでした。私がここで言いたいのは、この遺産は、彼が生まれたときから持っている「翼」に糧を与えて力強くしたということです。他のビジョンと他の遺産（もちろん、もっと個人的な性格の少ないものでしょうが…）がこの力強さに糧を与えたのと同じように…。

成長と飛躍の決定的な数年間に彼が摂取したこの遺産、その美しさと創造的な力をつくっており、彼は非常に強く感じ、彼自身の一部分のようになったこの統一性――これらを、わが友は、そのあと否認することになり、この遺産を隠し、その魂をなしていた創造的な統一性を否定し、破壊するために絶え間なく努力することになりました[3]［P264］。彼は、道具や「断片」を横領し、それらが由来した統一性と、生きた身体の解体を熱心に押しすすめて、私の学生たちの中で模範を示した最初の人でした。彼に固有の創造的な飛翔は抑制され、使い果たされ、ついには彼の中のこの深い分裂によって解体されてしまいました。彼は、この深い分裂に押しやられ、彼の力をなし、彼の飛翔に糧を与えていたもの自体をさえ否定し、破壊することになっていったのです。

この分裂は、三つの関連した、切り離すことのできない形によって表現されているのを私は見ます。そのひとつは、エネルギーの**分散**であり、否定し、解体し、取って代り、隠すという努力の中で四散してしまっているのです。もうひとつのものは、いくつかのアイデアと手段を**拒否**することの中に見られます。ところがこれらのアイデアや手段は、彼が中心的なテーマとして選んだ主題の「自然な」発展にとって基本的なものだったのです[4][P265]。第三は、なかでも特に、一歩ごとに現われてくる師に取って代り、それを排除することになる、そして絶えずこの師を消さなければならない、このテーマへの**執着**です——まさに、彼の数学者としての人生を支配してきたこの基本的な矛盾に最も強く彩られているテーマなのです。

私の直接に知っていること、そして私を一度もあざむいたことのないある直観あるいは基礎的な勘が実に明確に私に示すところによれば、もしドゥリーニュが彼の仕事そのものの中のこの深い矛盾によって引き裂かれることがなかったならば、今日の数学は現在あるものとは違ったものになっていたでしょう[5][P265]——数学は、その数多くの基本的な部分において、私自身がその主要な道具であった革新のような、いくらかの大きな革新を体験したことでしょう——ところが、私のおこなったこの革新をさえ、このドゥリーニュは妨げ、ねじ曲げることに熱中したのでした！[6][P265]。

もちろんまた、彼は、私のまわりに形成されていた学派をひきつぐ、幾何学の強力な学派——それが生まれ出てきた学派の活力と、私をひきついだ人のもつ創造的な力の双方から糧を得る学派の魂となるにはうってつけの人でした。しかし私のまわりに形成されたこの学派、数学者としての自己形成の激しい数年間を包んでいたこの糧を与える子宮——それは、私の別れの直後に解体されてしまいました。このようになってしまったのは、まさに、明らかに私のあとを継いだ人の中に[7][P266]、その規模が各人の才能を超えたひとつの仕事のために、共通の冒険を通じて集まったひとつのグループの魂となる人を見い出せなかったからです。

私の別れのあと、私の学生たちのひとりひとりは、無秩序な仕事をもって、各人の片隅の中にとじこもったという印象を受けます。たしかにこうした仕事は、数学において、どこにでもあるものですが、この「片隅」はある全体の中に挿入されていず、この「仕事」は、ひとつの流れに合流しているのでも、より大きなテーマと関わっているわけでもないようでした。たしかに、私の別れの直後から——その前からとは言えなくとも——私の学生たち、あるいは元学生たちの大多数の視線は、このうってつけの「後継者」、彼らの中で最も才能のある人、私に最も近かった人へと向けられました。この微妙な時点に、わが友は、おそらく彼の人生においてはじめて、彼がそこから出てきて、四年の間そこで肩を並べていた友人たちがたぶん彼にその連続性を保つことを期待していた、ある学派の運命に対して彼の持っている生殺与奪の権力を通じて、突然彼の手中に見い出された他の人に対する権力を感じたにちがいありません。状況はすべて彼の手中にあったのです。手本を示すのは彼でした…。実際、この遺産と、そしてなによりもまず彼と共に、同じ師の学生であった人びとが彼にかけたにちがいないこの信頼とこの期待[8]を壊すことを通じて手本を示しました…［P266］。

ドゥリーニュの作品に感銘を受けた人は数多くいたことは確かです。これはもっともなことです。しかし、この作品は、(ヴェイユ予想の証明で終わりを告げた)当初の驚くべき飛翔を別にすれば、彼の「力量」からほど遠いところにあることをも私はよく知っています。たしかにそれは、並み外れた技法上の手腕と軽やかさを示しています、これによって、彼は「最もすぐれた人たち」の中に入るでしょう。だが彼の若い時代に私が彼の中にみた目立たない力——革新するという力を持っていません。彼の中にあったこの力、小さな子供のもつこのはつらつさ、あるいは無邪気さは、ずっと前から深く埋もれ、否認されています。ドゥリーニュは、この「力」と並み外れた彼の才能によっても、また彼が享受した、この才能の開花のための例外的な環境からしても、リーマンやヒルベルトがその時代の数学を「支配した」ごとく、私たちの時代の数学を「支配する」ことを運命づけられていたと書くこともできるでしょう。日常言語に根づいている年来の思考習慣から、ここで「支配」というイメージが示唆されたのですが、たしかにこれは現実についての誤った理解を与えるものです。これらの大人物たちはおそらくその時代に知られていた数学を完璧に「把握し」、「吸収し」、「自分のものにしていた」でしょうし、これによってまた彼らはおそらく並み外れた技法上の手腕をも持っていたでしょう。しかしまさしく彼らが私たちに「大人物」にみえるのは、とっつきにくい事柄にむずかしい証明を「無理やり与える」、技法上の大殊勲にもとづくものではありません。それは、これらの人たちのおのおのが、数学の数多くの重要な分野においてもたらした革新によって、単純で、豊かな「アイデア」、つまり、彼ら以前にはだれも敢えて注目しようとしなかった、単純で、基本的な事柄に彼らの視線を向けたことによるのです。たとえみすぼらしいものに見えようとも、すべての人に無視されているものでも、こうした単純で、基本的な事柄を**みる**というこの子供のような能力——各人の中の革新の力、創造的な力が横たわっているのは、まさに**この能力の中**です。この力は、私の知った、すべての人に知られていないかった、数学の情熱的で、謙虚な恋人であったこの青年の中に、まれなる度合いで存在していました。年月とともに、この地味な「力」は、感嘆され、恐れられ、その威信と他の人に対して行使される（ときには絶大な）力を何の拘束もなく用いている数学者からは消えてしまったように思えます。

わが友の中での、すべての人によって無視されているが、創造の力をもち、非常に微妙で、生き生きしたあるものがこのように**消えてしまっている**のを、私の別れ以来いく度も感じましたし、ここ数年ますます強く感じていました。しかし、わが友の人生の中で、そして私が親しく知っていた他の数多くの人たちの中でも、このあるものの消失がもたらす大きな被害についてその大きさを本当に感じはじめるには、ここ数週間の発見と、（『収穫と蒔いた種と』の勢いに乗って）3月末からおこなった省察が必要でした。この被害は、彼の敵意を受けることになった（おそらくいくつかのケースでは無意識のものだったでしょう）、「70年以後の」私の学生たち（およびこれに類似した人たち）のいく人かの上に及ぼされました。彼のこの敵意は、彼らのひとりひとりに対するものでしたが、その中の3人にとっては重くのしかかるものでした。そしてまた、今かいま見る思いがするのですが、その被害は、テーマの**連続性**の破壊と、彼らの仕事に、彼らの名のついている抜き刷りの積み上げ以上の、より深い、より広大な意味を与える、ひとつの全体、ひとつの統一性という感情の破壊を通じて、「七十年以前の」私の学生たちについても言えることです[91][9]［P266、267］。

ここ七年間を通じて、いく度となく、そしてここ数週間、ここ数日間を通してさらにいく度となく、自己の中の、そして他の人の中の最も貴重なものが好んで**浪費**されたり、消失させられたりするとき、私はあるレベルで、巨大な浪費とみえて悲しみをおぼえました。しかしながら、このような「浪費」は、人間の条件のひとつの基調音であり、さまざまな形で、最も月並みな人たちから最も高名な人たちまでのさまざまな人びとの人生の中で、またさまざまな民族や国民の生活において、至る所に見い出されるものだということがようやくわかりました。この「浪費」そのものは、各人の人生の中の葛藤と分裂から生まれたものにほかならず、私はやっと探りを入れはじめたばかりの豊かさと深みをもった事柄であり——私が「食べ」て、吸収すべき糧なのです。こうすることで、この浪費、と一歩ごとに私の出会う他の浪費、それに道の曲がり角で、しばしば場違いのように私にやってくる他の事柄は、それらの中に**恩恵**を含むことになります。めい想がある意味を持っているとすれば、そして、それが再生の力を持つとすれば、これを通して、（私の年来の反射運動によって）「よくないこと」に見えている事柄から、この恩恵を受け取ることが出来るにつれてであり、破壊するためにあるように思えた事柄から私が**糧を受け取る**かぎりにおいてでしょう。

　自己の体験を糧とすること、これを絶えず避けるのではなく、この体験を通じて自己を新しくすること——これこそが、その人生を完全に受け止めることでしょう。私は、私の中にこの力を持っています、各時点でこれを用いるか、捨てることにするかは、私の自由に任されています。わが友ピエールにとっても、私の学生であった人びとのひとりひとりにとっても、同じことが言えます——私と同じく、ここ最近の日々の長いめい想を通じて一巡しおえたこの「浪費」を糧にするかどうかは彼らの自由に任されています。そして、これらの行を読んでいる読者——これらはあなたに宛てられているのです——にとっても同じことが言えるでしょう。

注　(1)　この期間は五年ですが、そのうちの一年（一九六六年）は、わが友は兵役のためにベルギーで過ごしました。

(2)　「全体」と言うとき、ビジョンと手段において基本的であったすべてのことと理解すべきでしょう。もちろん、それは、未発表のアイデアや結果で、私が彼に話そうと思いつかなかったものはなかったということを意味しているわけではありません。これとは逆に、一九六五—一九六九年のあいだの数学上の考察で、わが友に「熱いときに」話をしなかったものはなかったと思います。つねに喜びをもって、そして有益なものでした。

(3)　奇妙なことですが、この分裂は、私たちの出会いの最初の年から現われていたにちがいありません（スキーム、グロタンディーク・スタイルのコホモロジーの技法、それにエタール・コホモロジーとの彼の最初の接触であった、セミナーSGA5に対する彼の両義的な態度によってすでに表明されていました）、そしてその後、一九六八年には明確な形のもとで（ノート「追い立て」、№63をみられたい［P72］）——したがって、数学上の交流は完璧であり、彼の数学上の思考の飛躍が葛藤に伴われているとは私には思えなかった時点においてです。彼はこのとき、私の別れの直後から埋葬するために全力をあげた、さまざまなテーマについて（「通りすがりに」）数多くの興味深い貢献をしました（私は大いに喜んでこれらをSGA4の序文の中で多少大げさに取り上げました）。

(4) この拒否は、とくに導来カテゴリー、三角化カテゴリーの埋葬（一九八一年まで）、六つの演算についての定式の埋葬（今日まで）、それにトポスの言語の埋葬（やはり今日まで）を通じて表わされており、またホモロジーおよびホモトピー代数の基礎についての広大なプログラムの「軽蔑にもとづく」一種の「拒絶」を通じても現われています。このホモロジー・ホモトピー代数については、私は（二十年後の）いま『園（シャン）の探求』において素描を与えようとしています。これはもちろん彼もその必要性をかつて感じていたにちがいないものでした。そして最後に、彼は（一九八二年まで埋葬されていた）モチーフの哲学（ヨガ）から着想を得ていたのですが、このモチーフのヨガは、その基本的な形式的側面をなしている6種類の定式から切り離されているので、その力の一部分はそがれたままです。この形式的側面は、ホッジ－ドゥリーニュの理論からも厳格に排除されているように思えました。

(5) 「今日の数学」ということで、これらの行を書きながら、数学上の事柄について今日私たちが有している、多少とも深い知識だけを考えていたわけではありません。そこにはまた、心の奥底には、数学者たちの世界における、そして特に、数学の「高貴な社会」と（皮肉も、からかいの調子を含めずに）呼ぶことの出来るもの：つまり、どれが「重要なものか」、さらには「正しいものか」、そうでないかを決める上で「影響力を持っている」、そしてまた情報の手段を掌握していて、大幅に、経歴をも管理している集団の中のある種の**精神**についても考えていました。おそらく、私は、ある時代のある集団の中の「時代の精神」に対して、指導的な立場にいるただひとりの人間が持ちうる重要性について誇張して考えているのでしょう。ドゥリーニュの位置は、二十年前に私を迎えてくれ、二十年間私が一体化してきた集団の中でヴェイユが持っているように私に思えたものに比較できる（最も良い意味でも、最も悪い意味でも）と思われます。

（五月三十一日）ノート「墓掘り人－－会衆全体」、No.97での（補足的な）省察と比較されたい［P303］。

(6) （六月十六日）私が数学に導入した主要なアイ

デアが、六十年代に得ていた勢い（これは明瞭に「のこで切られ」てしまいました――これにつづく二つのノートで、この切断について述べますが…）に乗って、正常に発展させられているだけでも、私の別れのあと十五年後の今日の数学は、その基本的な部分のいくつかにおいて、現在あるものとは異なっていたろうと私は確信しています…。

(7) **この**事実上の**継承**は、つぎのような明瞭で、具体的な形によって表現されていました：彼は高等科学研究所（ＩＨＥＳ）で私のあとを継ぎました（彼が入ったあと一年たって私は研究所を去りました――ノート「追い立て」、№63をみられたい［Ｐ72］）、そして代数多様体のコホモロジーという中心的テーマを、十五年間にわたって（一九五五年から一九七〇年まで）この目的のために私が発展させた手段を用いて、つづけました。

(8) （五月二十六日）省察のつづきの中で、私の暗黙の相続人に対する、もうひとつ全く別の「期待」があったことに気づきました。これは、私の学生たちだけからやって来たものではなく、「会衆全体」から来たものです――このテーマについては、ノート「墓掘り人――会衆全体」（№97）の末をみられたい［Ｐ303］。ひとつは、あるきわめて特殊な時点に関連しており、もうひとつは、十四年間の埋葬の過程を通じて追求されていましたが、これら二つの逆方向の期待は、双方とも現実にあったことには私は何の疑問も持っていません。さらに、私の昔の学生たちの中のひとりならずの人たちのもとに、これら二つの期待が同時にあったにちがいないと考えるようになりました。つまり、彼らのうちの最も才能のある人の中に、彼らの場所と役割があったひとつの学派と作品の連続性を保証する人をみいだすという期待と、――全く定まったコースのもつ静けさの中に、その別れが突然かなりの力をもって彼らに問題をつきつけた人のあらゆる跡を（できるものならば）消してしまいたいという期待です…。

(9) （六月十六日）この第二の側面は、埋葬についての省察の過程でやっと現われてきたものです。威信のある数学者が「勇気を挫く権力」を行使するのを見ることになるのは、昔、私のうってつけの相続人のように思えたその人においてです。「気力を失わせる力」の節［『数学者の孤独な冒険』、p271］を書きながら、（省察が私についてのものに戻ってくる前に）彼について多くのことを考えました。しかし、（かつて私にとってそうであったように）彼を完璧な数学者のモデルとしてみている人たちそのものの間でこの権力がどれほど行使されているものかについてはほんの少しも（少なくとも意識されたレベルで）考えていませんでした…。

9　共同相続者たち…（五月十九日）（91）

私の昔の学生たちについて時折私にやってくる伝聞は、実にまばらなものでした。私の別れのあと、抜き刷りが送られてくることを除くと、ほとんどだれも私に消息を知らせてきませんでした[(1)][P 273]。しかし、私にやってきた少しのことを集めると、非常に大まかではありますが、察しをつけることが出来ます。もしこの省察が彼らのうちのいく人かが連絡をとるように促すことになれば、おそらくここ数か月のうちに、この素描はもっと具体的なものになるでしょう。

すでに、私の別れのあとのドゥリーニュの作品の中に深い断絶を確認する機会がありました。ただ、いくらかの側面において、彼は、不承不承ながら、後継者として、したがって、ある連続性の中に位置しているように見えるのですが。そして、この断絶は、私の他のすべての学生たちの仕事の中に深い影響を及ぼしているという気がしました。この印象をもう少し具体的に浮き彫りにしてみたいと思います。

これらの学生の中で、その仕事が、私と共におこなった仕事の延長の中に明らかに位置していると（少なくとも一見したところ）思われる唯一の人は、ベルトゥロです[(2)][P 273]。彼はまた長い間にわたって私に数多くの抜き刷りを送ってよこした唯一の人です――おそらくすべての抜き刷りだったでしょう。これらはすべてクリスタル・コホモロジーという困難なテーマのものです――このテーマの系統的なすべり出しは、彼の学位論文の対象でした。しかし、（可換な）「コホモロジー専攻の」私の他の学生たちと同じく、彼の作品は、私が導入した主要なアイデアのいくつか、つまり導来カテゴリー（そして、ヴェルディエがひき出した三角化カテゴリー）、六つの演算の定式、トポス、に対する興味の喪失という刻印を持っているようです（91[1]）[P 274]。ゾグマン・メブク自身が言うように、メブク自身の作品は、ベルトゥロの作品のテーマに非常に近いものですが（91[2]）[P 275]、サトウ学派のアイデアと合わさって、これらのアイデアから真っすぐな道の上にあります。もしこれらのアイデアが、ドゥリーニュとヴェルディエを先頭とする、コホモロジー専攻の私の学生たちによって拒絶されていなければ、一九七〇年代のはじめには、メブクのクリスタル的な理論（彼は、ようやく一九七五年から、これらの学生たちの無関心に逆らって、発展させはじめたのでした）は、すでに六つの演算の定式のレベルの完全な成熟の域に達していたかもしれません。だが、この理論は、この成熟の域にはあい変わらず今日でも達していません[3]［P273］。

さらに、私の興味をそそった、構成可能な離散係数と連続係数との間の関係についての問題をヴェルディエに話したこと、それは彼の興味を引かなかったようだったことを覚えています。その後これはドゥリーニュの注意を引いたにちがいありません。彼はある辞書を作成するために一年間（一九六九年に）のセミナーをあてたからです。これは彼を満足させなかったにちがいありません。その後これを断念して、放棄したからです。（ノート「無名の奉仕者と神さまの定理」、No.48′をみられたい［P34］）。一九八〇年の十月までメブクの仕事の重要性に気づかなかったことを見るとき、その後彼の埋葬シンドロームによってドゥリーニュはどれほど「耳を閉ざされて」いたかがわかります――そしてついにこの仕事の重要性に気づいたときには、人の知る墓掘り人的な姿勢においてでした（ノート、No.75から76までをみられたい［P139～150］）。

私の知るかぎりでは、学位論文の口頭審査以後のヴェルディエの作品は、基本的には、連接的なスキームの枠組みの中で私がおこなったことを、新しいアイデアを導入することなく、解析的な枠組みの中で再びおこなうこと（時折は補足的な技術上の困難が現われます）に限られていました。彼が発展させたと思える反射作用と、かつてそうであったように事情に通じているとして、彼自身がクランクを始動させることによって、メブクの理論を見い出さなかったこと――そして少なくとも、彼が見逃していた（ドゥリーニュが見逃していたように）、確かに興味深い事柄を、彼の「学生」がおこないつつあることを認めることが出来なかったことは、かなり驚くべきことでさえあります。

実際のところ、私は、離散係数と連続係数の間の関係の問題に興味をもってはいましたが、私の別れのあと十年たって開花することになった、メブクのクリスタル的理論については本当に推測したことはありませんでした。これに対して、一九五〇年代（一九五五―一九六〇）の可換および非可換のコホモロジーについての私の考察から生まれた広大なテーマがありました。これは、一九六〇年代のはじめに開始されたのですが、学位論文の口頭審査のあとは顧みられなくなっていたヴェルディエの仕事において（「可換な」枠組みの中で、つまり加法圏の用語で）ちょうど口火を切られたばかりのものでした（ノートNo.81をみられたい［P180］）。非可換の側面は、その後、ジローの学位論文の中で開始されました。これには、次元≦2の非可換のコホモロジーのために、トポス上の1-園（シャン）の用語での幾何学的言語が発展させられています。一九六〇年代の半ばになると、これら二つの口火の不十分さが実に明らかになりました：導来カテゴリー（この概念は、**導来子**（デリヴァトゥール）というはるかに豊かな概念によって取って替えられることになるでしょう）に関連した構造の豊かさを考慮に入れるには（ヴェルディエによって引き出された）「三角化カテゴリー」という概念が不十分であること、また、任意次元の非可換のコホモロジーのための、トポス上のn-園および**∞-園**の用語を用いてなされる、幾何学的言語の発展の必要性によるものでした。ホモロジー代数およびホモトピー代数に共通する概念上の基礎として役立つ、これら二つのアプローチの綜合の必要性が感ぜられました（あるいは私が感じていました）。このような仕事は、この双方の側面とも現われている、イリュジーの学位論文の仕事の直接のつづきの中にも位置していました。

導来子という概念（非可換の枠組みにも、可換の枠組みにも通用する）を通すことで、一九七二年に発表された、ホモトピー的極限に関する、ブスフィールド－カンの基礎的な仕事（レクチャー・ノートNo.304）も、少なくとも一九六七年以来それを発展させるための腕のみを求めている、この茫漠とした広がりのあるプログラムの筋道の中に位置づけられました。昨年の1月、その一ヵ月後に『園の探求』に私が乗り出すとはまだ予期することもなく、私はイリュジーにホモトピー・タイプの「積分（アンテグラシオン）」についての考察を伝えました（これは、「ホモトピー的な（帰納的）極限」という名でホモトピーの専門家たちには親しく知られているものでした）。この時点では、私はまだブスフィールドとカンのこの仕事の存在を全く知らなかったし、このタイプの演算がすでに私以外の人たちによって調べられていることも全く知りませんでした。ところが、イリュジーも同じく知らないことがわかったのです。しかし、彼は、一九七〇年の私の「死去」以来、ずっとホモロジー-ホモトピーの分野にとどまっているとみられているのです！つまり、一九六〇年代に彼自身が追求していた考察の道筋の中にあり、基礎の考察の中に自然に位置づけられるある現実とどれほど接触を失っているかと言うことです[4]［P274］。彼は自分の小さな穴をつくり、そこからほとんど出てこなくなったにちがいありません…。

トポスという概念そのもの、および「カテゴリー的ナンセンス」の全体をみまった軽蔑を考えるとき、ジローが彼の最初の大研究テーマであったものに対して今や完全な興味の喪失を示しているとしても驚くことではありません。たしかに、ドゥリーニュは、二年前のモチーフの発掘と共に、モチーフおよびモチーフ的ガロア群と同時に、あたかも彼自身が導入したかのように、非可換のコホモロジー、束(ジェルブ)、結び(リアン)およびその関連事項からなる一連の装備一式に突然興味を示したかのような姿をとりました[5][P274]。この種の空騒ぎが、彼自身が熱心に消すことにつとめた炎を再び燃やすことになるかどうかは疑わしいと思います…。私は、昨年の二月、『園の探求』の冒頭の第一章となった、20ページばかりの手紙のコピーをジローに送りました。これは全く技法的なものではない考察ですが、この考察の過程で、私は、その昔「非限定の」n-カテゴリー(いま私はこれを「n-園」と呼んでいます)という概念を用いる上で、ジロー(および他の多くの人たち)の前に立ちふさがっていた「やっかいな場所」の上を「脚をくくって飛ぶ」ことに成功したのでした。この「非限定」のn-カテゴリーという概念は発見的な手段にとどまっていましたが、みるからに基本的なものだったのです。これが『園の探求』のスタートでした。コントゥーカレールの学位論文の口頭審査のために、昨年十二月に(互いに実に友好的な雰囲気の中で)出会ったとき、ジローはこの手紙を読むという興味さえなかったことを彼から知りました!彼はこの種の事柄の上に大きな線を引いてしまったという印象を持ちました。彼がずいぶん以前に放棄してしまった方向に、豊かな内容があるかもしれないという考えさえ、彼をかすめなかったようでした。私は、やがて二十年になりますが、ここになされることを待っている、成果の期待できる、広大な広がりをもつ仕事があることを彼に理解させようとしましたが成功しなかったのではないかと思います。この仕事に、私は年をとってから、事柄そのものの指示にしたがって、その豊かな内容を少なくとも大筋において素描することに、取りかかったのでした。これらの事柄の豊かな内容について、私の学生たちはずいぶん以前に忘れてしまっているのですが、「故人」である私は、つよく感じつづけているのです。

ジュアノルーも彼の学位論文と共にはじめたばかりだった研究方向を放棄しました。この方向は、彼が選んだテーマのための主要な技法上のアイデアを彼に提供した人自身〔ドゥリーニュ〕によってつくられた流行の側からの軽蔑の対象となりました。三年前、よこしまなシンポジウムと共に、三角化カテゴリーへの「殺到」がおこると、この同じドゥリーニュは突然（笑い事ではなく）将来性のあるこの大きな基礎の仕事を発見したような姿勢を示しました。ここ十年来彼が一番こうした仕事をおこなう気力を挫いてきたのでしたが、こうした仕事の欠如があらゆるところから突然感じられたのでした。こうした仕事の必要性は、私にとって、エタール・コホモロジーをはじめた一九六三／六四年から実に明らかでした。ドゥリーニュにとっても、ℓ-進コホモロジーと三角化カテゴリーについて聞きはじめたとき、つまりその翌年に私のセミナーに降り立ったときから明らかでした。それは、（例えば、基礎のスキームの上の）環 $\mathbf{Z}_\ell$ 上の「構成可能な三角化カテゴリー」の構成およびこの枠組みの中での「六つの演算」の定式化の展開（ジュアノルーの学位論文の中でおこなわれているものと思います）を超えて、基礎の環 $\mathbf{Z}_\ell$ を、任意の（多少とも？）ネーター的な $\mathbf{Z}_\ell$—多元環、例えば $\mathbf{Q}_\ell$ あるいは $\mathbf{Q}_\ell$ の（代数的？）拡大に、置き換えて類似の仕事をするということでした。これは、二十年ほど前から機は熟している事柄に属していますし、こうした事柄の上を吹いている軽蔑の風がおさまるや、あい変わらず行われることが待たれているものです….

レノーさんの仕事（1—園の用語での、エタール・コホモロジーにおける弱いレフシェッツの定理）の自然な延長は、厳しくタブーとなっている、∞-園の枠組みの中に位置づけられるでしょう。これについては話すのをやめましょう！一九六八年にはじめられ、一九七五年にやっと仕上がったシンさんの仕事についても同様です——その自然な延長は、いわゆる「単項」カテゴリーの包絡的なピカール∞-カテゴリー、あるいは、このようなカテゴリーの三角化された変種という概念となるでしょう[6]〔P274〕——これについては考えないことにしましょう！もうひとつの延長として、彼女の仕事をトポスの上の園の用語に移し替えることがあります——なんという恐ろしいことだろう！モニック・アキムについては、彼女も、ときならぬ私の別れ以来の時流によって、少しばかりコッケイなものとされたテーマについて学位論文をつくるという不運をなめました——どうしたことか、局所的に環つきのトポスの上の相対的スキームに関するものなのです！（シュプリンガー社の）グルントレーレン・シリーズの中で刊行された彼女のこのテーマについての小さな本は、一年に3—4部の割合でしか売れていないにちがいありません――この出版社に私が評判がよくなく、私が推薦するものを受け入れるのに、もはやそれほど熱が入らなくなったとしても驚くにはあたりません。私にとって、これは、「多様体」（代数的、解析的など…）という「絶対的な」概念全体を、一般の「基礎」の上に「相対化」するためのテストとしての第一歩でした。その必要性は私にとっては明らかなことでした（91_3）［P276］。今日までそんなものなしで済ましてきたという人もいることでしょう。だが、人間がそこにはいましたが、二百万年もの間数学をおこなわずに済ましてきたとも言えるのです。とにかく、モニック・アキムは、彼女の学位論文をおこなうにあたって、私が彼女にこれを提案したのと同じ動機を持っていたわけではなかったので、このテーマといくらかの接触を保ちつづけるという意志はたしかに全くありませんでした。このテーマは（好都合なコンセンサス、あるいは、すべてに逆らって、強固で、確かなビジョンを執拗に追求するという考えの枠組みから外れてしまったので）彼女にとってもはや少しの意味をも持ちえないものでした。

ネアントロ・サーヴェドラ・リヴァノについて言えば、彼は界隈から完全に消えてしまったように思われます――（公式の）数学者世界人名録に彼の名さえ見い出せません。たしかなことは、少しばかりカテゴリー的すぎる彼の学位論文のテーマは、真面目なものか、そうでないかを決める諸氏に良い評判を得ることはほとんどありえなかったということです。私の意味での、この学位論文の最も自然な延長は、「モチーフに関する広大な描写」以外のなにものでもないでしょう――このテーマは、明らかに、この学生のもう少し地味なねらいからして少しばかり大きなものでしょう。ところが、二年ほど前に、これらの立派な諸氏のひとり自身によって、はじめからすべて彼の学位論文がやりなおされるという思いがけない栄誉を受けたのでした。（このテーマについては、ノート「埋葬――新しい父」（№52）および「一　掃」（№67）をみられたい［P49、93］）。

「一九七〇年以前の」私の十二人の学生の中で、彼らの仕事において、私と接触しながら追求していた仕事との関係において、多少とも大きな、あるいは深い断絶があるのかないのか、私にはそれほど明らかでないのは、ミッシェル・ドゥマジュールとミッシェル・レノーだけです（91_4）［P277］。私の知っているすべては、彼らは数学をおこないつづけたということ、そして（彼らのすぐれた才能からして、当然予想されたことですが）さきほど私が数学の「高貴な社会」と呼んだものに加わっているということです。

時折は非常にわずかなデータから出発しての、これまでの短い省察は、もちろん大部分は仮定的なものであり、きわめて大雑把なものです。ここに述べた人たちは、多分粗雑な評価のあやまりに対して私を許してくれるだろうこと、またこの方向での注意をしてくれるならば、喜んで修正したいと思っています。ここでも、各人のケースは、他のすべての人のケースとはたしかに異なっていること、そして私のように遠い人間がそれらしく把握できるものよりも、はるかに複雑な現実を表現していること、わずかの行ではあまり表現できないことはわかります。これらすべての留保を付した上でも、この省察は、少なくとも私にとって、昨日ひき出された、(そして、おそらく多年にわたって言葉に表現されないレベルで存在していた) なお漠然としている印象をいくらかの具体的な事実によって多少とも浮き彫りにする上で無益ではなかったと思います。この漠然とした印象とは、私の別れの直後に、私の学生たちの多くの中で起こり、彼らの数学者としての技量を形成する上で決定的だった数年間には加わっていると感じていたにちがいない、ひとつの「学派」の、その直後の、突然の消失を各人のレベルで、反映している、ある**断絶**があったというものです。

注 (1) (五月三十一日) このことについては、ノート「沈黙」(No.84) につづくノートNo.84$_1$をみられたい[P206]。

(2) ヴェルディエは、私の別れのあと数年間、双対性のテーマを、私が発展させていた枠組みに近い、解析空間という枠組みの中で、追求していたことから推測して、、ベルトゥロのケースと同じく、彼にも連続性があるという印象を受けます。しかし、これは少々「型どおりの連続性」だったようです。私がとくにその兆候 (あるいは兆候の不在) をさがしている連続性とは、未知の中への当初の飛翔をつづける、創造的な連続性のことです…。

(3) (六月七日) 私はこうした評価を敢えておこなうことにあるためらいを覚えました。それは、メブクの理論の独創性を過小に評価しているように解釈されかねないからです。それは、私の考えに合致しているものでは全くありません。それは、私のコホモロジー専攻の学生たちのおのおのの才能について私は高い評価をしている (彼らが数学上の良識には無縁な先入観によって遮断されていないときには) だけになおさらそうです。わが友ゾグマン自身は、自ら確信してつぎのように述べて、私が持ったかもしれないためらいを消してくれました。つまり、「正常にゆけば」、一九七〇年代のはじめに彼の理論を発展させたにちがいないのは、私の学生たちであったろうと。あるレベルでは、たしかに彼らはすべて先頭にいると確信していました：この理論の作者となる**はずであった**のは、彼ら、あるいはドゥリーニュであったのです——ところが、慣習の全般的な堕落のために、かつて彼らがそうであったように（かつて、ドゥリーニュがそうであったように）振る舞うことがもはや出来なかったのです！このテーマについては、ノート「シンポジウム」（No.75′）および「欺瞞」（No.85′）をみられたい［P144、219］。

(4) ホモトピー・タイプの「積分」というこの概念は、一九八一年末に再び取り組むことになった、階層つきの構造のネジはずしという枠組みの中で、新たに私に必要となりました。

(5) 「ある夢の思い出…モチーフの誕生」（ノートNo.51）をみられたい［P41］。

(6) これらのカテゴリーの不変量K″へのひとつのアプローチとしてです。私は一九六七年ごろこのことを考えつきました…。

（91_1）（五月二十二日）

いましがた、CIRM（＊）のシンポジウム「p—進解析とその応用」（リュミニー、一九八二年九月六—十日）の概説論文を知りました。「剛幾何学と標数pの代数多様体のコホモロジー」という題のP・ベルトゥロによるものです（24ページの）。これには、ドゥウォーク—モンスキー——ワシニッツアーのコホモロジーとクリスタル・コホモロジーの綜合のためのいくつかの主要なアイデアが素描されています。（モンスキー——ワシニッツアーのコホモロジーから着想を得た）クリスタル・コホモロジーの出発にあたってのアイデア（およびこの名そのもの）、そして剛解析空間からつくられる景（シット）の導入によってこれらのアイデアを補足するというアイデアは——これらを私は一九六〇年代に導入しました——ベルトゥロをはじめとして、このテーマの中で仕事をしているすべての人にとって日常のパンのようになりました。ベルトゥロの学位論文は、これらの出発点のアイデアのいくつかを発展させ、肉づけすることから成っていました。それにもかかわらず、私の名は、この文の中にも、文献表の中にも全くありません。ここに、はっきりと確認された、第四番目の学生—葬儀人がいます。つぎは誰の番だろうか？

（＊） 数学研究のインターユニバーシティ・センター
〔訳注〕

（六月七日）クリスタル・コホモロジーのスタート

のアイデアが私によって導入されてから十五年以上、この理論は、スムーズで、固有なスキームに対してきわめて「適切な」ものだということを確証したベルトゥロの学位論文から十年以上たっているのに、あい変わらず、エタール・コホモロジーに対して、セミナーSGA4とSGA5の中で発展させられた状態に匹敵できる、クリスタル・コホモロジーの「理解」の状態と私が呼ぶものに達していないのは、注目すべきことです。双対性についての諸現象を含むコホモロジーの定式の（第一段階の）「理解」ということで、私は、まさに六つの演算の定式を完璧に持っているということと考えています。私はクリスタルの枠組みに固有の困難さを見積もることが出来るほど十分に「事情に通じている」とは言えませんが、この相対的な停滞の主要な理由は、この定式というアイデアそのものに対する、ベルトゥロおよび他の人たちの興味の喪失の中にあったとしても驚くにあたりません。この六つの演算という定式に対する興味の喪失によって、彼らは、完全に「成熟した」コホモロジーの定式を手にするために到達すべき第一の基本的な「踊り場」を無視することになっているのです（まだ幼少時代の状態のままである、ドゥリーニュのホッジの理論に対して、彼がそうしているのと全く同様に）。ベルトゥロが彼自身の研究に対するメブクの観点の重要性を理解できなくさせたのも、たしかにこの同じ種類の姿勢によります。

注　ここで私が固有性という仮定を捨てた枠組み（「完全に成熟した」定式のためには必要なことです）の中で「クリスタル・コホモロジー」について語るとき、その対象が（分割ベキ乗をもった）「厚み」——単に無限小であるだけでなく、「適切な」（分割ベキ乗をもった）位相多元環である——であるクリスタル景（シット）でもって仕事をするということです。原初のクリスタル景（これは、私にとっては、「適切なクリスタル理論」のための最初の近似にすぎないものでした）のこのような拡張の必要性は、私には、出発点から明らかでした。ベルトゥロは、ほかでもなく私から（出発にあたってのアイデアと共に）このことを学びました。この関連についての、文章になっている指摘は、『テーマの概要』、5eにあります。

（91_2）メブクの理論（メブクの名は挙げられていません）は、クリスタル理論の新しい基本的な突破口であることを私以外のだれも認めていなかったらしいことは、かなり驚くべきことです。私は十五年ほどもコホモロジーから完全に「離れて」いたのですが、それでも、昨年メブクがおこなったことをなんとか私に説明してくれる労を取ってくれるや、このことに気づきました。いずれにせよ、イリュジーに（当然のことのように）このことを指摘したとき、彼は、本当に相互に関係のなかった事柄（$\mathcal{D}$-加群とクリスタル）を少々「突飛な仕方で」結びつけていると考えている風でした。しかし、イリュジーは数学者としての直感力を持っており、他の私の学生たち（いまの場合、ドゥリーニュをはじめとする、コホモロジー専攻の）も同様であることを私は直接に知っています——しかし、ある状況の中では、これらは何の役にも立たないことがわかりました…。メブクが、このような環境の中で、彼よりもはるかに上の、先輩たちの完全な無理解によって、彼自身の数学的直感力を摩滅させられずに、なんとか仕事を成功させたことについて、考えれば考えるほど不思議な感じがします…。

（91_3）今日に至るまでそれを用いて仕事をしてきた「多様体」(代数的、実解析的あるいは複素解析的、微分可能——あるいは、そのあと、「穏和トポロジー」におけるその変種）という現在日常的に使われている概念を二重に一般化することの重要性を理解したのは、とくに、一九五〇年末ごろの、複素解析空間の理論の基礎と、タイヒミュラー流の「レベルつきのモジュラス多様体」の具体的な幾何学的解釈についての、カルタン・セミナーでの私の報告以来です。ひとつは、任意の「特異点」と、「スカラー関数」からなる構造層の中にベキ零要素を許容することができるように定義を拡張することから成っています——これは、スキームの概念を用いておこなった基礎に関する私の仕事をモデルにしたものです。もうひとつの拡張は、適切な局所的環つきトポスの上での「相対化」へ向かうことです（「絶対的な」概念は、基礎として、点トポスを取ることによって得られます）。二十五年以上も前から熟したものであり、モニック・アキムの学位論文によって口火を切られている、この概念上の仕事は、あい変わらず再び取り上げられることが待たれているものです。とくに興味深いケースは、相対的な剛解析空間という概念です。これによって、通常の複素解析空間と変化する剰余標数をもつ局所体上の剛解析空間とを、ひとつの相対的剛解析空間の「ファイバー」のようにみることが可能になります。それは、相対的スキームという概念（この方は、ついに日常的なものになりました）が、さまざまな標数をもつ体上で定義された代数多様体を相互に結びつけることを可能にしたのと同じです。

(91$_4$) ドゥマジュールの学位論文の仕事は、レノーの仕事と同じく、私との接触で彼らが学んだスキームに関する熟達した技法を本質的な仕方で用いてはいますが、彼らのおのおのの仕事の基本的なアイデアは、「グロタンディーク流の」装備一式の中に入ってはいません。これが、最初の時期の他の私の学生たちの仕事とは違っているところです。こうした状況によって、彼らの作品が、「師の埋葬シンドローム」の影響による断絶をまぬがれて、結果として連続性を保ちえたのかもしれません。それでも、このシンドロームが別の仕方でこの双方に及ばなかったことを、これは必ずしも意味しているわけではありません。三年前、相対的局所ヤコービ多様体についてのコントゥーカレールの仕事に対するレノーの態度に私は強い印象を受けました。そこに述べられている結果は、深く、むずかしく、きわめて美しいもので、かつ「よく知られている」事柄の単なる一般化をはるかに超えたものでした。それは、はっきりと表現された、すばらしい公式をもち、典型曲線に関するカルティエの理論との思いがけない関連を持ったものでした――すべてが完全にレノーの（そして私の）守備範囲にあるものでした。彼の対応の冷たさは、コントゥーカレールの戦略的退却に決定的な影響を与えたにちがいありません――コントゥーカレールは、留保なしに自己投入していたが、困った事だけをもたらすように思えたこのテーマを損益を考えて放棄したのでした…。[1] これらの結果の美しさに対するこの無感覚についての（悲しみを示す）私の驚きを彼に伝えた私の手紙は、返事のないままでした。

注 (1) 詳細については、ノート「ひつぎ3――少しばかり相対的すぎるヤコービ多様体」（No.95）の小ノートNo.95$_1$をみられたい［P295］。

10 …と金切りのこ *92

四年ほど前にこの地方に越してきたとき、私の家から遠くないところに美しいサクランボの畑がありました。散歩に出たとき、しばしばこの畑を一周しました。年令を得て、たくましい幹をもつ、生い茂ったこれらのサクランボの木をみるのが好きでした。それは、ずっと以前から、雑草が伸びほうだいのこの地面と一体となっているように思えました。それらは肥料も殺虫剤も知らないにちがいありませんでした。サクランボの季節には、おいしいサクランボをつみにそこへ行くのでした。二十本か三十本はゆうにあったはずです。

ある日そこへ行ってみると、すべての幹は人の高さに切られ、上部は幹の傍らの土の上にころがされ、切り残しは空を向いていました――殺戮（さつりく）のビジョンでした。良いのこ切りを使って、すばやくおこなわれたにちがいありません――せいぜい一時間ほどで。私はこのような光景を見たことがありませんでした――樹を切るときには、一般に地面の高さに切るために、腰をかがめるものです。たしかにサクランボの売れゆき不振があります、またこのサクランボ畑ではたいした収量を得られないこともわかります――しかしこれらの幹の切り残りは、売れゆき不振や収益以外のなにかを語っていました…。

昨日、たくましい根をもち、豊かな樹液をもち、その飛躍をひきついでいる、強く、多岐にわたる枝をもった、力強い幹が、気晴らしにおこなったかのように、人の高さにはっきりと鋸（のこ）で切られたという、こうした気持ちを新たにしました。生じたことが見えるようになったのは、主な枝をひとつひとつ眺め、それらが鋸で切られているのを見る労をとったからです。深い根のもつ内的な必然性にしたがって、飛翔のつづきとして、開花するようにつくられていたものが、嘲弄の対象としてすべての人の目にみえるように、完璧な切り口をもってはっきりと切断されたのでした。

このことから、ゾグマンが語っていた、私の学生たち（ドゥリーニュを除いて）と私との間にあったかもしれない「誤解」のことを思い出します。実際、明らかなことは、飛翔もビジョンも、私から私の学生たちのだれにも(ドゥリーニュを別にして、たしかに「別」でした！）伝達されなかったと言うことです。おのおのは、選んだテーマについて良い仕事をするために有用な（不可欠でさえある）技法上の知識を吸収しました。この知識は、さらにそのあとでも役に立ちさえしました。これらを超えて、他の事柄についてなんらかの口火が切られたかどうか私にはわかりません。もし口火が切られていたにしても、それらは、すみやかに破壊してしまう鋸を前にしては、いずれにしてもどんなチャンスもなかったでしょう…。

数学をおこなう人たちがいつづけるならば、そして、二千年以上にわたっておこなってきたような種類の数学を完全に放棄してしまわないかぎり――いつか彼らが、私が生気もなく横たわっているのを見るこれらの枝のおのおのに再び生命を与えることもあり得ないこともないことは、私もよく分かっています。その枝のいくつかは、すでに、鋸をもったわが友によって、自分の利益のために再び取り上げられました。もし彼が長生きするとすれば、他のいくつかについて、あるいはすべてについて同じようなことをおこなうことも十分あり得ます。しかしその大多数はもはや彼に固有のスタイルには入らないでしょう。しかしおそらく、絶えず他の人に自分を取って替えることには疲れてくるでしょう——たしかにこれは非常に疲れることであり、そして自分自身であることに甘んじる（これだけですでになかなかのものです）ためにも、十分に益のあることとは言えないでしょう。

D　埋葬された人びと

X　霊きゅう車

ひつぎ1――ありがたい$\mathcal{D}$-加群（五月二十一日）93

私の省察が、私の「由緒ある」学生たち、つまり「七十年以前の」学生たちについて長々と論じはじめてから2週間近くになります。それは、毎日、(実際上)終わったように思われた省察に対する、気がかりをなくすための、「最後の補足」のように思えました。一度ならず、それは、前日あるいは前々日の省察に不用意につながれた目立たない注なのでした。ところが、だんだん長くなっていって、自立した「ノート」の大きさになったのでした。その度ごとに、このノートは、他のノートと区別する名をすみやかに見い出し、つねにそこにあったかのように、ちょうど良い場所に、葬列の中に挿入されました！二日ごとに、少なくとも目次の終わりのところを作り変えることになりました（毎回楽しみながら）。目次はもう完成しているように見えたのでしたが、その結果まったく新しい列ができない場合にも、行列の中に二三の新しい参加者が加わって長くなりました…。

この行列は、だれもすべてを読もうとしないのではないかと、気をもませるほどの大きさになってしまいました！しかしもしこれがこのように長くなったとしても、それは、実際のところ、仮定としている読者のはっきりしない利益のためではなく、まず第一に私自身のためなのです――ちょうど私が数学をおこなうときと同じように。これらの「最後の補足」は、その度ごとに、不承不承であるかのようにはじめたのですが、これに乗り出して後悔したことは一度もありませんでした。これらの最後の補足のおかげで、「部分部分にわたる」省察なしでは大して学ぶことが出来なかったような、多くの事柄を学びました。そしてこれらの事柄は、大きなスケールの、さまざまな面をもつ、生き生きした色彩の情景の中にひとつひとつ集められました。現在まだ完全に終わったのではないことがわかります――最後の筆を求めているように思える二つの場所がまだあります。

私の「由緒ある学生たち」のあと、**埋葬された者たち**――つまり、「私と共に、沈黙と軽蔑によるこの埋葬の栄誉に浴した」人たちについて、いまいくらか語るときだと思います。私や、熱心に埋葬した人たちと同じく、これら埋葬された人たちも、聖者でもなければ、殉教者としての使命を持っているわけでもありません。(数学のあるアプローチについて、あるスタイルについて、不用意にも私を当てにしたという唯一の事実から）まったく意図せずに私が彼のもとに呼び寄せた困った事態から私を恨まなかった人――あるいは、明らかにこの賭けが失敗したことがわかるや、少なくとも私と距離を保とうとしなかった人はひとりもいませんでした[1][P283]。ところがこうした試みは無駄骨であることが私にはわかりました――ひとたび標的にされると、もう無駄であり、一線を画すことは、軽蔑をかきたて、軽蔑を解体させる代わりに、これに暗黙の正当性を与えることになるのです。一度ならず、多くのあり方で、埋葬する者と埋葬される者とが肩をならべ、まざり合っているのを見ました[2][P283]。埋葬された人たちについてすでに通りすがりに言及した以上に、もう少し詳しく彼らについて語ることに対して私の中に長期にわたるためらいがあったのは、たぶんこうした両義性をもつ側面が原因なのでしょう。おそらくゾグマンを別にすれば、私の知る三人のだれからも、すでに私がこのようにすることでかなりの困った事態を彼らに引き寄せなかったかのごとく、ここでまた「広告」をすると、私は感謝されないということになるかもしれません。

『収穫と蒔いた種と』の過程でいく度もあったように、最終的には、私の中のこのようなためらいを無視することにします。私のゆえに被害を被らねばならなかった（ある時点で彼らがおこなった、そしてなんらかの理由によってそれから利益を得ていた選択によって――ところが、彼らは、私と同じく、この選択によって生ずる不都合については考えてもみなかったのでした――）人たちに対しても――私の役割は、欲すると否とを問わず、くみ込まれ、たとえ深刻な不都合が生じているとしても、たしかにひとつの意味を持っている、現実にある状況を回避するのを助けるというものではないと、私は自分に言いきかせています。

私と共に故人となり、ともに埋葬された哀惜される人びとの四つのひつぎからなる黒いシリーズに取り組む前に、葬式の色彩の少ないノートによって読者にいくらか気晴らししてもらわねばなりません。まず、私の大学の数学研究所という「ローカル」なレベルにおける私の関係の中で、あるポストへある候補をということについて語ることが出来るような幸運は、またある候補が私の学生であった（もちろん、一九七〇年以後の）という経験はまったくありませんし、その作品が私の作品の影響を受けていて、それが必然的に彼の利益に反するように働いたという経験も全くありません。このような系統的なボイコットという姿勢は、もっぱら、私に対する、そして、この延長として、「一九七〇年のあとに」私と関係があるとみられる人たちに対する、数学の「高貴な社会」の関係を特徴づけるものです。このボイコットは、私の別れ以後十四年間、私の知り得たかぎりでは、二つの目立たない例外を除いて、実質上さけ目のないものでした。この例外のひとつは、期待されるスタートのあと、非常に興味をそそるテーマのひとつについて、私とともに、国家博士論文を準備したとみられていた一学生に関することです。ラングドック科学技術大学の講師のポストへの彼の応募は、私のこの大学の専門家に関する委員会によって却下されました。彼は、全国レベルで、ドゥマジュールの援助によって、「救済され」ました。ドゥマジュールに私はこの学生の仕事について手紙を書いたのでした[3][P 284]。もうひとつは、二度、「**トポロジー**」誌が私の学生の論文を受け入れたことです。ジャン・マルゴワールとクリスチーヌ・ボワザンによる「シュタイン分解と切り込み」という論文と、イヴ・ラドガイリーの一九七六年の学位論文の中心的な結果を含んでいる彼の論文が出る予定になっていることです（ノートNo.94をみられたい［P 284］）。

とくに、ゾグマン・メブクについてはすでに語る機会がありました。ここでは、ただ、「参考までに」再び語ることにします[4][P 284]。メブクは一九七四年から（だと思いますが）私の作品から着想を得はじめましたし、今日に至るまで、万難を排してこれから着想を得つづけています。私の「公式の」学生のうちのだれかがこれに匹敵できるほどの重要性をもった作品を生み出したかどうか知りません――ところが、メブクの作品には、それがおこなわれた逆境が当然のことながら感ぜられます。序文[6]［『数学者の孤独な冒険』、p 174］の中で述べましたように、ここ四年来、メブクのアイデアと結果は、すべての人によって用いられていますが、彼の名の方は入念に隠されたままなのです[5][P 284]。一種の不可避の運命であるかのように、軽蔑を、ついで不公正を被りながら、わが友がどのように数学をおこないつづけることが出来たのか、私にとってはひとつのミステリーです――彼よりも目もくらむほど上にいるように感じていたにちがいない（そしてなお感じているにちがいない）人びと[6][P284]、彼が（昔の私自身と同じように）わずかな資力をもって移民してきたつつましい学生であった時期に、はじめて一種の「花形のヒーローたち」として聞いたにちがいない人たちから彼にやってきた運命なのでした。一九七九年の彼の学位論文の口頭審査の時点で、オルレアンで助手のポストを持っていました。その後三度国立科学研究所（CNRS）へ入るための努力を全力をあげておこないました――三度目に（一九八二年十月）やっと研究員のポスト（大学の助手あるいは講師に相等するもの）が与えられました。これによって、彼は、身分としての保証とは言わないまでも、少なくともある種の相対的な安全性を得ることができたわけです。

　私の知っている四人の「共に埋葬された」数学者の中で、メブクは、情け容赦のない流行が彼に抱かせたかもしれない慎重さと時機を考えて、やめてしまうことなく、自分の数学的直観を信頼して、すべてに逆らって仕事をつづけた唯一の人でした。彼は、戦闘的な性格の持ち主ではありませんが、自分自身の判断に対する基本的な**信頼**、それに**心の広さ**がありました。これは、（知的な「才能」以上に）革新的で深い仕事をするための第一の条件です。

　彼の仕事について私の持っている見解はたしかになお不完全なものです。彼の作品の主要な部分について私の知っていることから判断するかぎり、彼のもつすばらしい才能が、熱のある、活気にみちた共感を伴った雰囲気に置かれていたならば、十年とは言わず、三、四年の間に、苦しみの中ではなく、喜びの中で、遂行され、より完全な成熟へと向かっていたろうと思われます。しかし三年であろうと十年であろうと、「成熟」していようと否と、注目すべきことは、革新的な作品が現われたこと、しかもこのような条件の中で現われ得たと言うことです。

注

(1)　（一九八五年二月）私の大学以外のところで、全部で七つか八つの（短い）発表がなされました。それらは、私がモンペリエに来て以来、私から着想を得て、私と一緒におこなった仕事を（要約という形で）提出したものです。私の名はこれらすべてにありません。

(2)　（九月二日）彼らのおのおのは、それぞれ異なった仕方で、ある時点で、自分の仕事に対する軽蔑を考慮に入れて内面化し、この仕事を隠したり、「興味のないもの」として評価するコンセンサスに同意するようになっていました。

(3)　あるポスト、あるいは身分の取得または昇進という「実務上の」レベルでは、一九七〇年以後の私の教育活動の成果は、全部で、鍵となる身分を伴ったポストへの二つの昇進だけです。ひとつは、講師であり、もうひとつは、助手です。奇妙な皮肉ですが、この二つとも、昇進は、当事者のすべての研究活動の突然で、徹底的な停止の信号となりました。

(4)　序文(6)（埋葬）［『数学者の孤独な冒険』、p174］を別にして、メブクについては、つぎのノートで述べられています：ノート「私の孤児たち」（No.46）［P6］、「無名の奉仕者と神さまの定理」（No.48′）［P34］、「不公正——ある回帰の意味」（No.75）［P139］、「よこしまさ」（No.76）［P150］、「あの世での出会い」（No.78）［P158］、「犠牲者——二つの沈黙」（No.78′）［P163］、「分厚い論文と上流社会」（No.80）［P177］、「信用貸しの学位論文となんでも保険」（No.81）［P180］。

(5)　この埋葬において墓掘り人の役割を果たした人は多数います。リュミニーのシンポジウム（一九八一年六月）の全体が実質上この埋葬に加わりました。コホモロジー専攻の私の学生を別にして（これについては、ノート「私の学生たち　2：連帯」（No.85）をみられたい［P209］）、私が知っていて、その職業上の誠実さがここで直接的に、かつ深刻に問題になる人たちは、J・L・ヴェルディエ、B・テシエ、P・ドゥリーニュ、A・A・ベイリンソン、J・ベルンシュタインです。

(6)　もちろん、ゾグマン・メブクは私ほど愚かではなく、コホモロジー専攻の私の学生たちのおのおのの作品について具体的な考えを持ち、これを理想化する傾向を一切もたずに、その重要性と限界とを考慮に入れる上で十分なほど事情に通じていました。それでも、驚くほどの力をもった抑止のために、悪意が明白であるときにさえも、彼らのだれかを公然と問題にするという考えそのものを持つことを、彼は控えました。

ひつぎ2——胴切り切断　94

イヴ・ラドガイリーは、一九七四年に私とともに仕事をはじめました。それは、彼の空いた時期のひとつで、「全く偶然に」でした——このとき私は彼に曲面の中への位相1-複体の埋め込みについてのいくつかの素朴な考察を提案したのでした。この時点で私は曲面については（種数の概念を除いて）何も知りませんでしたし、彼の方はもっと知りませんでした。それは少しばかりグロタンディーク流でした（いずれにしても、私は、いつもこのように事をはじめるのです…）。これはいくらか彼の興味をひきました、何時からか、なぜなのか私にはよくわかりませんが、ある日これは「始動」しはじめました。おそらく、コンパクトな、向きのある、境界つきの曲面におけるコンパクトな1-複体のイソトピー・クラスの決定に関する、ある鍵となる予想という、みるからに成果の期待できる問題がひき出された時点だったと思います。これは本当だろうか――間違っているだろうか？これはサスペンスをもたらせました。六ヵ月、あるいは一年もつづきました。その間にイヴは曲面の理論のいくつかのカギとなる定理に通じるようになりました（その余勢で私にも知らせてくれました）、こうして彼はこの仕事の「基礎」の部分を追求してゆきました。既知の結果から推して、この予想はかなり正しいように思えましたが、みるからに計算はずれなところがありました――予想は、ベーアとエプシュタインのいくつかのむずかしい結果と、突飛な、さらにはあやしい側面をもった他の事柄をも含んでいました。結局、この鍵となる予想は一九七五年の夏に証明できました。これは、基本的には、向きのついた、境界のあるコンパクトな曲面の中への（例えば）三角形分割可能なコンパクト空間の埋め込みのイソトピー・クラスの集合の、基本群を用いての、完全な代数的叙述に等しいものでした[(1)]［P 287］。

イヴは、「取り組み」はじめてから、一年あるいは一年半のうちに、結果、執筆、それに体裁をととのえることまで含めて、彼の学位論文を仕上げました。これはすばらしい論文で、私と一緒におこなったものの大多数よりも厚くはありませんでしたが、これら11の学位論文のどれにも劣らないほど内容のあるものでした。口頭審査は、一九七六年五月におこなわれました。

この学位論文は今日あい変わらず発表されていません。それほど厚くはなかったのですが、私に与えられた数多くの他のもっともな理由とあいまって、発表するには厚すぎるということでした。ノート「進歩は止められない」（№50）［P 38］の中でこれらの理由のいくつかを挙げました。私が着想を与えるという幸運をもった最良の学位論文のひとつである、この不運な論文を「売り込む」ための私の努力についての話は、小さな本にさえなるでしょう。これはたしかに教訓に富んだものでしょうが、書くのはやめることにします。かなりうまい理由をつけて、これらの結果を知ろうとせず、目を閉じて、すべてを埋葬してしまおうとした昔の親しい友人たちの中に、(舞台に現われてきた順に挙げますと) ノルベール・A・カンポ、バリー・マズール、ヴァレンタン・ポエナル、ピエール・ドゥリーニュがいます――あいだに入ったシュプリンガー社を介してのB・エックマンを別にして[2] [P287]。中心的な結果は、九、十年後に、骨だけの状態で、ついに「トポロジー」誌の短い一論文の中に現われるでしょう(しっ [内緒ですよ]――私はこの立派な雑誌の編集委員会の中にひとりの加担者を持っているのです!)。この仕事の残りの部分は、一方では、すべての人がずっと以前から証明なしで (たしかに証明せずに済ましていたのでした!) 用いている事柄を証明しており、また他方では、慣用とよき慣習に全く反する、典型的なグロタンディーク流のものを展開しているのです。私の健全な直観によると、これらは基本的な事柄なので、今後十年のうちにわが友ドゥリーニュが鳴りもの入りでこれらを「発見する」ことを引き受けなければ、だれか他の人たちが三十年あるいは五十年のうちに必ず再び行なうにちがいありません。これらは、アーベル的とは限らない場合に関する私の思索において貴重な導きの糸でした。もし私が長生きできれば、アーベル的とは限らない代数幾何学のヨガ (哲学) を発展させる予定の、『数学上の省察』の部分で、これらを参照する機会が大いにあるでしょう。

この意外な出来事は、私にとってこの種のもので最初の啓示でした――埋葬についての省察によって完璧に知ることになったある事柄を明らかにするものでした。ところが、私の心は他の事に奪われていたので、それ以後これを忘れがちでした。私が持ち得た最も才能豊かな学生のひとりである、イヴ・ラドガイリーの方としては、この時点で、今日の数学の世界において受け入れられるためには、すばらしさということから求められるすべてに応えるような仕事に心底から自己を投入するだけでは不十分であることを理解しました。彼は多方面のことが出来るので、七年の間、より具体的で、あやしげな報いの少ない仕事に打ち込みました。彼は私とのあいにくの出会いの前に講師のポストを得るチャンスがあり、彼にある安全性を保証していました。それはこの不運な出来事によって危機にさらされることはありませんでした。昨年数学上のひらめきが新たに生まれたように思えます、ここ数年間私が興味をいだいていたテーマに非常に近いテーマ、つまりサーストン流の双曲幾何学とこれとタイヒミュラー群との関係についてです。さらに少しばかり一緒に道を歩むこともあり得ますが、あるいはまた、彼がひとりでプロムナードするかもしれません、数学そのものが与えてくれる報い以外の何も期待することなく、たのしみだけのために。もし他の報いを期待するとすれば、対話者あるいは道連れ（過去のものをも含めて…）を変える方がよいことを彼はよく知っています。

注 (1) 向きづけのない場合での「類似の」命題は誤りです——みるからに「ありそうな」仮定——結論の集まりの中に注意深く「切り込まれた」、微妙な結果なのですが、それでも誤りなのです！ラドガイリーの仕事についての他の解説については、『あるプログラムの概要』、とくに第3節のはじめをみられたい。

(2) 私はエックマンを個人的には知りません。イヴの学位論文を「レクチャー・ノート」（LN）シリーズから刊行するためにおこなった私の文通は、シュプリンガー社で「レクチャー・ノート」を担当しているピーターズ博士とおこなわれました。私によって発表された（とくにSGA）、あるいは一九六〇年代に学生たちによって発表された（学位論文）、十五ほどの著作によって、このシリーズがまだはじまったばかりの頃の前例のない信頼性と成功に寄与した人びとの中に、私は入ると思います。私の推薦したこのイヴの仕事を拒否するために与えられた理由（彼らは学位論文は刊行しなかったという）は冗談のようでした。

文通に関するこのニュールックについての私の最初の経験も、このエピソードと同じ時期にあたります。全体として実に印象的なものでしたが、A・カンポ、B・マズール、V・ポエナル、それにピーターズ博士は、ラドガイリーの仕事の序文の中で述べられている結果を知ろうとしなかったことを示す、ためらいの返事を受け取ったあと、素朴にも（あとでそうだとわかってきましたが…）解説をおこなった私の第二の手紙に対しては、返事はもらえませんでした。

ひつぎ3——少しばかり相対的すぎるヤコービ多様体 95

私がカルロス・コントゥーカレールとはじめて出会ったのは、一九七三年に私がモンペリエにやってきた直後、数学研究所の廊下ででした。彼はとあるうす暗い片隅で私を捕まえ、私に対して、大量の数学上の説明をぶちまけました。丁重にあやまって、巧みに逃げる時間さえありませんでした。大変ないきおいで雑然と私にぶちまけることは、完全に私の頭の上を通りすぎてゆきました。彼はそれを認める様子もなく、私がおずおずとしてそれをほのめかした時にも全く気にする様子さえありませんでした。彼は絶対的に対話者を必要としていたのでした。彼の「いやいやながらの対話者」は、私だけではありませんでした。さらにこの時期、私は数学に全く取り組んでいませんでした。一、二年の間、廊下の端に彼のシルエット（容易に見当がつくのです）を見るや、私は即座に逃げるのでした。客員教授として一年間モンペリエにいたリンドンが、コントゥーカレールは並みはずれた才能の持ち主であり、この才能を用いることを知らずに、難破しつつあると私に話す時点まで、このような状態でした。この時までは、コントゥーカレールが私にぶちまけることは、しっかりしたものなのかどうか、そして彼は才能豊かなものなのかという問題は、私の頭をかすめさえしませんでした。これらのことは、すべてはるかに遠いことだったのです。おそらくリンドンのこの示唆は、数学の問題に私がいくらか興味を再び持ちはじめた時点にやってきたのでしょう。とにかく私は熱心に仕事に取り組みはじめていました。そしてコントゥーカレールに彼がおこなったことを私が理解できるような仕方で説明してくれるように求めました。彼にこのように求めたのは、私がはじめてではなかったろうかと思います。少なくとも、彼がフランスにきてかなりの年数の間にこのように求めたのは、私がはじめてだったと思います。彼に説明を求めても、はっきりとしたものではありませんでしたが、全くどうしようもないものでもありませんでした。しかし、かなり苦労しました。リンドンは間違っていないことがすぐにわかりました――コントゥーカレールは、入念に引き出し、発展させることのみを必要としているアイデアをいっぱい持っていました。実際上、彼に提出された、あらゆる数学上の状況の中で、きわめて確かで、直ちに反応する直観力を持っていました。直観力のこの速さ、この確かさによって、彼が全くなじみのない事柄においてさえも、私を乗り超え、強い印象を与えました――これに匹敵するレベルでもってこうした直観力を認めることができた他の学生としては、ドゥリーニュがいただけです[1][P293]。ところが、彼には書くということに対して、ほとんど完全なとも言える閉塞がありました！信じられないことですが、彼は**書かずに**数学をおこなっていたのでした――「難破」が完璧なものであった（少し前の方をみられたい）他の人との交流について語るまでもないのですが、彼がたとえ少しでもどのように数学をこのような形で行なうことになったのか全くわかりません。

　コントゥーカレールに教えるべき、緊急で有益な事が私にあったとすれば、それは、書くということ、あるいは、もっとあらっぽく、数学とは**書きながら**おこなうものであることだけでも理解させることでした。本当に成功したのかどうか全く確信を持てないまま、二年、たぶん三年の間、一九七六年あるいは七七年まで[(2)][P293]、これを私は試みたはずです。しっかりと書かれた彼の大きな最初の仕事は、シューベルト・サイクルについての学位論文ですが、これは昨年（一九八三年）十二月にやっと口頭審査を通りました[(3)][P293]。一九七八年から今日まで、私たちの関係はときたまの出会いと言ったものでした。私の役割は、あい変わらず最も不安定な代用助手のポストにとどまったままの、彼の職業生活において、さまざまな仕方でゆきづまった多くの機会に出来るかぎり支援することに実質上限られていました。

　二三年の間、私はコントゥーカレールに正確で柔軟な数学言語の基礎といくらかの系統的な原理とを提供しようとしてきました。この知識と、彼の才能、それに彼のアイデアの豊かさをもって、彼は本当にどれに取り組むとよいのか選択に迷っていました。彼が持っていたアイデアからはじめると言うよりは、局所的、大域的な相対ヤコービ多様体の理論に取り組むことにしました。これは、学位論文のテーマになりうるものとして私が話していたものでした。ひとたび彼自身にこれをまかせると、ほんの一年の間に、非常にすばらしい仕事をしました。その一部分は「科学アカデミーの報告」（CRAS）のノートに発表されています（95$_1$）[P295]。この鉱脈に最後まで沿ってゆくことは、数年間の情熱をかきたてる仕事のようでしたし、しかも彼を強く動機づけていました。同時にそれは、スキームの技法のあらゆる微妙さを学べるものでした。この時点では私はまだこれについて何の疑念も持っていませんでした――カルティエ、ドゥリーニュ、レノーの三人とも、すでにおこなわれた、深く、困難で、多くの側面において思いがけないことのあるこの仕事を熱烈に歓迎するだろうことは、私にとって明らかでした。たしかにカルティエは、彼のいくつかの古いアイデアが新しい今日性を持つことになったのを見て大変満足でした。これとはちがって、レノーは無関心であり、ドゥリーニュも同じで、引き出しの中に六か月も完全な草稿をしまったままであり、これを受け取ったという便りを寄せることもありませんでした[(4)][P293]。

　一対二でしたが、風向きを感ずるには十分でした。少しばかり相対的すぎるヤコービ多様体は、損益を考えて無期限に放棄されてしまいました。鋸（のこ）で切る人は自分の仕事をうまくやってのけたのでした…。

けれども、コントゥーカレールに生じたさまざまな不運な出来事は避けられませんでした。これらについての詳しい報告はゆうに一冊の小さな本になるでしょうが、書くのはきっぱりとやめにします。四年間（一九五八—六二）、つまりまだ独自の建物をもっていなかった年月、私がただひとり代表し、「その分野で」信頼性を付与していた研究所を（一九七〇年に）去って以来はじめて、一度だけ、コントゥーカレールがポストがなくなって、路頭に迷う可能性があった時点で、招待（今の場合一年の）を要請することを引き受けたのは、この頃でした。私の推薦した人物は、かつて私が高等科学研究所（IHES）にあたたかく迎えた時、ヒロナカ、アルティン、ドゥリーニュがそうであったように無名ではあるが、彼らと同じく、迎え入れる研究所にとって名誉となるだろうことを私は知っていました。もちろん、私はそう言いました。コントゥーカレールにとって幸せにも、代用助手としての彼のポスト（たしかに、これほどえり抜きの研究所から招待されるという栄誉を受けるにはふさわしくない）は結局のところは継続されました[5]［P294］。

このときすでにドゥリーニュの態度を知っており、ニコ・キュイペールから、このようなケースにおいては、すべてがドゥリーニュ次第であると知らされていましたので、このエピソードにはそれほど驚きませんでした。（まさに、こうしたケースの場合、科学委員会の他のメンバーにも関係があるだろうと、ニコ・キュイペールに言ってみるという考えさえ浮かびませんでした…）。コントゥーカレール（私の「お気に入り」、ヴェルディエは当然のことのように、ある手紙の中で彼をこう呼んだのですが…）のすべての不運な出来事の中で、最も強く私の心を打ったのは、一九八一年十月の、ペルピニョンでの教授のポストへの彼の候補の件についてです。ペルピニョンの同僚たち（彼はそこで代用助手のポストにいました）は、たしかに、彼らの中に、気安い関係にあって、実質上数学のすべての分野において相談できる人物がいることを大切にしていました。教授のポストが空いたとき、彼らはコントゥーカレールを唯一の候補にしました——ところがめずらしいことですが、このポストに欲しいのは彼であって、彼以外にはいないという根拠が明らかに欠け落ちていました。コントゥーカレールは、アルゼンチンでサンタロと一緒におこなってパスした博士論文を除くと、比較的発表の少ない方でした。とくに、結果（そのいくつかは深いものでしたが）を告げる、「科学アカデミー報告」（ＣＲＡＳ）へのノートで、証明は付されていませんでした。今の時世で、しかもポストについていない場合には、「証拠書類」として、完全な証明のある論文を持っておいた方がよいと、まだだれも彼にほのめかしたことがなかったのでした——私としてはこのことをかなりしつこく彼に言ったのでしたが、それほど実利的な観点からではありませんでした(6)［Ｐ294］。いずれにせよ、コントゥーカレールの候補は大学諮問委員会によって受け入れがたいと判断され、書類は返送されてきたのでした。このとき私を唖然とさせたことは、この委員会（この決定をした全国機関）の委員長が、委員会の名においても、委員のだれかが個人の資格においても、主な当事者であるコントゥーカレール自身に対しても、あるいは少なくともペルピニョンの数学研究所の所長に対しても、この投票の意味についていくらかの説明をした文書をよこすという最低の礼儀をさえ守らなかったことです。全く説明がなければ、この投票は、ペルピニョンの同僚たちの選択に対する激しい否認、そして推薦のあったポストを立派に果たす資格があるものとされた、彼らの唯一の候補者に対する否認としか受け取れないものでした。この委員会には、私の昔の学生が三人いました。そのうちの二人は、コントゥーカレールを個人的に知っていました。もちろん彼らは、コントゥーカレールは彼らと同じく私の学生であったことを知っていましたし、書類には、候補者の仕事について大変ほめた私の報告書も含まれていました。彼らのだれもが、また委員会の他のメンバーのだれもが、この一刀両断の投票が無造作に表現している侮辱について、彼らのだれとも劣らないほどのすぐれた一数学者の正規の手続きを踏んだ撃沈であったことについて考えてみなかったのでしょう。

数学者としての私の人生においてはじめて、この「息吹き」を感じたのは、この事件においてでした。この「息吹き」については省察の中で一度ならず語りました。すでにその四年前に、外国人のエピソードの折に、これを感じていました(7)［Ｐ294］、しかしそれは私のものであった世界の内部においてではありませんでした、**彼らのひとりに**、つまりこの世界とまったく留保なしに一体化していただれかの上で吹いていたものではありませんでした。私はこれによって数週間、おそらく数か月の間病人のようでした。この時それを知ろうと考えもしなかった(8)［Ｐ294］、私を締めつけていた苦悩から解放されるために、私は興奮し、あちらこちらへ手紙を書き、さらに「頭脳と軽蔑」というブラックユーモア調の30ページばかりの文書を書きました。この文書の方は、結局は発表しないことになりましたが[9]［P294］。振り返ってみて、起こっていることの意味について**めい想する**絶好の時機だったことがわかります。実におかしなことですが、このとき、深いめい想の必要なことを考えさえしなかったのは、そのときおこなっていた長いめい想のためだったのです――この長いめい想についてはすでに話す機会がありました[10]［P295］――おまけに、これは、数学に対する私の関係（数学者としての私の過去についてとは言わないまでも）についてのめい想だったのです！このめい想は、生が私に強く問いかけていた、あるエピソードによってかき立てられたものでした――このとき、私は動き回り、ついで「めい想」に再び没頭しながら、この問いかけを回避していたのでした。振り返ってみて、この「めい想」は、この名に完全に値するものではなかったことがわかります。**その時点に**おける私自身に注目するという、真のめい想のもつ基本的な側面がこれには欠けていました。この時、私は、抑えられている苦悩(たしかに、長い習慣によって完璧にコントロールされていました）を無視しながら、多少とも過去のものとなっていた、いくつかの出来事の意味について「めい想」していたのでした――この抑えられている苦悩は、拒否していたこの「息吹き」が私にもたらしたメッセージを知ることを、私が拒絶しているしるしなのでした。

だが私の主題から遠ざかりつつあるようです。この一数学者の撃沈は当然のことながら結果を伴いました。ペルピニョンの同僚たちは一度警告を受けるだけで十分でした。みるからに、彼らのもとには代用助手のポストはもうありませんでした、少なくともコントゥーカレールに対してはありませんでした。ぎりぎりのところで、この年の間の交換のポストをモンペリエで見つけました。翌年には、このポストの正式の資格者が戻ってくることになっていました。

とにかく彼の将来をそれほど心配してはいません。すでに、コントゥーカレールは、運命の一撃に機先を制する知恵を持っており、しばらく前から情報科学に取り組んでいました。彼のもつすばらしい才能をもってして、暇な時間に好きな数学をおこないながらも、ずい分前から情報科学を十分に把握していたにちがいありません。彼は二人の子供のいる家庭の父であり、目下のところ、彼の背中にはりついている過去をもってしては、数学は強烈すぎるとは言わないまでも、明らかに危険を伴うものです。彼は情報科学者としてすばらしい経歴を歩むつもりになっています。そこでは、いくらか私の学生であったと言って、だれも容赦しないということはないでしょう。

(1) ピエール・カルティエとオリビエ・ルロワを別にすれば、他の数学者においてこのような直観力のすばやさと確かさに出会ったという記憶がありません。(カルティエの若い時代のこの注目すべき能力に私は非常に強い印象を受けました。)オリビエ・ルロワについては、つぎのノートで述べます。

(2) (六月七日) 調べてみた結果、それは一九七八年二月まででした。

(3) これは長大な仕事です (私は読んでいませんが)。そこでは、なかでも、「シューベルト」・タイプのすべてのサイクルの特異点の明示的な解消をおこなっていますが、そのためのさまざまなアイデアが入念に発展させられています――これらのアイデアは私のものでは全くありません――これは彼以前にはだれもやれなかったことです。ひとたび彼が形のととのった文章化をするや、それはあまりにも詳細すぎる (それに、彼の命題はあまりに一般的すぎる…) という非難を受けました！私としては、もし批評すべきことがあるとすれば、逆のことです。つまりコントゥーカレールは、自分の方法は、半単純群とシューベルト・サイクルのすべてのタイプに適用できるにちがいないと主張しているのですが、彼は一般線形群の場合でしか仕事をしなかったことです――したがって、普遍シューベルト・サイクルの同変特異点の解消の叙述および、このシューベルト・サイクルの特異軌跡の叙述という明確な問題についておこなうべき仕事を彼は最後までおこなわなかったということです。この欠陥は、部分部分にわたる仕事と書くということに対する例の「閉塞」からくる遺産のように思われます。これは長い間彼の主要なハンディキャップだったのです。

(4) コントゥーカレールはしかし機先を制して、彼のノートに、出発点にあたってのプログラムを提供した私について一言も触れませんでした。それでも徒労でした――たとえ彼独自のスタイルを加えたとしても、欲すると否とを問わず、あるテーマに結びついた、間違うことのない「スタイル」がそこにありました。今日の数学において数学者としての経歴を歩みたいならば、避けたほうがよいものなのです。

(六月七日) 当事者から得た情報によると、ヤコービ多様体についてのコントゥーカレールの仕事をめぐる二つの異なったエピソードを私はここで混同しているということです。詳しくは、また正確な参考文献については、つぎのノート（№95$_1$）をみられたい［P295］。

(5) 私は不満を述べることはありません。それから五、六年たって、昨年の高等科学研究所（IHES）の二十五周年記念の折に、私に対して招待がくるという栄誉を受けました。さらに、大臣の演説のある盛大なレセプションに出席するか、その後一週間研究所に滞在するか選択できるということでした。すべての費用は支給される（と、はっきりと確約してくれました）。私は古い友人のニコ・キュイペールに、このように私について考えてくれて非常にありがたいが、私の年ではもう旅行はしないものだと言いました…。

(6) その前年、コントゥーカレールは、レンヌで教授のポストへの候補者でした。レンヌでは、彼はベルトゥロとラリー・ブリーンを知っていました。彼の候補はこのとき大学諮問委員会によって受け入れられると考えられていましたが、このポストは別の候補に与えられました。コントゥーカレールがポストを得るチャンスを持ちたいならば、発表した結果の詳細な証明を発表する必要があることを、だれも彼に告げる労をとりませんでした。翌年の、大学諮問委員会による拒否は、コントゥーカレールにとっても、ペルピニョンの同僚たちにとっても、そして私にとっても、まったくの驚きでした。振り返ってみて、またこの省察にかんがみて、彼の学位論文の執筆（そのときすでに、そのままでは「発表できない」と宣告されていました）によって、状況は本当に変わっていたのか、そしてフランスで教授のポストを見い出すチャンスがあるのか、私には疑わしいと思います。

(7) このテーマについては、「別れ――外国人」の節(第24節)をみられたい[『数学者の孤独な冒険』、p249]。

(8) 私は、翌年の長期にわたるめい想を通してはじめて、この苦悩を知ることになりました。このとき、私の人生においてこの苦悩がもつ役割を発見しました。この苦悩の存在（一九七六年までは慢性的で、七六年以後は時たまのものとなりました）は、私の人生全体を通じて「最も守りつづけられてきた秘密」だったのです。この苦悩の一般に認められるあらゆる兆候を隠す、実に効率のよいメカニズムが働いていました。この苦悩は、私によっても、私に近い人たちによっても知られずにいたのでした。

(9) この文書を公表することは、私がまさに激しく攻撃しようとしていた人たちによって断念させられてしまいました。私はこの文書を公表するという試みをおこなう前に彼らに見せるという良識を持っていたのでした。

(10) このテーマについては、「座をしらけさすボス――圧力なべ」(第43節)をみられたい［『数学者の孤独な冒険』、p319］。

(95_1)(六月七日)

一九七七年末ごろでしたが、私はコントゥーカレールに、局所的、大域的な相対ヤコビアンの理論のための具体的な仕事のプランを示しました。これには、局所的な場合、非常に美しい普遍的性質をもち、おそらく「自己双対的」であろう、「完備な」ヤコビアンを見い出すために、ヤコビアンとカルティエの帰納――群とを「再びネジでとめ合わせる」という示唆をも含んでいました。私は提案できるような証明のアイデアをまったく持っていませんでしたし、一九七八年二月以後の彼の仕事について気にかけないことにしていました、私の存在が彼の能力を増進する代わりに、抑制することを考えたからでした。つぎの年に「スタートをきる」ことになりました。彼の最初のノート「相対曲線の一般化されたヤコビアン、構成および分解の普遍的性質」(大域の場合)は、一九七九年七月十六日に出ました(「科学アカデミー報告」、t289、シリーズA―203)。

つぎの月、彼は局所ヤコビアンに対する決定的な結果を見い出しました。しかし一年半の間このテーマについて何も発表しませんでした。一年半後には、一九八一年三月二日の「科学アカデミー報告」(CRAS)のノートとして、「幾何学的相対局所類体」という(一見したところあまり納得のいかない)名で、「半分だけ」(カルティエの群とはとめ合わされていない、通常の相対局所ヤコビアンの普遍的性質)を発表しました(CRAS、t292、シリーズI―481)。私の目にはさらにもっと興味深い、完備な局所ヤコビアンの理論については、「局所ヤコビアン、普遍ヴィット二重ベクトル群と順表象」というタイトルのもとに、「科学アカデミー報告」へのノートの計画がありましたが、これは発表されずじまいでした。もちろん、私は一九七九年には彼の結果、つまり私が提案した暫定的なプログラムの完全な実現について知らされていました。それは、大きな想像力と技法上の力を必要とする、著しい技術上の困難を克服しなければならないものでした。(記憶ちがいがなければ)私は最初のノートしか知らず、つづき、つまり局所的な部分を発表しないことに驚いていました。このことについて、彼は一度もはっきりと説明しませんでした――しかしこの最初のノートが受けた反響に明らかに失望していたのでした。一九八〇年のレンヌでの彼の候補の失敗のあと、そして彼の候補のための書類に付した私の支持の手紙が大域および局所相対ヤコビアンについての注目すべき結果を知らせていたことを考えて、(翌年にペルピニョンで候補となる準備をするためには)全部とは言わずとも、少なくとも局所ヤコビアンについてのノートを発表することについても、ともかく慎重であらねばならないと判断したにちがいありません。おそらく前もって状況を探るためにでしょうが、ドゥリーニュとレノーに第三番目のノートの計画を彼が送ったのは、それから二ヵ月後の一九八一年五月でした(たぶんカルティエはずいぶん前から知っていたにちがいありません)。(彼がこれらの結果を得た一九七九年八月以後のどの時点でも、カルタンを通じてこの第三番目のノートを提出してもらうことになんらかの困難があったとは思いませんが)。ドゥリーニュもレノーも彼に便りをよこしませんでした――だが一九八二年三月、ドゥリーニュは、「順表象についての一注意」という論文の草稿を彼に送ってきました。これは、カズヤ・カトウのもので、ドゥリーニュへの献辞があり、コントゥーカレールの理論を基礎体の場合におこなっており、任意の基礎環の上でそれが成り立つことを予想するものでした。この時コントゥーカレールはこのことを私に話し、ドゥリーニュは彼の結果をK・カトウに知らせた(彼の名を言わず、証明についての指示も与えずに)と確信していると言いました。この時点では私にはあまりにも信じられないことに思われたので、コントゥーカレールのこの言をまじめに受け取りませんでした――いまではこれは、わがすばらしい友ドゥリーニュの日頃の「タイム!」というやり方と全く合致していることがわかります。コントゥーカレールは、一種の私的な財産とみなせるように思えたものが、だれかによって「予想された」ということに、ひどく侮辱を受けたようでした。しかし彼自身は私からこれらの予想を得ていながら、三つのノートのどれにも私について言及する必要があるとは考えなかったのでした[1][P297]!私に対しては、彼にはこれは当然のことのように思えたにちがいありませんが、同じことがドゥリーニュによって彼になされたという推定だけで、彼はひどい侮辱と受け取ったのでした。けれどもドゥリーニュにこのことについて一言も言おうとしませんでした。(私は彼に対して解明するように強く忠告しましたが、そうはしませんでした…)。

深く自己を投入して得たにちがいない、非常に美しい結果を発表しなかったからには、これらの年月の間ある仕方で彼は自制していたにちがいありません。このように自制したのは、この種のグロタンディークリーズに対してみるからに好意的でない状況を考えてのことでしょう。ところがここ最近彼はドゥリーニュ自身から手紙を受け取って驚かされました。その手紙で、ドゥリーニュは（何くわぬ顔で！）「トータルな」ヤコビアンについてのノートが発表されなかったことに驚き、彼がこのテーマについて、さらには他のものについても持っているものすべてを彼に求めているのでした。ゾクマン・メブクがその数日前に私に告げていたところによると、ドゥリーニュはこれらの事柄を用いつつあり、その文脈の中でコントゥーカレールの名さえ挙げているということでした。コントゥーカレールは、やがて五年になりますが、用心して人目につかないようにしていた子供をついに認知するのに機は熟しているのかもしれません。またおそらく、ありうることですが、二人の「学生−敵」の和解の時機がきたのかもしれません。一方は、メダルを授与されたアカデミシャンであり、他方は、代用助手ですが、（和解しようと否とを問わず）ずいぶん以前から二人の**兄弟**であり、私の学生の中で最もすぐれた二人なのです。

注

(1) この種の状況の中で、私の学生のいく人かとしばしば私が演じた、あるなれ合いを伴った役割については、ノート「あいまいさ」（№63″）をみられたい［P81］。

ひつぎ4——花も花輪もないトポス　96

（五月二十二日）

オリビエ・ルロワに一度も会ったことがなかったと言えば、少し大げさでしょう。たしかなことは、彼が私について聞いたときから、私をペストのように避けようと決心したということです。実のところその理由については私にはわかりません。おそらく直観によって、私は彼に困ったことしかもたらさないと感じたのでしょうが、またコントゥーカレール（長い間彼と非常に親しくしていました）はそう彼にほのめかしたのでしょう——このことについては私にはたぶん永久にわからないでしょう。とにかくルロワとは、二度内容のある会話をすることが出来ました。これは非常によく覚えています。

最初の出会いは、一九七六・七七年だったと思いますが、彼のところで、コントゥーカレールと私とが会いました、予告なしで、少しばかり数学について議論することになりました――頭に何か下心があったのかどうかはわかりません。とにかく、オリビエは、第三期課程の博士論文に取り組むことを考えていることがわかりました。そしてたしかに私は手もとにいくつかのテーマを持っていました。一・二度コントゥーカレールのところで会い、またコントゥーカレール自身が私に話したことから、オリビエはすばやい理解力を持っていること、しかもそれは数学においてだけではないという印象を受けました。三人でのこの夜は忘れ難いものでした。オリビエに、トポスの基本群の理論と、トポスの枠組みの中のファン・カンペン・タイプの諸定理のためのあるプログラムについて簡単に話したと思います。彼はこれに興味を持ったようでした。コントゥーカレールの代数幾何のセミナーによってトポスについて少しばかりの知識を持っていたにちがいありません。具体的な理論を例にとって、トポスの言語の「腕をみがく」チャンスを持ちたいと思っているようでした。二三時間たっぷり、発展させられうると考えているこの理論の具体的な基本構想について、オリビエにぶちまけたにちがいありません。しゃべるにつれて、この理論の肉づけが出来てきました。そして、私の中に、数多くの代数幾何とトポロジーの一連の具体的な状況が組み立てられてゆきました――トポスの枠組みの中で表現されるはずの状況です。そのたびごとに、まずそれをはじめて聞く人に「くり返して言わ」ねばなりませんでした。その夜は、一度ならず、コントゥーカレールはぼんやりした目をして、これらは彼の頭の上をかすめてゆきました（彼はすべて、あるいはほとんどすべてを読んでおり、実に強靱な胃袋を持っていたのですが）。彼にとってさえ、一度にでは盛り沢山だったのです――いく度も私は今日はここでやめておいて、別の日につづきをやった方がよいのではないかとオリビエに言おうとしたほどでした。だがそうする必要はなかったようでした――みるからにオリビエは元気はつらつとしており、生き生きした目をして、実に軽やかでした、私はこれをからかって喜びさえしました、彼ががっくりしないどころか、全くそうした様子でないのは、それほど信じがたいことだったのです！彼はたぶん二十才の青年で、スキームについてのほんのわずかな知識と、少しばかりのトポロジーとトポスの知識を持ったばかりにちがいなかったのですが、それでも無限離散群についてはかなりいじっていたようでした…。結局のところ、これらの知識は全くわずかなものでした。これでもって、とにかくすべての空白を埋め、このテーマについて十五年のなじみにもとづいて大急ぎで二三時間で、私—古参のベテラン—が彼に語ったことを軽々と「感ずる」ことが出来ました。このような光景に出会ったことは一度もありませんでした。あったとしても、せいぜいドゥリーニュのもとで、またおそらくカルティエのもとで出会っただけでした。カルティエも、青年時代、この方面ではかなり並みはずれたものでした。

とにかくこれはたしかに落札されました。オリビエは、このテーマについて第三期課程の博士論文をつくることになりました。それでも最後に彼にやってくることを予想していなかったにちがいありません。彼がこの仕事をおこなっていた二年間あるいはそれ以上、私は彼に出会うことはありませんでした。彼の正式のボスはコントゥーカレールでした、それはよいでしょう、しかし私としてはこれほどわかりのよい青年と議論をかわす機会があれば喜んだことでしょう。実際のところ、私は口頭審査の知らせさえ受けず、この論文を一部受け取ったという記憶もありません——しかしそれを入手できた人から一部受け取ったと思います(1)［P301］。口頭審査がおこなわれたのは、オリビエが自分の仕事を要約した、「科学アカデミー報告」へのノートが「流れた」あとだったのか、前だったのか、私にはわかりません。この「流れ」については、「ノート—新しい倫理」(第33節)で、だれの名も挙げずに、かなり具体的に語りました［『数学者の孤独な冒険』、p281］。この流しをおこなった二人の数学者は、ピエール・カルティエとピエール・ドゥリーニュです。(カルティエは、彼の同僚でない青年のとてつもない直観力のすばやさについて話したときに、彼のすばやさについても語ったその人物ですが、彼はこのノートを実に丁重に、実に申し分けなさそうに流しました。)、他方のピエール・ドゥリーニュは、このような数学には「面白みを感じない」という歴史的な名言でもって、これをおこないました。(ところが、彼は若い時代にはこれらの数学に「面白みを感じていた」のですが…)。これにコントゥーカレール自身についても付け加えねばならないでしょう——彼の学生を守るために指ひとつ上げませんでした——これによって、この学生が権力のある人物たちの不満をかう危険にさらさせたのでした。彼は、オリビエ・ルロワに、このあいにくの学位論文のエピソードは忘れた方がよいとほのめかしたにちがいありません。結局明らかなことは、このエピソードにしっかりと終止符を打ったのは、ルロワ自身でした——たとえ「科学アカデミー報告」へのノートだけでなく、彼の仕事全体でさえ発表できる可能性があったとしても、この可能性を彼が利用したかどうか非常に疑わしいと思います[2]［P302］。今回もまた、鋸で切る人はうまく自分の仕事をやり終えました[3]［P302］。

この不運な出来事にもかかわらず、一九八一年のはじめ、何か月もの間、定期的にルロワに会うことができました。それは私がタイヒミュラー塔の代数的―数論的理論についておこなっていた小さなセミナーででした（この理論については、『あるプログラムの概要』の中でいくらか述べてあります）。厳密な意味での聴講者は、コントゥーカレールとルロワだけでした。パリの非常にえりすぐられた聴衆でさえも（私の言っている［非常にえりすぐられたと言う］ことの中身はわかっているつもりですが）、これについてこれる人は会場全体で3、4人もいないでしょう。実際のところ、コントゥーカレールがシューベルト・サイクルについての彼のアイデアを軌道に乗せるためにすべてを取られていた時点で、私がこのセミナーをおこなったのは、ルロワのためで、彼がこのすばらしいテーマに取り組むかもしれないと考えたからでした。みるからに彼は私がおこなっていることを「感じ取って」いましたが、前もって（と思いますが）「取り組まない」ことに決めているようでした。それでも彼がわざわざやってくるのは奇妙なことでした――私が魅惑されていたように、彼もなにかに魅惑されていたにちがいありません、本当に自分が欲しているものについて自分自身でそれほど明らかでなかったのでしょう。彼が取り組まないことがわかったとき、私は無駄骨を折るのをやめました。どんなに彼らがすぐれていても、二人の観客を前にひとり芝居をつづけるということには興味が持てませんでした。また、ルロワと二回目で、最後の会話を持ったのは、この時点でした。それ以後彼に一度も会っていないようにさえ思えます。

七年前にした議論を除くと、ルロワと私との間に数学上の真の議論はありませんでした――したがって、トポスに関する彼のあいにくの仕事以外に、彼がおこなった仕事について実質上まったく知りません。彼が出会った不運な出来事は、私や、コントゥーカレールや、他の数学の上流社会の人たちに対して持っていた信頼を増大させることはなかったにちがいありません。彼が文学部でセミナーをおこなっていると聞きました。そこには、彼ら同士仲の良い、好感のもてる数学者の一グループがあります。彼はそこで組み合わせ的トポロジーについてのアイデアを説明しているということです――これは、やがて十年になりますが、私が関心をいだいているテーマです。私は控え目な性格（ええ、本当ですよ！）なので、彼が話していることについて質問したことはありませんでした、また彼がそれを発表するつもりなのかどうか、私は知りません。個人の状況という面では、彼は（外国人でも、法の外にある身分でもありませんが）最も身分の保証されていない生活を送っています。あちらこちらで演習を受け持っていますが、どんな秘密の会計があるのか知りませんが、経理部長や会計課の面前で、支払いを受けています（しっ［内緒です］…）。彼は数学で身を立てるかどうかそれほどはっきりとは決めていないと思います。会計課がいい顔をしようと否と、長期的にはあまり心地よい境遇とは言えないでしょう。埋葬についての私の教訓に富んだ描写が——彼は第四の随伴したひつぎに姿をみせていますが——今回すべての事情を知って、彼が自分の困惑を一掃するのに役立つことができれば、私は幸せです。

注 (1)　コントゥーカレールと共に、オリビエ・ルロワがおこなった仕事がどんなものであれ、私は、それを理解できる、ラングドック地方全体で唯一の人間であっただけに、こうしたつまらない隠しだては異様なものです。言うまでもなく、ルロワの「科学アカデミーの報告」へのノートの草案も一度も手にしたことがありません。おそらく私は幻想を持っているのでしょう。しかしもし私が実質上介入することが不可能なほど徹底的に遠ざけられていなかったならば、必要ならばカルタンあるいはセールを通じて、この不運なノートを発表する手段を見い出すことがなんとか出来たでしょう。カルタンもセールも事情に通じていませんが、私が彼らにこの仕事のまじめさを保証すれば、私を信頼してくれたことでしょう。

（六月七日）ルロワが彼の学位論文を通したあと、かなりたってから知ったのでした。私の側としても、忙しくて、このことが私に知らされもしなかったのは、どうしてなのか考えてみるということもありませんでした。それは、コントゥーカレール自身の学位論文の口頭審査のあとやっと「頭に浮かんだ」のでした。私はこの学位論文の指導教官とみなされていたのです（★）。審査委員会のメンバーの中で、私は、ただひとり、彼の学位論文の最終的で正式のものを受け取らなかったということになりました！今日になってやっと一部受け取りました——彼は、私が一部ほしがるとは思わなかった（と書いてよこしました）…。

（★）もっと詳しく言えば、一・二年の間、コントゥーカレールは用心深く、同時に二人の「指導教官」に働きかけていたのでした（ちょっと考えられないことですが…）。二人とも「他方の」指導教官の存在については知らなかったのですが。一九八三年の春、ヴェルディエはとにかく受け入れないことがはっきりして、最終的に私で代用することにしたとき、ぎりぎりの瞬間にヴェルディエの指導教官としての役割を私に知らせたのでした！

(2) この「しっかりとした終止符」のあざやかな兆候はつぎのものです：二年前、モンペリエの助手のポストに空きが出来たとき、オリビエ・ルロワの候補の書類の中に、ルロワは、彼の第三期課程の博士論文の題名も、彼のボスであったコントゥ－カレールの名も記していません。さらに、彼個人の仕事は全く記されなかったのです。みるからに、このポストを得たいのか否か、彼は決めていなかったのです──結局、彼の驚くほどの才能にもかかわらず、このポストは別の候補に与えられました。この候補はしっかりした書類を作っており、この人の心積もりについて疑う余地は全くなかったのです。

(3) 興味深い一致ですが、つい最近、カルティエがブルバキの報告のひとつに、私に対する献辞を付したこと（このようなことは、はじめてだと思います）、またこの報告はまさにトポスの理論──この同じカルティエによって、「科学アカデミーの報告」のノートの中に現われるにふさわしいものではないと判断されたのと同じトポスです──にあてられていると聞きました。これは、この数年のあいだに生じた風と流行の変化のきざしだろうか？もちろんちがいます、さらにすべては相互に関連し合っているのです：この報告はトポスの論理学での使用に関するものでした！

わが友カルティエのこの感激すべき献辞は、昨年重要な祭典に述べられた弔辞と同じ流れの中にあるように思えます（ノート「弔辞─おせじ」（No.104）をみられたい［暫定版P447］）。この弔辞の中で、「トポス」という語は、（実にうまい他のおせじと共に）、これらは「今日論理学で用いられている」と（ユニークで、あざやかな解説として）大急ぎで付け加えるために発せられています──言う必要があるとすれば言いますが、少なくとも、おせじを振りまくわが友人たちが、彼らの手中にある権力によってさまたげることが出来るかぎりは、他のところでトポスが用いられることはないでしょう…。（カルティエの報告は、「カテゴリー、論理および層、集合論のモデル」（ブルバキ・セミナー、No.513、一九七八年二月）です）。

（六月二十三日）幾何学におけるトポスの概念

のような、革新的で深い概念に対する、（指導的な人たちの中では、ドゥリーニュ、カルティエ、クイレンのような…）いくらかの人たちの尊大さと、（ボイコットの…）態度の中に、私は、驚くべき**うぬぼれ**を感じます。彼らのひとりが、私が、エタール・トポスとクリスタル・トポスを導入することにより、代数多様体の新しいトポロジー的ビジョン（これから発して、代数幾何学、数論、それにトポロジーの深い革新の手段）を作り上げたように、無から引き出してくる素質（あるいは無邪気さ…）を持っていると仮定しても、自分自身の中で好んではぐくみ、他の人の中にもかき立てているこの軽蔑の態度そのものが、うぬぼれという唯一の利益のために、ビジョンと革新のこの力を骨抜きにしていることは明らかです。

墓掘り人――会衆全体　（五月二十四日）　97

地味な、あるいは不安定な地位にいるいく人かの数学者が、私のアイデアのいくつかを取り上げ、それらに固有の論理にしたがって発展させたがために、あるいは（イヴ・ラドガイリーの場合のように）私の影響の刻印を持っているアプローチとスタイルにしたがっただけで、なされた試みを出発点においてさえぎるという、「墓掘り人」（あるいは「鋸（のこ）で切る人」）の役割を果たすのを私が見ることが出来た、数学の世界における、私の親しい友人たちや昔からの同僚の中のいく人かの名を挙げて記すことに決心したのは、私の中のあるためらいに抗してでした。いく度も言いましたように、他の人をまき込むこと、あるいは前もって意見を求めずに名を挙げるだけのことでも、これに対するこうしたためらい[(1)]［P309］は、『収穫と蒔いた種と』の過程でまれなことではありませんでした。その度ごとに、このためらいを検討してみましたが、それは理由のあるものではなく、その源泉は思いやりではなく、臆病とは言わないまでも、混乱であることを理解しました。私が他の人の行為や態度を名を挙げて記したすべての場合（と思いますが）において、これらの行為や態度は全く「秘密の」ものではありませんでした。それらは、当事者の職業生活に関するものでした。そして、私自身をも含めて、他の同僚たちの職業生活（これを通じて、生活そのもの）の中に一連の影響を与えるものでした。私が名を挙げる人たちのおのおのは、私についてもそれが言えるように、自分の行為や態度、そして（それらを無視しようがしまいが）

それから生ずる一連の結果に責任があります。その人の行為の結果のあるものが、あれこれの形で、例えば今の場合私を介して公に「問題に付される」という形で、自分自身に帰ってきたとしても、気を悪くする根拠には全くなりません。時折は私の言葉は比喩に富んで、鋭いものであったとしても、私の意図は、論争を挑んでいるわけでも、だれかを不快にさせたり、侮辱したりするものでは全くなく、(『収穫と蒔いた種と』の省察の前には、しばしば私自身そうしたように)何らかの仕方でそれらを排除してしまうのではなく、おのおの(まず第一に、私がくみ入れた人たちのひとりひとり)が彼らの側でこれらを検討してみることを促すために、諸事実と、私がそれらを感じたあり方を叙述することとです。これらの問いかけを受けた人が気を悪くすることを選んだとすれば、それはその人のおこなう選択です。この選択は、私が評価している人あるいはさらに愛情をいだいている人たちからやってくるものですから、私の心を痛めることはありますが、私の気を重くするものではありません。私の語ったためらいは、事柄についての私のビジョンの中のある混乱のしるしなのですが、それが理解され、これを通じて止揚されるや、跡を残さずに消えてしまいました。

埋葬についての省察の過程のいかなる時点でも、私の作品に対して、また私の作品から着想を得るという無謀なことをしでかした人びと(むしろ、さまざまな道具をつくり、彼らの手中に置いた労働者の名については沈黙を守りながら、これらの道具を借用するということに限られていましたが)に対して、たくらまれた、なんらかの大きな「陰謀」があると感じたことはありませんでした。陰謀はありませんが、私が数学の「高貴な社会」と呼んだものの中で、現在まで裂け目のないものだったようです。**あるコンセンサス**があります。これは、私が数学の「高貴な社会」と呼んだものの中で、現在まで裂け目のないものだったようです。このコンセンサスは、せいぜいきわめてまれな例外を除くと、私という人物、あるいは私の作品に対する意識的な「悪意」によってはぐくまれたものでは全くありません。いくらかの例外的なケースにおいてのみ、このコンセンサスは、前のノートで述べた四人の「共に埋葬された者」のだれかに対する明瞭な悪意として表現されました[2][P310]。だがたしかに、このような悪意も、全般的なコンセンサスによる勇気づけがあってのみ、昔の私の学生のだれかの中で増殖することができ、束縛を受けずに表現をもつことができたのです[3][P310]。

このコンセンサスは、私の昔の友人あるいは昔の学生のすべてとは言わないまでも、大多数において、「悪意をもった」態度によってではなく、わらくずのごとく、数学者の良識と健全な直観を追い払って、純粋に自動的な**拒絶の態度**に席を譲りながら、おどろくほどの画一性と、さけ目のない効率をもった、完全に無意識なメカニズム（と思いますが）によって表現されています[4][P 310]。このような自動的な態度は、私という人物によって、そしてその数学上の「におい」が多少とも私を想起させる人たちによってのみ呼び起こされるものではないようだと推測されます――ある「既成の秩序」からの**暗黙の保証**がすでに与えられているという形をとっていないすべての数学者に対しても同じだと思われます。本人自身がすでに「既成の秩序」に属しているか、そうした人たちのひとりの「お気に入り」(ヴェルディエの筆になる表現を借りますが）としてみられる必要があるのです。数学者のほとんどすべてのもとで、最小限に「数学的に開かれた」姿勢（この「良識」と数学上の「健全な直観」が働くために必要な）は、**このような保証をすでに与えられている人に対してしか取れない**ように思えました。

この種のメカニズムは、数学の世界においてだけでなく、例外なく社会のあらゆる分野において、実質上あまねく存在しているにちがいありません。このメカニズムはあらゆる具体的なケースをはるかに超えています。私と、既成の秩序の目からは「私のお気に入り」という姿をとっている人たちのケースにおいて、特殊な状況があるとすれば（私にはそう思われますが）、過去に、私は「彼らのひとり」としての身分が与えられており、私と「私のもの」に対して「最小限の開かれた」姿勢が習慣的にあったということです。この身分は、一九七〇年の私の別れと共になくなりました。あるいはもっと正確に言えば、私の別れにつづく年月の間に一度ならず明確に表現された私自身の選択によって、また今日までの私の生活のあり方によって、私ははっきりと「彼らの」ひとりであることをやめたのです。実際、私自身もはや「彼らのひとり」であると感じていません。戻るという考えを持たずに、私たちに共通であった世界を去ったのでした。今日でさえも、私の「数学への回帰」は、「彼らの中への」、既成の秩序の中への回帰では全くなく、数学そのものへの回帰なのです。もっと正確には、持続的な数学への自己投入への、私の数学上の考察の発表活動への「回帰」なのです。

私の別れが、私の昔の友人たちと私の学生たちによって、どれほど一種の「逃亡」、さらには「侮辱」のように感ぜられたのかを考えはじめたばかりです[5][P 311]。これは、私の別れの意味と、それが彼らの中に呼び起こした問いかけを、**当然の過ち**という漠然とした感情によって、**報復**という行為によって表現される、恨みという自動的反応によって、排除する最も単純な仕方であったにちがいありません（こうした報復の行為は、意識のレベルでは、それ自体として、あるいは行為としてもまれにしか認められないにちがいありません）：彼がわれわれと交流を絶ったのだから、われわれとしても彼との交流を絶つ――われわれは、彼と「彼のもの」に対して、「われわれのもの」に留保されている「注意を注ぐという自動反応」の恩典を与えることをやめることにする――彼と彼のものは、新来者たちと同じく、自動的な拒絶という厳格な取り扱いを受けることになろう！と言った具合です。

（私の昔の友人たちや学生にとって）状況はさらに複雑です。それは、私が既成の秩序に属していただけではなく、彼らのだれもが、私が作者である概念、アイデア、道具、結果を一歩ごとに用いないでは、彼らの数学者としての仕事をすることが出来ないからです。私たちの科学あるいは他の科学の歴史において、これほど困ったパラドックスの例がかつてあったのかどうか、私は知りません！この光のもとでみるとき、私の刻印を持っているアイデアを発展させるというあらゆる意志を明確に切断してしまう（このような発展はこの困惑を増大させるのみでしょうから）という（わが友ドゥリーニュだけに限ったものでは全くない）鋸で切るという行為は、今や私には、仮借ない内的論理によってつき動かされたものとして、すでにおこなわれたある選択―拒絶するという選択から生まれた**必然性**としてみえてきました。人が欲すると否とにかかわらず、共通の財産の中に入っており、もはや省くことができない、これらの概念、アイデア、道具、結果の起源について完全な沈黙を守るために至る所でおこなわれているのが見られますが、こうした努力についても同じことが言えます。数学に対する私の主要な寄与のかなりの数の作者としての資格をひとつひとつわがものにしようとする、ドゥリーニュのきわめて大きな「操作」（小さな破片については、ある離れられない仲間に気前よく分配しながら）を前にしての、私が確認しえたこの「無関心」は、無関心なのでは全くなくて、**暗黙の同意**なのです。ドゥリーニュは、既成の秩序がもつ集団無意識が彼に期待していることをなしているにすぎないのです。彼に期待されていることは、すべての人から交流を絶った人の名を**消す**こと、こうして**現実のものだが、受け入れることが出来ない作者の資格を、許容できる、まがいものの作者の資格に置き替えることによって**、この耐えられないパラドックスを解決するということです。

この光のもとでみるとき、主要な司祭であるドゥリーニュは、彼自身の生活と行為を規定している深い力にしたがってひとつの流行をつくった人物としてよりも、むしろ現代数学から私の名と私個人のスタイルを消すという実現不可能な仕事に執着する、さけ目のない一貫性をもった**集団意志**から(彼の「正当な相続人」という役割によって)指名された**道具**として立ち現われてきます。

事柄についてのこのビジョンは、少なくとも集団というレベルでは、基本的に、こうした事柄の現実を表現していることに、私はほとんど疑いをいだいていません。たしかに、すべての人にとって実に満足すべき形ですすんでいた埋葬に思いがけない仕方で終止符を打つ、あるいは(埋葬に終止符を打たなくとも)少なくとも、あらかじめ定められているように思えた儀式の展開を、当を得なく、許せないような仕方で混乱させることになる、私の「回帰」は、とくに主な司祭たちのそれぞれを困らせ、不満をいだかせるだけではなく、この葬儀のために集められた会衆全体をも困惑させることでしょう！もちろん、自らの葬儀で自分なりの仕方で執行者のような様子をしていた、哀惜される故人が、彼のために用意されていた心地よいひつぎから(許しがたいスキャンダルですが)突然出てくるという、思いがけない回帰によってつくられたのっぴきならない事態をもみ消すために、例の集団無意識がどんな「パレード」を発明するのか私には全く予想がつきません。しかし、会衆が、数学の建物の中のこの小さな補足的矛盾を排除するうまい方法を見い出すことについては、私は信用しています。この小さな矛盾以外のものはないのですから！

とくに各人のイメージと態度のレベルで、集団的コンセンサス、消し去り、埋葬しようとする集団意志がとる像と一般的形態がいまかなりよく見えてきたように思えます。「二またをかける」というどこでも用いられている方式です。この「二また」は相互に矛盾しているのですが、人はその上で同時に活動しているのです。これについては、私自身の場合として、『収穫と蒔いた種と』の中ではじめて語る機会があったものです。(「才能と軽蔑」(第12節)をみられたい〔『数学者の孤独な冒険』、p.219〕)。「グロタンディークは内容のない数学しかしなかった、これについては話すのはよそう、もっとまじめな事柄に移ろう」と率直で、はっきりと言う人がいるとは思えません。このままでは、少なくとも今のところ、既成の秩序の公理にあまりにも反するでしょう。事態の予想される進展の中では、二十年後あるいは三十年後には、ずいぶん以前からすべての人によって忘れられたこの名を発することさえもはや問題にならないでしょうから、こうした問いはいずれにしても提出されないでしょう。個人の次元でも集団の次元でも、共通した戦術は、沈黙するというものです：故人については考えない、少なくとも数学者としての故人については考えない、彼については話さない、そして彼のことに言及しない（どうしようもないときには、願ってもない略号SGAあるいはEGAによって記すことにする――これらの参考文献が、故人のあらゆる跡がなくなっている他の参考文献によって取って替えられるまでは）という沈黙の戦術です。

しかし完全な沈黙が実行不可能になる、もちろん例外的ないくらかの機会があります。これらの機会のひとつは、国立科学研究所（CNRS）へ入ることを私が要請したことだと思います。これはひとりならずの人を困惑させたにちがいありません(6)[P311]。もうひとつの機会は、『収穫と蒔いた種と』の前段階の配布でしょう(7)[P311]。そのあと『数学上の省察』の第一巻としてこれを出版することです（もし出版社がおじ気づかず、科学の既成秩序全体に背を向けることを拒否しないならばですが）。これらは、故人に割り当てられた役割から運悪く出てきて、故人自身の許しがたい逸脱によってつくられた機会です。もうひとつの機会（不従順な故人による攪乱の前の埋葬の理解にとって、おそらくより教訓に富んだものでしょう）は、昨年「盛大に」祝われた、高等科学研究所（IHES）の二十五周年記念です。「高等科学研究所の四つのフィールズ賞を得た中で最初のもの」として、このおごそかな機会に私について完全に沈黙で通すことはむずかしいかったのでしょう――たとえ、この研究所の英雄的な草創期の四年間に、この研究所に確かな存在基盤を付与するためにおこなった私の役割については沈黙を守るとしても。この記念に出版された小冊子（これについては、すでに二度参照する機会がありました）の中で、私の栄誉のために念入りに仕上げられた弔辞は、この種のモデルのように思えます――すべての人の満足する中で、現代数学の中のこの「小さな矛盾」を解決するエレガントでひそかなやり方としてです…。

突然私は元気を取り戻しました――きゅう舎のにおいをかいだ馬のように！やがて二週間になりますが、あるノートでこの教訓に富んだエピソードについての省察をはじめていました。このノートにはただちに「弔辞――おせじ」という名がつきました。このノート（埋葬のために書かれたノートの最初のものにあとで付け加えられた注から出たものです）をどこに置くかについていくらかのためらいのあと、挿入するのに一番自然な場所は、埋葬を仕上げることになる「葬儀」の中（「時間の順序」にしたがった場所ではない）であることがわかりました。こうしてあえて求めることなく、ここ三週間したがってきた「糸」は、「シンポジウム」、「学生」、そして葬列に合流したばかりの「霊きゅう車」という最後の三つの列に、埋葬の最後の部分、つまり葬儀がつながりました。この儀式はとりわけ、五月十二日に検討しはじめた弔辞というこの傑作によってきわ立っています。この弔辞はいまやこのノートに自然につながるノートとなりました(8)［Ｐ311］。

ようやく（再び？）終わりに近づきました。そして同時に、弔辞についての省察のこのはじまりは、突然新しい側面をみせはじめました。それはもちろん、公式の「重要な祝典」での一流の参会者たちの無関心あるいは強いられた注目を前にして力をそがれながらも、ある固定観念に奉仕する強力な頭脳による巧妙な発明というだけのものではありません――それはとくに、とりわけ微妙なこの機会に、私という人物に対して取った方がよい態度についての集団的な**期待**に対して、あざやかになされた、完璧な解答と言えるでしょう。もしその世代のだれかで会衆全体から留保なしの感謝を受けるに大いに値する人がいるとすれば、それはもちろん、彼に期待されている役割を彼らしく完璧に果たしているわが友ピエール・ドゥリーニュです。

注

(1) 例えば、私と共に国家博士論文を準備し、完成させたすべての学生を名を挙げて述べた注（No.19［『数学者の孤独な冒険』、ｐ357］）を含める際にこのようなためらいを持ちました。私の中のこの躊躇は、私の学生の多くが、私と結びついていると見られることに対するためらい、すでに数年前から言葉で表現されない次元で私が認めていたにちがいないこのためらいに由来しているにちがいありません。私の元学生（カツコつきである場合にも、ない場合にも）で、私と一線を画そうとする意志がこのとき私にはっきりとわかっていたのは、コントゥーカレール（これは最近わかったばかりです）とドゥリーニュ（すでに一九六八年以後かなり明らかでしたが、この意図によって彼がどこまで連れてゆかれることになるのか考えてもみませんでした）だけでした。ドゥリーニュの場合、「多少とも」学生であるという姿をとらせて、彼を挙げることに対する私のためらいは、非常に強いものでした。これほどすばらしい「学生」を持っていることを自慢するような様子をしたくなかったからです。一方彼自身は、私と私の作品に彼を結びつけていたこのつながりをあらわにしようとは全くしませんでした。さらに省察によって、私のこの若い友人の人生と作品の中で、このつながりは、私が予想していたよりもはるかに、限りなく大きなものであることが理解できました。

（六月一日）私の中のこうした思いについては、（三日後の）三月二十七日のノート「特別な存在」（No 67′）をみられたい［P 101］。

(2) 明瞭な悪意をもった行為とみとめられるものは、ドゥリーニュとヴェルデイエの場合にだけ認められました。

(3) （一九八六年二月二十四日）二年近くたちましたが、この主張は、私の昔の友人と学生に関して、なお現実に対応しているようです。これに対して、ときおり人を介して私にやってくる伝聞によると、（見かけはパラドックスなのですが）このような意識された敵意は、数学社会のかなり広い層において、私を名と名声によってしか知らない同僚たちの中で、普通の事柄であるように思えます。（『収穫と蒔いた種と』の予定されている第六部の中で）この奇妙な現象において私がかいま見る意味について再び考えてみるつもりです。このテーマについては、さらに、ノート「使者」（第四部、No. 181）、とくにp 1228［暫定版のページ］をみられたい。

(4) こうした拒絶の態度は、もちろん、わが友ドゥリーニュあるいはヴェルディエの態度のような極端な場合でさえ、そのままの形では現われたことは一度もありません。こうした態度は、私に対する意識された態度のレベルではほとんど目に見えないものです。（すでに述べましたように）それはほとんど常に（おそらく「ほとんど」を除いて、常にと言えるでしょう）私の昔の友人や学生にあっては、共感（時折は、彼らのある人はなんとかこれを否定しようとしますが）と尊重の態度です。このような共感と尊重の態度は、意識された「意見」という表面的なレベルにおいてだけではなく、実際にある吸引（あるいは反発）、そして他者について持っている実際の知識（他者をその中に閉じ込めようとしているイメージとは独立した）からなるより深いレベルにおいてもあります。

ここで私たちは、（集団的な、とほぼ言えるような）**両義性**の典型的な一状況の中にあります。そこでは、一見したところ、何も「見えない」のです！（「敵としての父」（第29、30節）の中での省察と比較されたい［『数学者の孤独な冒険』、p 265、p 269］。そこでは、『収穫と蒔いた種と』で、はじめて、数学社会においてだけではなく、私の人生の中の多くの関係に刻印を押していたこの両義的な側面に取り組んでいます）。しかしながら、（埋葬の中で大いに検討された）具体的な表現というレベルにおいては、これらの両義的な力から生ずる「結果」は、もはや全く両義的なものではないように思えました。それどころか、「自動的な拒絶の態度」のごとく、「おどろくほどの画一性とさけ目のない効率」をもってはっきりと表現されるのです。これについてはもう少し詳しく検討してみるつもりです。

(5)　これらの事柄についてのこうした見方、感じ方は、とくにあざやかな形で、わが友ゾグマン・メブクによって表現されました。数学の高貴な社会に対して彼が味わった幻滅に私が責任があるのは、この逃亡によってです。彼だけが、今日彼を金もなくぶらぶらしている人として扱うのを好んでいる人たちがかつて私から受けた「保護」と支えを得られなかったからです。

(6)　（五月二十六日）今日、ゾグマン・メブクの電話によって、国立科学研究所（ＣＮＲＳ）の全国委員会の私の同僚たちは、私に二年間の「受け入れのポスト」をこしらえることで、私のために努力をしてくれたという知らせを受けました。彼らが心からこれをしてくれたのかどうかわかりません――とにかく委員会の私の友人たちのだれも（五月十五日付の）この朗報を知らせるために電話をしてくれたり、便りをくれたりしてはくれませんでした。

（九月）八月十六日付の国立科学研究所からの手紙によってこれを知らされました――研究員のポストへの一年間の任命です（二年ではありません）。

(7)　これは、私の同僚たちや最も近い友人たちに配布するために、私の大学の心づかいで作られた（一五〇部の）限られた版の配布のことです。

(8)　（一九八四年十一月）思いがけないエピソード――病気によって、このノート「弔辞――おせじ」（№104）は、新しい列「故人――あい変わらず届け出が出されていない」（№98―103）が間に入って、このノートから切り離されました。

［『収穫と蒔いた種と』第二部「埋葬（１）―裸の王様」おわり］

訳者あとがき

本書は、『収穫と蒔いた種と』(RECOLTES ET SEMAILLES Réflexions et témoignage sur un passé de mathématicien par Alexandre GROTHENDIECK Université des Sciences et Techniques du Languedoc, Montpellier) の第二部「埋葬(1)—裸の王様」(L'ENTERREMENT (1) ou la robe de l'Empereur de Chine) の全訳です。訳語「裸の王様」は、もちろんアンデルセンの童話に由来しており、原題は「中国皇帝の服」ですが、イメージ豊かな、日本で普及している方をとりました。

本書の内容をなす、グロタンディークの作品と人物の埋葬については、すでに邦訳いたしました「ひとつの手紙」と「序文」(『数学者の孤独な冒険』のｐ97—162、ｐ174—188) の中でかいつまんで述べられていますが、ここでグロタンディークの言葉をつないで要約しておきます。

グロタンディークは、一九七〇年に、「強く自己を一体化していた場での、ある種の退廃との対決」(ｐ101) のあと、数学者たちの世界と別れることになりました。この別れは、「二十年にわたる強度の数学上の創造と並みはずれた数学への投入」と同時に、「『閉ざされた器』の中での、…永きにわたる精神の停滞」の終わりをしるすものであり、「新しい出発—新しい旅の第一歩でした…」(ｐ102)。

この別れの前の「十五年にわたる激しい数学研究の中で、いくつかのきわめて単純な基軸をなす考えの中に体現された、ある広大な統一的ビジョンが私の中に開花し、成熟し、大きくなってゆきました」(ｐ103)。グロタンディークは、このビジョンの全体をのちに「数論的幾何学」と名付けることを提案する (ｐ48) ことになります。

別れにあたって、「私がやった仕事や、やってもらった仕事は、しっかりした仕事であり、私のすべてを投入した仕事であること…私はこれらに私のすべての力とすべての愛情を注ぎ込みました。だからそれは今や自立したもの—生きた、たくましいものであり、もはや私がいちいち手をかける心要のないもの—でした (そう私には思えたのです)。このことについては、私はまったく心穏やかな気持ちで立ち去りました。」(ｐ102)

「私があとに残した、これらの文章化されたものや、まだ文章化されていないものを、これらが開花してゆき、そして生きた、たくましいものの持つ固有の性質にしたがって成長し、広がってゆくように心をくばってくれる、すぐれた人たちの手にゆだねたことに、私は何の疑いも持っていませんでした。」（p102―103）。
「ところが、ほんの最近、ここ数か月間に私が気づいたことは、私の変わらぬ導き手であった、このビジョン、これらいくつかの「基軸をなす考え」が、公表されているどんな文献の中にも、せいぜい行間にあったとしても、はっきりと文字で書かれていないということでした。」（p103）。
「私は、活発に仕事をしている五つか六つの「工事現場」で働いている労働者のひとり―おそらくより経験を積んだ労働者ではあるだろうが―であると自分を考えていました。そして少し前まで、歓迎すべき交代者が来るまでは、長い間この場所でただひとり働いていた年長者、年長者にはちがいないが、結局のところ、他の人びとと異なっていないものと。」
「ところが、この年長者が去ってしまうと、まるでボスが不意に死去して、破産を宣言した工事会社さながらでした。翌日から、工事現場は無人地帯同様となったのです。」（p104）
一九七六年ごろから、別の系列の兆候がやってきました。「それは、いく人かの一九七〇年以後の学生―私の研究を吸収した人たちに対する、「裂け目のないコンセンサス」にもとづいた、徹底した、しかもひそやかで、有無を言わせぬ「拒絶」です。彼らは、その研究、研究のスタイル、その着想からして、明らかに私の影響の印（しるし）を持っていたのです。私がはじめてこの「ひそやかな嘲弄の風」に気がついたのも、たぶんこのときでしょう。それは、この人たちを通して、数学のある様式、あるアプローチの仕方を標的にしていたのです。その様式とビジョンは（この時すでに数学社会の中で、はっきりと一般的なものになっていたコンセンサスにしたがえば）存在の理由がないものだったのです。」（p108）。
「これはたしかに数学者としての私の人生の中で体験した最も苦しい、最も耐えがたい経験でした。「私が愛情をいだいていた昔の学生あるいは同僚のあるものが、私が今愛情をいだいており、そして私の姿がその中に認められるもうひとりの人物をひそかにおしつぶすことを喜びとしている」のを見た（私の目が見ていたことを本当に意識しようとせずに）ときのことです。」（p110）
そしてまた、「いく人かの昔の友人が私に対して距離をおきはじめた最初の兆候は、私の思いちがいでなければ、一九七六年にさかのぼります。」（p108）
こうした状況の中で、グロタンディークのめい想がはじまりました。「過去数年にわたって私につきつけられた切実な問い、『収穫と蒔いた種と』の深い動機であり、この省察の全過程でも私を離れなかった問いがあるとすれば、それは私のものであった世界、数学者としての人生の二十年以上にわたって、私が一体化してきた世界において、さきほど述べたような恥辱を可能にした、ある種の精神とある種の慣習をもたらしたことの中で私に帰すべき部分は何であるのかということです。省察の結果、わかったことは、地味な才能をもった同僚に対する暗黙の軽蔑、そして、また自分自身とすぐれた才能をもった数学者に対するへつらいとして表われた、自分の中にあるいくらかのうぬぼれの態度によって、私はこうした精神と無縁ではなかったことです。今日私はこの精神が私が愛情をいだいていた人たちの中で、また私が愛した仕事を教えた人たちの中で広がっているのを目にします。」（p 177）

これが、第一部「うぬぼれと再生」（『数学者の孤独な冒険』、p 189—382）の主要なテーマでした。

「第一の波「うぬぼれと再生」は、私の数学者としての過去との最初の出会いであり、自分の現在についてのめい想に至っています。自分の現在がこの過去に中に根をもっていることを発見したばかりです。もちろん、それはあらかじめ予定していたことではまったくありませんが、この部分は、『収穫と蒔いた種と』のつづき全体の「基調」を与えています。」（p 129）。

本書を構成している第二の波は、第一の波（うぬぼれと再生）の最後の節「ある過去の重荷」（No.50、p 339）の注から生まれました。

「それは、そのあとにすぐつづく、第二の波［本書］、つまり「埋葬(1)—裸の王様」の中での「明明白白な埋葬」の発見を自分から受けとめるための、予想外の、不可欠な内的準備のようなものです。」（p 129）

「［この埋葬の］第一部では、私はまず少し目をこすりながら、夢でもみているのではないかと、自問してみたりしていたのです！」（p 132）

「実を言うと、この第二の波［本書］は、「調査」以上のものであって、まさしく、この日ごとの発見、それが私の心に与えた影響についての物語です。警告もなく、こうして私の頭上にころがり落ちてきたものに直面し、私の体験から生まれた言語の中にこの信じられないことを位置づけるために払った努力についての、そして、ついには自分にとって親しみのあるものになり、なんとか理解可能になったものについての物語なのです。」（p 129—130）。

「すでに私の作品と私個人の埋葬という、ひそかに潜行していた現実を、私は感じていたのだろうと思います。それは、突如として、昨年［一九八四年］四月

一九日に、あらがいがたい力をもって、この「埋葬」という名とともに、私の眼前にあらわれたのです。」(p105)

(ここでのページは、『数学者の孤独な冒険』のものです。これらは抜粋ですので、「ひとつの手紙」、「序文」の文脈の中で味わっていただきたい。)

本書は、一九八四年三月三〇日から、四月一九日の埋葬の発見をはさんで、五月二四日までになされた省察です。ただしいくつかは六月の日付がついています。また注の中には、その後五月・六月のものに加えて、一九八五年、一九八六年に付け加えられたものもあります。これらには、決定版の準備として書かれたもので、暫定版にはない、著者から送られてきた原稿によるものが含まれています。

埋葬の探求は、さらに第三の波、第四の波を生みだしました。

「こうして、『収穫と蒔いた種と』という広大な運動の中に第三の波が生まれました。――陰(イン)と陽(ヤン)、ものごとのダイナミズムと人間の存在における「影」と「光」の面に関するテーマについての長い「波―めい想」です。」

「このめい想は、埋葬の中で働いている深い力をいっそう掘り下げて理解しようという願望から出てきたのですが、にもかかわらず、はじめから、独自の自立性と統一性をもっており、当初より、最も普遍的なもの、そしてそれと同時に、最も深く個人的なものへと向かいました。」

「このめい想の過程で、私はつぎの事実(少しでもこう問題を提出すれば、実際には明白な)を発見しました。つまり、数学においても他のことにおいても、もの事の発見にあたっての私の自然なすすめ方の中で、「基調」をなしているのは、「陰」、「女性的」なものであること、またとくに、普通にあることとは反対に、私の中のこの原初の性質に忠実でありつづけ、周囲の環境において尊重されている支配的な諸価値に自分を順応させるために、この性質を曲げたり、改めたりしたことは一度もなかったことでした。」(p130―131)。

「しかしながら、このめい想「埋葬(2)―陰と陽の鍵」の中で、注意の中心にあるのは、創造性やその源泉ではなく、むしろ「葛藤」、創造性がさえぎられる状態、あるいは、プシュケ(心)の中で、対立する力(大抵の場合隠れた)の衝突による創造的エネルギーの分散

です。」(p131)

これが、『収穫と蒔いた種と』の第三部「埋葬(2)―陰(イン)と陽(ヤン)の鍵」です。

なお、この第三の波には、あとになって、陰と陽についてのより一般的な考察をおこなった「宇宙へのとびら」が付録として付け加わりました。

そしてつぎに第四の波がやってきます。「そのあとのことはおわかりでしょう。これらの「いくつかの最後のノート」は、約500ページの『収穫と蒔いた種と』の中で結局最も長い部分になってしまいました。つまりこれが運動の「第四の波」なのです。これはまた埋葬の第三の、最後の部分です。」

「これは『収穫と蒔いた種と』の中で、言葉の最も厳密な意味での「調査」の部分です。とはいえ少しばかり塩味がついています。つまり、この調査は、結局は、純粋に「技術的な」側面、「探偵的な」側面に限られるものではなく、『収穫と蒔いた種と』における他のすべての部分におけると同様に、省察は、なによりも知り、理解したいという願望によってつき動かされているのです。」(p132)

「数学に関する脇道が大きな部分を占めているのもこの部分です。それは、十五年の間私の視野の外にあった素材と(調査の必要性によって)新たに接触することで刺激されたからです。」

「またスペクトルのもうひとつの端には、大規模で、恥知らずな「マフィア」の手による、わが友ゾグマン・メブクの災難に関するなまなましい説明があります。」(p132)。

「一日一日と、ページの進むごとに、埋葬の現実と具体的で確かな接触を少しずつ作り上げることができたのは、省察のとくにこの部分においてです。」

「そして真の知識を得ることを妨げている、この埋葬が私の中に呼び起こした(今も呼び起こしつづけている)意識の奥底にある拒否反応にもかかわらず、結局、少しばかりは、埋葬に「慣れる」ようになったのです。」

「この長い省察は、ドゥリーニュの訪問についての回顧からはじまっています。…そしてセールと私との関係、埋葬の中でのセールの役割についての「最後の段階での」省察で終わっています。」

「すでに述べた「タブー」のために、暗黙のうちにセールを「無関係である」としていたのでした。これは、先月までの埋葬についての私の理解の中にあった、最も重大な欠落のように今では思えます。」

「そして、埋葬とそこに現われている諸力の厚みのある、より充実した理解を得る上で、『収穫と蒔いた種と』のこの「第四の息吹き」がもたらした最も重要な事柄として今や私に見えてきたのは、この「最後の段階での」省察です。」（ｐ133）。（同じく、ページは『収穫と蒔いた種と』のものです）。

　これが、『収穫と蒔いた種と』の第四部「埋葬(3)――操作の四則」となりました。

　本書において、グロタンディークが「少し目をこすりながら、夢でもみているのではないかと、自問してみたり」しつつおこなった、埋葬についてのこの最初の省察に接することになります。グロタンディークはこの時すでに「埋葬の風」をはっきりと感じ取ってはいたのですが、これが結晶し、広がりと深みを理解するためには、「状況を明かす人」としてのメブクの役割が必要でした。錯綜とした状況の中でのメブクの苦渋にみちた立場が読み取れます。

　放置されたままの工事現場のなかの孤児たちが取り上げられます。書かれていない主要な作品としてのモチーフ、そしてこの埋葬の主要な司祭であるピエール・ドゥリーニュの役割と矛盾についての考察がなされます。

　書かれた作品の主要部分である「マリーの森代数幾何学セミナー5」（ＳＧＡ5）の解体とりゃく奪の大きさが明らかになりはじめます。「二つのセミナーＧＳＡ4と（本当の）ＳＧＡ5の全体の中に実に明白にみえる深いあきらかな統一性をもった作品を、無縁で尊大な文書を無理やりに挿入することによって、二つに切断され、分裂したものであるとみせようとする意図を感じます。」（本書ｐ254）。この「意のままにされた遺体」――…彼らの裁量にまかせられたままのこの「不幸なセミナー」――これは、その師の作品の中の取るに足りない部分ではなかったのです！…。「私のコホモロジー専攻の学生たちの手中に置いてゆき、その執筆が（彼らの世話にゆだねられたが…）未完のままになっているのは、まさに、私の作品の主要な部分なのです。彼らが虐殺することにし、その意味、その美しさ、その創造力をなしている統一性を忘れて、断片を横領したのは、ひとつの作品のこの主要な部分なのです。」（本書ｐ254―255）。

　「昨日、たくましい根をもち、豊かな樹液をもち、その飛躍をひきついでいる、強く、多岐にわたる枝をもった、力強い幹が、気晴らしにおこなったかのように、人の高さにはっきりと鋸（のこ）で切られたという、こうした気持ちを新たにしました。生じたことが見えるようになったのは、主な枝をひとつひとつ眺め、それらが鋸で切られているのを見る労をとったからです。深い根をもつ内的な必然性にしたがって、飛翔のつづきとして、開花するようにつくられていたものが、嘲弄の対象としてすべての人の目にみえるように、完璧な切り口をもってはっきりと切断されたのでした。」(p278)。

ついで、「私と共に、沈黙と軽蔑によるこの埋葬の栄誉に浴した」人たちについて語られます。

最後に、グロタンディークは、この埋葬の全体的イメージが浮かび上がってきたところで、埋葬の基調をなしているのは、「悪意」や「意地悪」や「大きな陰謀」ではなく(もちろんエピソードとしてはありますが)、「コンセンサスに基づく」ものであるという重要な指摘をしています。こうしたコンセンサスを前にするとき、各個人は自らの健全な判断力を投げすてて、群れの一員になってしまうという現代の様相がここであざやかに現われるのです。

「埋葬についての省察の過程のいかなる時点でも、私の作品に対して、また私の作品から着想を得るという無謀なことをしでかした人びとに対して、たくらまれた、なんらかの大きな「陰謀」があると感じたことはありませんでした。陰謀はありませんが、あるコンセンサスがあります。」(p304)。

「このコンセンサスは、私の昔の友人あるいは昔の学生のすべてとは言わないまでも、大多数において、「悪意をもった態度」によってではなく、わらくずのごとく、数学者の良識と健全な直観を追い払って、純粋に自動的な拒絶の態度に席を譲りながら、おどろくほどの画一性と、さけ目のない効率をもった、完全に無意識なメカニズム(と思いますが)によって表現されています。」(p304―305)。

「(私の昔の友人たちや学生にとって)状況はさらに複雑です。それは、私が既成の秩序に属していただけではなく、彼らのだれもが、私が作者である概念、アイデア、道具、結果を一歩ごとに用いないでは、彼らの数学者としての仕事をすることが出来ないからです。私たちの科学あるいは他の科学の歴史において、これほど困ったパラドックスの例がかつてあったのかどうか、私は知りません!」(p306)。

「この光のもとでみるとき、主要な司祭であるドゥリーニュは、彼自身の生活と行為を規定している深い力にしたがってひとつの流行をつくった人物としてよりも、むしろ現代数学から私の名と私個人のスタイルを消すという実現不可能な仕事に執着する、さけ目のない一貫性をもった集団意志から(彼の「正当な相続人」という役割によって)指名された道具として立ち現われてきます。」(p307)。

読者は、おそらく、この中に、数学の世界を超えた、人間のいとなむ世界に関する、ある普遍性を感ぜられることでしょう。

暫定版が（一九八五年十月）に発表されて以後、「七か月経ったいま、『収穫と蒔いた種と』の中で語り、説明した諸事実のほとんど全部について、それらの実在性は何らの論争の対象にならなかった」（『数学者の孤独な冒険』、p144）のですが、ただメブクの作品をめぐってのかすめ取りの大作戦についての彼の証言はその後かなり傾向的なことがあきらかになりました。この点に関しては、第四部「埋葬(3)—操作の四則」の中のそれぞれの場所で補足と修正がなされています。とくに一九八六年五月一六日付の「少しばかり通俗的な英雄像」では、8項目にわたって説明がなされています。この第四部の翻訳の折には、これらをすべて含める予定にしています。本書においても、この「傾向性」がうかがえますが、ノート「分厚い論文と上流社会」（No.80）の注(1)（一九八五年四月一七日付と一九八六年二月二一日付の）（本書p179—180）で修正が加えられています。他の修正もほぼこの線に沿ってのものだと考えていただいて結構です。

グロタンディークは、メブクについてつぎのように書いています。

「きみは、きみのために作られていなかった世界に降り立ったのでした。だがしかし、きみがその世界のために作られていなかったことは、きみのために良かったと私は思っています。」（一九八五年五月五、二三日）（暫定版p1031）

「わが友ゾグマン・メブクによって、遠くにいるカシワラに投げつけられたこの激しい憎しみは、もっとはるかに近い、そしてもっとはるかに耐えがたいひとつの現実に立ち向かうのを回避するための、彼にとっては格好のうっぷん晴らしだったことは、私にはかなり明らかなことです。なぜなら、グロタンディークの改心しない継承者であるメブクを埋葬したのは、遠くの日本学派ではなかったからです（きわめて付随的にはあったとしても）。「よこしまなシンポジウム」という信じがたい「ハプニング」において頂点に達した、この埋葬は、この地でなされたものなのです。この埋葬は、メブクが公然と着想を得ていたこの「先人」の学生たちによって、メブクが「彼の仲間たち」とみなしていたその人たちによって組織されたものだったのです。メブクは、まさに、留保なしに感嘆していた、そして、まったく信頼していた人びとによって裏切られたのでした。」（補足p936(iii)（一九八六年五月九日）。

なお、このテーマについては、『数学者の孤独な冒険』の「ひとつの手紙」の第16節「謝罪—時代の精神(2)」

（p148―151）を参照していただきたい。

★　　★

本書の翻訳にあたって、今回も、著者グロタンディークから心のこもった協力を得ることが出来ました。わずかなことと見えるようなものも遠慮なく質問することができました。一時文通がとぎれることがありましたが、この時、天安門の事件があった頃で、訳者はなにかがあったのではないかと、心配したものでした。ほどなく、めい想に没頭していたという便りがありました。その後はときには超特急で私の質問に対して返事をよこしてくれました。

山下純一氏は原稿の段階でこの訳文を読むという労を払ってくれました。またこの「訳者あとがき」に付した「日本語で書かれたグロタンディークについての作品のリスト」の作成にあたって協力してくれました。おかげでこのリストは完全とまではいかないまでもそれに近いものにすることが出来たと思っております。

『数学者の孤独な冒険』の翻訳にあたり、またそのつづきをなす本書の翻訳にあたり、小泉正二、清水達雄、高木之雄、土岐啓介、宮本敏雄（アイウエオ順）といった私にとって先生あるいは先輩である人たちから励まし、あるいは訳文についての助言を受けることが出来ました。これは、このグロタンディークの証言が歴史的な価値を有するものであることを感ぜられたことによるものと思いつつ仕事をすすめております。皆さんのご健康とお仕事がうまく進みますよう祈っております。

またこの期間に松本康夫先生から親しくお話しをうかがうチャンスを得ることが出来ました。訳者が12、3才のころだったと思いますが、数学につよく興味をいだきはじめたのは、先生の数学の授業だったこと、微積分なるものがあるらしいことをおそわり、それに夢を馳せた時のことを思い出しました。数学と、知的好奇心と、そしてそれをおこなう人間との結びつきが、現在よりももっと緊密だったことを思い出させていただきました。

また、この中学時代、私は、松本京子先生の「小さくて、おとなしい（!?）」生徒だったのです。両先生のご健康と今後のご活躍を祈っております。

昔からの友人（三十五年近く前からの）である時永晃氏はこの仕事に変わらぬ強い関心を示してくれました。

友人の正田由紀子さん、小林かをりさんは、話を聞くやいなや、この埋葬の意味を直ちに理解するという、芸術家の、そして農村調査で鍛えた社会学者の直観（！）を示してくれました。

ここでは名は挙げませんが、いく人かの若い友人からも実に的を得た評価が寄せられました（★）。

これまでに日本語で書かれたグロタンディークをテーマにした作品のリストを作ってみました。まだこのリストから漏れてしまったものがあるかもしれません。

今回も、現代数学社の富田栄、古宮修、竹森章の諸氏に大変お世話になりました。皆さんの強い関心のおかげで、仕事を順調におこなうことが出来ました。

これらの皆さんにここであつくお礼申し上げます。

なおグロタンディークは、その後『夢の鍵』を書きましたが、これは発表しないことにしました。ただし多少ニュアンスがあり、将来「発表することになるかどうかは、神のみぞ知る」ということです。さらに最近あたらしい著作のアイデアが固まったということ、これは、本書の著者と同一の人間によって書かれたものとは思えない（！）ものになる可能性があるということです。

読者の皆さんに、この証言をお届けすることが出来て、今ほっとしているところです。訳の仕事ということでは、本書をなす第二部が最も困難であることが予想されたからです。

なお、この省察の思いがけない性格のため、冒頭部分は専門用語が多く、読みづらいという印象を持たれる方がいるかもしれません。そうした方には、「V　わが友ピエール」（p 61）から読みはじめられることをおすすめいたします。

一九八九年九月十一日

辻　雄一

（★）最近、友人の国定　徹氏は、本書の原稿を読まれ、前書『数学者の孤独な冒険』よりも読みやすいという予想外の感想を伝えてくれました。

追記　『数学者の孤独な冒険』の初版1刷をお持ちの方は、347ページの上段の「Q上のQ」を「Q上の$\overline{Q}$」とご訂正下さい。印刷ミスです。

日本語でのグロタンディークについての作品リスト

[1] Q・M 「Alexandre Grothendieck」（全国数学連絡会機関誌 「月報」（№V） p 39―40）
[2] 山田 浩 「A. Grothendieck の業績」（「数学」 一九六七―六八年 （第19巻）、岩波書店）
[3] 宮西 正宜 山田 浩「Alexandre Grothendieck」（数学セミナー一九六八 四月号）
[4] デュドネ（足立正久訳）「数学における最近の発展」（「科学」（岩波書店） 一九六四 十二月号）
[5] A・グロタンディエク（ベトナム問題数学者懇談会訳）「ベトナム民主共和国における数学生活」（数学セミナー 一九六八 八月号）
[6] 弥永 健一「サーバイバル運動 人類の生存のために」（数学セミナー 一九七〇 十二月号）
[7] エドワーズ・G（弥永 健一訳）「科学者と軍事機構(1)、(2)」（A・グロタンディエク論文に基づく）（数学セミナー 一九七一 一月号 二月号）
[8] 朝日新聞 「生残り運動―「科学が危機を招いた」」（一九七三年三月十五日）
[9] グロタンディエク／グエジ（弥永 健一訳）「科学研究を続行すべきか？」（竹内芳郎編 『文化と革命』筑摩書房 一九七四 p 259―265）
[10] サーバイバル編集委員会（辻 雄一訳）「生残り運動 科学主義批判の思想」 雑誌「市民」（15号） 一九七三 p 108―115）
[11] グロタンディク（辻 雄一訳）「私はどのようにして活動家になったか」 雑誌「市民」（15号） 一九七三 p 116―119）
[12] 山下 純一「グロタンディエクについて」（パンフレット 一九七四）
[13] グロタンディーク（森 毅訳）「科学主義 新しい世界教会」（ジョラン編「何のための数学か」所収 東京図書 一九七五）
[14] 山下 純一 「最近のグロタンディエクについて」「現代数学 一九七六 三月号）
[15] 山下 純一 「グロタンディエクを訪ねて」（現代数学 一九七六 五月号）
[16] 山下 純一 「ある教授会での葛藤」（現代数学 一九七六 六月号）
[17] 山下 純一 「ハーツホーン先生に聞く」（現代数学 一九七六 七月号）
[18] 山下 純一「トム vs グロタンディエク」（数学セミナー 一九七六 十月号）
[19] 山下 純一 「グロタンディエク」（『現代人物事典』の項目 一九七七）

[20] 山下　純一　「『サルボダヤ』にみるグロタンディエク」（エピステーメー　一九七七　九／十月号）
[21] デュドネ（山下純一訳）「純粋数学における最近の動向I、II」（「科学」（岩波書店）一九七八　十一月号、十二月号）
[22] 永田　雅宜　「グロタンディエク」（平凡社　大百科事典の項目　一九八四）
[23] 山下　純一　「グロタンディエク」（『国民百科事典』の項目　一九七九）
[24] 山下　純一　「グロタンディエクが今、新しい」（数学セミナー　一九八五　二月号）
[25] 永田　雅宜　「グロタンディエク」（日本大百科全書の項目　小学館　一九八六）
[26] 山下　純一　「グロタンディエク怒る」（数学セミナー　一九八六　七月号）
[27] 山下　純一　「ガロアからグロタンディエクへ」（Basic 数学　一九八六　六月号）
[28] 清水　知子　「『数学世界』の4大スキャンダル」（Basic 数学　一九八六　六月号）
[29] 清水　知子　「『収穫と種まき』の話」（Basic 数学　一九八六　十一月号）
[30] 浪川　幸彦　「現代代数幾何学の成立(上)、(中)、(下)」（数学セミナー　一九八七　八月号、九月号、十月号）
[31] 山下　純一　「グロタンディークの軌跡」「数学セミナー　一九八七　十一月号）
[32] 大宮　信光他　「サバイバルの数学者グロタンディエク」（「むかしを知る科学」　一九八七　新潮文庫）
[33] 清水　知子　「《プロムナード》を読む」（Basic 数学　一九八八　二月号）
[34] 清水　知子　「《新しい幾何》の誕生」（Basic 数学　一九八八　三月号）
[35] 清水　知子　「グロタンディークの〝拒否〟」（Basic 数学　一九八八　八月号）
[36] グロタンディーク（辻　雄一訳）『数学者の孤独な冒険』（現代数学社　一九八九）
[37] 清水　知子　「グロタンディークの孤独な冒険」（Basic 数学　一九八九　三月号）
[38] 森　　毅　「『数学者の孤独な冒険』の書評」（朝日新聞　一九八九年三月二十六日）
[39] 弥永　健一　「『数学者の孤独な冒険』の書評」（数理科学　一九八九　六月号）
[40] 山下　純一　「《グロタンディーク》を読む」（Basic 数学　一九八九　七月号）
[41] 山下　純一　「《グロタンディーク》を読む――2」（Basic 数学　一九八九　八月号）

［42］倉田令二朗　「『数学者の孤独な冒険』の書評」（Basic数学　一九八九　九月号）

（［1］のQ・M氏は、森　毅氏ではないかと推測されます。訳者はこれらすべてに目を通したわけではありませんが、まずはリストを作成してみました。）

人名索引

●マ行

●ヤ行

●ラ行

●ワ行

新装版　数学と裸の王様　――2015©

一九九〇年二月　十日　初版第1刷発行
二〇一五年十月十五日　新装版第1刷発行

著　者　A・グロタンディーク
訳　者　辻　雄一

発　行　所　京都市左京区鹿ヶ谷西寺ノ前町一
株式会社　現代数学社
電話（〇七五）七五一－〇七二七

印刷・製本　亜細亜印刷株式会社
装　丁　ESpace／espace3@me.com

ISBN978-4-7687-0451-6